水电工程三维监测信息分析系统理论与实践

李邵军　王　威　赵洪波　孙钱程　著

科学出版社

北　京

内 容 简 介

本书聚焦于水电工程三维监测信息系统建模与分析方法，应用三维地理信息、虚拟现实、数据库、计算机网络、智能分析、可靠性分析等先进技术，对水电边坡和地下洞室安全监测分析的三维信息化、可视化、智能化和集成化分析所面临的技术难题进行研究。系统介绍地理信息系统基本理论、水电工程常规安全监测技术、多元信息三维地层建模方法、工程安全性评估智能分析方法、三维监测信息分析系统研发、典型水电工程及相关岩土工程的应用等内容。

本书可供水利水电工程、岩土工程、交通、矿山等行业从事研究、勘察、设计工作的科技人员参考，也可供岩土力学、防灾减灾、环境工程、采矿工程等专业的高校、科研机构学生和教师参考。

图书在版编目（CIP）数据

水电工程三维监测信息分析系统理论与实践/李邵军等著. —北京：科学出版社，2021.12

ISBN 978-7-03-055504-5

Ⅰ.①水… Ⅱ.①李… Ⅲ.①水利水电工程 Ⅳ.①TV

中国版本图书馆 CIP 数据核字（2017）第 281378 号

责任编辑：孙寓明/责任校对：高 嵘
责任印制：彭 超/封面设计：苏 波

科学出版社 出版
北京东黄城根北街 16 号
邮政编码：100717
http://www.sciencep.com
武汉永银数码图文制作有限公司印刷
科学出版社发行 各地新华书店经销
*
开本：787×1092 1/16
2021 年 12 月第 一 版 印张：13
2021 年 12 月第一次印刷 字数：330 000

定价：98.00 元

（如有印装质量问题，我社负责调换）

前　言

水电是可再生能源、清洁能源，开发成本低、效率高，兼具防洪、灌溉、航运等功能，自20世纪以来，水电开发获得了全球各国的大规模推进。我国已经建成一大批世界级的水利水电工程，如三峡工程、白鹤滩水电站、锦屏水电站等，拥有世界最大规模的地下厂房洞室群、世界最高的拱坝、世界埋深最大的引水隧洞工程等。21世纪上半叶，水电仍将作为化石能源替代品的主要资源，世界上还有70%以上的水能资源可以开发，潜力巨大。

我国的水电资源大多集中在西部，面临着复杂地质构造、强烈地形高差、高地震烈度、高地应力等极端环境，给工程场址选择、枢纽布置、安全建设和运行带来了极大困难。在大规模水能资源开发的推动下，水利水电科学技术在我国获得了飞速发展，且通过与计算机技术、GIS技术、BIM技术、大数据分析、智能科学等的交叉融合，水电工程开发数字化、信息化、自动化、智慧化取得了丰富的研究成果。作为构筑水电工程数字化、可视化、信息化设计与施工的基础，水电工程边坡和地下洞室三维地质建模、信息化监测与专业分析是一项极具挑战性的工作，是地质工程师、工程设计师、施工工程师和科研人员密切关注的前沿和热点。

本书共6章。第1章主要介绍水电工程三维监测信息分析系统的研究意义、研究进展、本书的主要思路和内容；第2章主要阐述地理信息系统的基本理论与应用，岩土边坡、地下洞室常用的安全监测方法；第3章主要论述水电工程多元信息三维建模与分析方法，主要包括三维GIS的数据格式与模型、三维地表与地层建模、开挖仿真建模、工程构筑物多元信息建模、基于地层信息模型的空间可视化分析；第4章主要论述水电岩土工程安全性评估智能分析方法，包括基于时间序列的边坡变形预测智能分析、边坡危险性分区的进化动态聚类分析、基于SVM的边坡工程可靠性分析、基于多元分布-相关向量机的地下洞室变形概率分析；第5章给出水电工程三维监测信息分析系统研发方法，主要介绍系统开发环境与总体设计、开发实现模块、网络发布、网络远程监测与传输设计、三维可视化效果集成实现；第6章结合若干水电及其他典型工程，阐述三维监测信息分析系统的应用实例，包括龙滩水电站边坡工程、糯扎渡水电站地下洞室群工程、八尺门滑坡和沪蓉西高速公路边坡工程。

我和研究团队在国家自然科学基金重点项目“深埋引水隧洞围岩-支护系统长时力学特性及安全评价与控制研究”（U1765206）、国家自然科学基金创新群体项目“重大岩石工程安全性分析预测与控制”（51621006）、湖北省自然科学基金创新群体项目（ZRQT2020000114）、“十三五”国家重点研发计划课题“深部围岩长期稳定性分析与控制”（2016YFC0600702）、国家973项目课题“梯级水库群泄水与附属建筑物风险防控机理与方法”（2013CB036405）等的资助下，针对水电工程边坡和地下洞室三维地层信息建模、监测信息管理和安全性评估分析开展了多年的研究，取得了一定的研究积累和较丰富的研究成果。本书是我和研究团队在该领域研究成果的系统介绍和阶段总结。

本书主要由我和武汉工程大学王威副教授、山东理工大学赵洪波教授、三峡大学孙钱程博士合作撰写完成。具体写作分工如下：第 1 章由我、王威副教授、孙钱程博士共同撰写；第 2～3 章主要由我、王威副教授撰写；第 4 章主要由我、赵洪波教授、孙钱程博士、郑民总博士共同撰写，东北大学张希巍教授参与了部分内容的撰写；第 5 章主要由我、王威副教授共同撰写；第 6 章主要由我、王威副教授共同撰写，孙钱程博士参与了部分内容的撰写。我负责全书大纲的拟定与审定工作，并负责最后统稿。孙钱程博士、郑民总博士协助我负责全书的校核和插图绘制工作。

感谢国家自然科学基金委员会、雅砻江流域水电开发有限公司、龙滩水电开发有限公司、中国电力建设集团昆明勘测设计研究院有限公司、福宁高速公路有限责任公司、中国水利水电科学研究院等单位给予本书的大力支持！感谢冯夏庭院士对本书研究内容的悉心指导，以及对本书研究方向的大力支持；同时也要感谢中国科学院武汉岩土力学研究所、东北大学资源与土木工程学院课题组在本书研究内容方面所做的有益讨论和协助。

由于作者水平和经验有限，本书不足和疏漏之处在所难免，敬请读者批评指正！

李邵军

2021 年 7 月于武汉小洪山

目　　录

第 1 章 绪　论

1.1 研 究 意 义

中国是一个水电资源非常丰富的国家，水能资源技术可开发装机容量超过 5 亿 kW。水电是可持续发展的清洁能源，水电开发可以有效减少对煤炭、石油、天然气等资源的消耗，节约化石能源并减少环境污染。

随着我国经济的持续发展和对清洁能源日益增长的客观需求，自 20 世纪 70 年代以来，我国水电工程建设获得了大规模的推进，建成了一大批世界级的水电站，如三峡水电站、白鹤滩水电站、溪洛渡水电站、龙滩水电站、小湾水电站、糯扎渡水电站、向家坝水电站、锦屏一级和二级水电站等。这些大型工程所在地大多地质构造复杂、地质信息众多，给工程场址选择、枢纽布置、地下工程施工及灾害防治等方面带来了极大困难。在水利水电工程设计要求不断提高和计算机软件、硬件技术不断发展的前提下，作为构筑水利水电工程数字化、可视化设计与施工的基础工作，三维地质建模的信息化监测及基础地质建模与分析十分重要。三维地质建模与分析是一项极具挑战性且亟待研究解决的难题，受到地质工程师、工程设计师和科研人员等广泛而密切的关注，并已成为当前岩土工程、数学地质、水文工程地质等多个领域的研究前沿和热点。

随着计算机硬件和软件的不断发展，人们对位置信息的关注促使地理信息系统（geographic information system，GIS）在近几十年蓬勃发展。其中二维 GIS 系统的出现在很大程度上解决了地表信息的存储管理和检索分析问题，它使人们从单调文字界面向图形化信息表达前进了一大步。二维 GIS 系统是建立在地图上的信息系统，只要给出二维地理坐标就可以得到与此地相关的各种信息，所有操作用鼠标在计算机屏幕上的图形界面中点击完成，不必像在管理信息系统（management information system，MIS）中那样要记住名称和编码等，操作简单到非计算机人员也可以即学即用。二维 GIS 系统的开发为信息化时代计算机技术的普及做出了巨大的贡献。但是人们生活在三维世界里，人类的活动具有空间性，这就决定了二维 GIS 远远不能满足人们对信息的需求，特别是在地下工程中，Z 方向（深度）的信息尤其重要，二维 GIS 已经不能对其进行很好的表达，这决定了 GIS 技术发展的另外一个重要方向——三维 GIS（3-dimensional GIS，3D GIS）。3D GIS 不仅能表达地表的起伏，新增加的 Z 方向维，还使它成为描述地下信息（即地质信息）的有力工具。这种描述包括对地下已有地质信息的表达和对未知信息的预测，同时这种表达和预测以三维图形的方式进行。三维地质信息的表达是通过建立三维地质模型来完成的，建立三维地质模型是 3D GIS 的重要组成部分。它不但受到地质学家的广泛关注，也引起了计算机专家特别是地理信息系统专家的重视。

三维地质与地层信息建模的概念由加拿大 Houlding[1]于 1994 年首先提出，并随着地球空间信息技术的发展不断完善。它是运用计算机技术，在三维环境下，将空间信息管理、地质解译、空间分析和预测、地学统计、实体内容分析及图形可视化等工具有机结合并用于地质分析的技术。它是由勘探地质学、数学地质、地球物理、矿山测量、矿井地质、GIS、图形图像学、计算机可视化等学科交叉而形成的一门新学科[2-3]。经过多年的研究，这一概念可定义为运用现代空间信息理论和技术，对地质体和地质现象及与此有关的人类工程活动进行真三维再现和分析的科学与技术。

三维地质信息理论在人类对地下活动开发领域的应用促进了一门新技术——地质体三维可视化建模技术的诞生。作为一门交叉技术，它集成了科学计算可视化技术、空间几何造型技术、地质学理论及计算机技术等。地质体三维可视化建模的核心有二：一是“可视化”，二是“建模”。

“可视化”指的是科学计算可视化技术。科学计算可视化提出以后，迅速发展成为一个新兴的学科。可视化理论和技术对地学信息的表达和分析产生了很大影响，这种影响可以归纳为两个方面：一方面从技术层次上，可视化技术与GIS技术的结合，促进GIS地学数据的图形表达；另一方面在理论上，可视化不仅仅通过计算机图形显示来表达数据，本质上是人们建立某种事物（或某人）在脑海中的意象，是人们对地学信息认知和交流的过程，这个过程可以帮助人们获取地学知识，认识地学规律。地学系统是一个复杂的研究领域，涉及多门学科及多种技术，涵盖的内容相当丰富。与其他领域相比，地理信息具有信息量大、情况复杂等特点。可视化技术的使用可以帮助人们更加全面和准确地了解地学信息，分析地学规律，甚至可以为地学领域的生产及宏观规划提供辅助决策。可以说，地理信息可视化技术的发展必将推动整个地球信息科学的发展。

“建模”指的是空间几何造型技术。空间几何造型技术是用计算机及其图形系统来表示、控制、分析和输出三维形体的技术。它是CAD系统的核心技术，也是模拟仿真、计算机视觉、计算机艺术、机器人等领域的技术基础。空间几何造型技术的核心是空间数据模型和数据结构。空间几何造型技术始于20世纪70年代，在80年代发展成熟，并推出了许多商品化的造型系统软件，90年代则是实体模型技术发展时期。目前，空间几何造型技术仍处于不断发展的过程中。

尽管交叉学科研究为科学的发展提供了重要基础，同一技术在不同行业的应用还需要根据其自身特色，开展不同专业目的的需求分析。GIS强大的空间分析能力和决策能力为解决岩土工程问题提供了一条新的思路。三维地质建模技术从一开始便受到国内外众多地质工作者的广泛关注，并在该领域中做了很多深入的研究，特别在三维数据结构、三维建模方法，以及空间数据的插值方法等方面取得了诸多重要研究成果[4-18]，也开发了一系列优秀的软件平台。但是由于学科的复杂性，三维地质建模技术仍存在着一些问题亟待解决，主要表现在以下4方面。

（1）对三维空间数据模型缺乏统一认识。几乎每一个从事三维地质建模的研究者都提出了自己的三维数据模型，归纳起来主要包括三类数据模型：基于曲面表示的数据模型、基于表面的数据模型及混合数据模型，涵盖20多种数据结构的定义。

（2）三维空间数据模型理论和技术不成熟。绝大多数模型技术仅重视三维对象本身，而对对象间的拓扑表达重视不够，因此管理三维空间对象的能力较弱，也不能对岩土工程进行空间分析。

（3）由于原始地质数据获取的艰难性、地下地质体和空间关系的极端复杂性，以及地质体属性的未知性和不确定性，地质曲面的构造难度较大，目前还没有固定的稀疏、离散的数据来直接构造地质曲面的方法。

（4）三维地质建模过程复杂，需要一定的专业背景，而且数据源的多样化导致建模过程缺乏自动化。

为此，本书针对水电工程中监测信息管理和勘测设计资料特点，以水电工程边坡和地下洞室为研究对象，开展基于 GIS 的相关技术开发研究，提出边坡三维地质体模型、地下厂房洞室群模型及监测仪器模型等的快速建模方法，形成一个水电工程地质场景综合可视化系统。在此基础上结合岩土工程专业分析方法，开展边坡和地下厂房监测数据与地质信息的综合分析，实现系统的信息可视化、快速化和集成化处理，开发独立底层、自主版权的水电工程三维监测信息管理分析系统软件。

1.2 研究进展

1.2.1 三维地质建模研究进展

三维地质建模研究最初主要是为了满足地球物理、矿业工程和油藏工程等领域的地质模拟与辅助工程设计需要而展开的。随着水利水电工程建设的迅速发展，对水利水电工程地质三维建模与分析的需求也愈来愈强烈。现将国内外相关的三维地质建模及其分析研究进展总体情况分析如下。

1. 国外研究进展

国外的三维地质建模研究开展较早，在理论研究、软件开发和实际应用等方面发展较为成熟。在基础理论方面，不少学者结合自己所在领域，从各种角度提出了不同的理论与方法。

加拿大学者 Houlding[1]于 1994 年提出三维地学建模的概念，即在三维环境下将地质解译、空间信息管理、空间分析和预测、地质统计学、实体内容分析及图形可视化等结合起来，并用于地质分析。他详细阐述了基于有限数据建立计算机模型，以满足地质学家扩展地质解译、地质统计预测和图形显示的需要，并对 5 个各具特点的实例进行了三维地质建模应用，从总体上对三维地质建模技术进行了总结归纳，为地质信息的三维分析与管理指引了方向。法国的 Mallet 教授[19]针对地质体建模的特殊性和复杂性，提出了离散光滑插值（discrete smooth interpolation，DSI）技术，该技术基于对目标体的离散化，考虑已知信息引入的约束，用一系列具有物理几何和物理特性的相互连接的节点来模拟地质体。它是基于图形拓扑结构的方法，因此具有自由选择格网模型、自动调整格网模型、实时交互操作并能够处理一些不确定的数据等优点，适用于构建复杂模型和处理模型表面不连续的情况。意大利米兰大学的 Bistacchi 等[20]基于 ArcGIS 实现了三维地质模型的编译，并建立了考虑模型不确定性的编译脚本，该模型构建方法仍然是基于构造地质学的基本假设，并采用多个平行与交叉截面建立模型，但该方法能更好地提高效率和可视化效果，并且允许对每个投影结构元素（比如地质边界、断层和剪切带等）分配参数。加拿大地质调查局的 Sprague 等[21]提出了使用贝塞尔（Bezier）非均匀有理样条曲线（non-uniform rational b-spline，NURBS）组成的 Bezier-NURBS 混合曲面拟合三维结构的方法，可应用于稀疏的空间曲面构造。

随着三维数字化建模理论基础研究的深入及计算机技术的迅速发展，国外的三维地质建模软件已形成相当的规模，比较典型的大型专业软件包括法国的 GOCAD、美国的 EarthVision 和 Landmark、西班牙的 Vulan、加拿大的 Gemcom 和 Sproule、澳大利亚的 SurpacVision 等，这些软件分别应用于地球物理、石油物探、石油开采和露天矿开采等领域，取得了颇有成效的研究成果，其可视化功能也可用于某些岩土结构工程的三维表达和分析。但是，由于国外软件售价高，并且受到具体地质条件的限制，且主要面向石油、矿产等领域，其应用目的与水利水电工程地质分析存在较大的区别，难以在我国水利水电工程地质信息三维建模与分析研究中推广使用，尤其是对于大型水利水电工程，从勘探数据处理到模型建立、表达等方面的针对性和实用性均不强，只适用于某些特定的条件。

2. 国内研究进展

自计算机在地学中应用以来，国内由于受到硬件及人才培养等客观因素的限制，地质工程师大多仅从二维上对地质体进行分析和研究，并且研发了许多二维制图的应用软件，对三维地质建模和分析方面的研究成果相对较少。

目前，很多高等院校和研究单位结合所属领域开展了相关研究工作，取得了一定的理论和应用成果。陈昌彦等[22]应用拟合函数法研发了边坡工程地质信息的三维可视化系统，并应用于长江三峡永久船闸边坡工程的三维地质结构模拟和三维再现工作中。朱小弟等[23]提出基于 OpenGL 的切片合成法，并应用于煤田三维地质模型可视化分析中。中国矿业大学（北京）武强等[24]设计了超体元实体模型，并基于特征的驾驭式可视化设计思路，建立了面向采矿应用的三维地质建模体系结构；陈树铭[25]、魏迎奇等[26]提出泛权算法理论，试图解决任何复杂的三维地质信息数字化与重构问题。中国地质大学（武汉）的吴冲龙[27]、翁正平[28]及南阳理工学院的唐丙寅等[29]结合地质空间插值、地质体矢量剪切、三维空间索引等多项技术研究了地质体三维模型的快速构建及更新技术。利用不规则三角网（triangulated irregular network，TIN）和角点网格（corner-point grid，CPG）联合的 TIN-CPG 混合数据模型，在确定性地质结构模型（包括地表地形、断层面、大套地层格架等）的约束下，充分考虑地质构造应力作用下地质单元的形变特征，实现了地质结构模型与属性模型之间的互相转换，构建了顾及地质构造条件约束的精细体元模型，为多源属性信息的融合和集成提供了载体，为统一空间数据模型奠定了基础。此外，刘承柞等[30]、方海东等[31]、柳庆武[32]、李明超[33]、冉祥金[34]等也做过一些相关的研究工作，针对特定领域取得了一定的研究成果。

1.2.2 水电工程及岩土工程中的 GIS 技术研究进展

从 GIS 的发展历程来看，GIS 技术与水电工程及岩土工程各个领域的发展密不可分，GIS 技术对地理空间数据的采集、表达、处理、管理、查询、分析与可视化等的超强功能，极大地推动了岩土工程信息化建设。国内外专家学者不失时机地将 GIS 技术应用于工程勘察地质信息管理、环境岩土工程、工程施工仿真及工程地质三维建模等方面，并取得了丰硕的研究成果。

1. 工程勘察地质信息管理

国外 GIS 技术起步较早，发展迅速，短短 40 多年，涌现出了一系列非常有国际竞争力的软件，如 ArcGIS、MapInfo、Integraph、AutoDesk、Bentley、SmallWord 等。借助这些以空间数据和属性数据管理、查询和分析功能著称的 GIS 软件，众多岩土勘察信息软件开始发展起来，并逐步形成了以专业 GIS 技术为基础、工程信息管理为核心、工程项目管理为主线的集成系统。该系统具备多源数据集中管理、数据可视化、查询与分析，以及专题资料输出等功能，工程勘察中计算机应用的成分远远高于我国。

国内在这方面的研究起步较晚，但起点较高，发展很快。众多科研院所以国产或者国外地理信息软件为平台开发了一系列工程勘察数据库管理系统，也有自主开发的优秀软件，如理正工程勘察软件实现了工程勘察信息管理的 12 大功能模块，北京市勘察设计研究院建成了“城市建设工程勘察信息系统”，武汉市勘测设计研究院（现为武汉市测绘研究院）建成了“武汉工程勘察信息系统”。

但是，在工程勘察管理及评价中，GIS 应用仅限于对勘察数据进行编辑、存储、检索和查询等数据管理及可视化等，对三维地质体的表达也限于地质剖面，或者地表三维模型。

2. GIS 技术在水电及岩土工程中的应用

GIS 强大的空间数据库管理功能，以及与遥感（remote sensing，RS）技术的集成和网络地理信息系统（Web GIS）的形成，为环境岩土工程的众多领域提供了良好的技术手段，特别是在灾害预警、水电工程建设、核废料处理等方面取得了显著成绩。

早在 20 世纪 70 年代，美国旧金山科研人员借助 GIS 技术，采用多参数图的加权叠加绘制了圣马特奥郡的滑坡敏感性图，并且该图得到了推广。80 年代，Haruyama 等[35]、Carrara 等[36]等将统计模型与 GIS 结合，应用于意大利中部某小型汇水盆地的滑坡危险性评估。90 年代，GIS 技术与地质灾害空间预测数学模型方法的结合成为地质灾害研究的热点。Caumon 等[37]采用 GIS 技术对阿尔卑斯山前缘的 Piedmont 地区的滑坡等灾害的危险性及风险进行了区域性制图研究，并利用滑坡调查的分布资料和有关地质因素，建立滑坡敏感性指标来反映滑坡灾害的危险性。

在国内，成都理工大学黄润秋开展了“山区小流域地质环境评价与地质灾害预测的 GIS 系统”“长江三峡地质灾害监测试验（示范）工程”等科研项目[38]。中国地质大学（武汉）殷坤龙等[39]借助 Web-MapGIS 技术，建立了浙江省突发性地质灾害预报预警系统。中国科学院武汉岩土力学研究所李邵军、王威等结合龙滩水电站等自主开发了边坡安全性评估的三维智能信息系统[40-46]。

在水利水电工程方面，成都理工大学柴贺军等[47-48]结合溪洛渡水电站研制开发了一套岩体结构三维可视化系统，在一定程度上建立了三维地质模型构图，并能够进行一些简单的剖切分析。水利部长江勘测技术研究所胡瑞华等[49]结合清江水布垭水利枢纽工程、重庆江口水电站和南水北调穿黄工程，应用可视化交互数据语言（inetractive data language，IDL）开发了三维地质模型可视化系统，针对所研究地质对象的空间形态和相互关系建立工作区的三维地质模型，实现了动态显示和自动切剖面分析。钟登华等[50-51]利用 NURBS 曲面模拟的方法，结合小湾水电站地质工程、溪洛渡水电站地质工程等，建立了一套水利水电工程地质建模与分析系统——Visual Geo，通过对工程地质空间解析，建立基于三维统一模型的水利水电工程地质模型，并引入地下厂房的模拟，可以动态显示和自动切剖面分析。

3. 岩土及水电工程中的 VR-GIS 和 BIM 仿真技术

虚拟现实地理信息系统（virtual reality geographic information system，VR-GIS）技术是 20 世纪 90 年代兴起的、专门用于研究地球科学或以地球系统为对象的计算机仿真技术或多媒体技术。它是虚拟现实（virtual reality，VR）技术与 GIS 技术的结合。“把它们带到现实中来”“沉浸感”和“身临其境”是 VR-GIS 技术的最大特点。VR-GIS 技术在进行地质构造、地质景观、大型工程、滑坡、泥石流等的可视化模拟中得到了初步应用。

建筑信息模型（building information model，BIM）技术，是一种应用于工程设计、建造、管理的数据化工具，是用来形容以三维图形为主、物件导向、建筑学有关的电脑辅助设计技术。BIM 技术是由美国 Autodesk 公司在 2002 年研发的，目的在于帮助实现建筑信息的集成，从建筑的设计、施工直至项目终结，所有的信息都会集合在一个三维模型的信息数据库中。近年来，随着 BIM 技术的发展，我国水电工程建设也逐步引入 BIM 技术，并将其应用在多个大型水电工程中，如溪洛渡水电站、白鹤滩水电站等。水电工程在勘察设计阶段主要运用 BIM 技术协同勘察、设计、方案优化、结构分析、节能分析、安全疏散分析、施工图导出、管线综合和碰撞检测等；施工阶段主要应用于施工组织设计优化、施工模拟、进度管理、资源管理、成本管理、质量安全管理等；运营维护阶段主要应用于基于设计、施工信息进行的设备管理、运营方案优化、运营维护管理。

1.3 本书的主要思路和内容

本书的总体思想是基于水电工程三维监测信息分析系统国内外现状、缺陷和发展趋势，介绍三维地质体、三维建构（筑）物（边坡、地下厂房、三维监测设施等）的建模方法，研究岩体非线性变形预测和工程安全可靠性分析方法，探讨基于三维监测信息的工程集成化、可视化、智能化综合分析方法。利用 VC++和 DirectX 开发工具，基于动态链接库和控件编程的思想，采用开放式数据库互联引擎，自主开发独立地层的三维地质体和监测信息分析系统软件，实现集三维地层信息、三维工程信息、可视化空间管理、工程监测信息与智能分析预测功能为一体的应用软件系统。结合龙滩水电站边坡、糯扎渡水电站地下厂房等实例工程，阐述理论分析方法和软件系统的应用情况。

第 2 章　理论技术基础

2.1　GIS

2.1.1　GIS 的组成

GIS 自 20 世纪 60 年代初发展至今，尤其是近几年来，GIS 无论是在理论上还是应用上都处在一个飞速发展的阶段。GIS 在不同的领域有不同的应用，其定义也不尽相同。现结合水电工程的专业特点，将 GIS 涉及本书部分的内容进行简单介绍。

GIS 是一种用于空间决策的空间信息系统，它可以嵌入一个空间决策支持系统中，GIS 为空间决策支持系统提供所需要的地理空间信息和地理分析功能。目前人工智能技术在地理信息系统中主要解决的决策性问题有：环境问题、土地利用规划问题、资源分配问题、设备问题、最短路径问题、多点通信问题、运输问题等。在地理信息处理中很多领域都在使用人工智能技术，例如，地图信息的识别、地理数据的智能化分类、地图智能化设计和综合等。专业化、集成化和智能化是 GIS 发展的必然趋势，并随着计算机硬件、软件及相应理论技术的不断进步，以及互联网络技术及应用的迅猛发展，这一研究趋势也必将极大地推动 GIS 理论和技术的飞速发展。

美国联邦数字地图协调委员会给出了 GIS 较为完整的定义：GIS 是由计算机硬件、软件和不同的方法组成的系统，该系统设计用来支持空间数据的采集、管理、处理、分析、建模和显示，以便解决复杂的规划和管理问题。

一个实用的 GIS 系统，要支持对空间数据的采集、管理、处理、分析、建模和显示等功能，其基本组成一般包括 5 个部分：系统硬件、系统软件、空间数据、应用人员和应用模型，如图 2.1 所示。

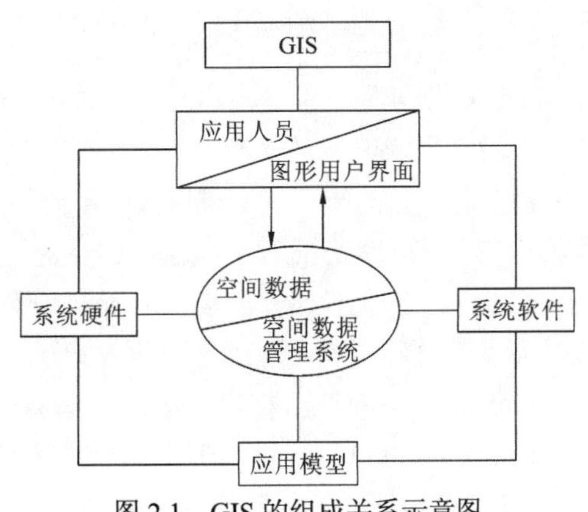

图 2.1　GIS 的组成关系示意图

2.1.2　GIS 空间数据及空间插值

GIS 的操作对象是空间数据，它具体描述地理实体的空间特征、属性特征和时间特征。空间特征是指实体的空间位置及其相互关系；属性特征表示地理实体的名称、类型和数量等；时间特征指实体随时间而发生的相关变化。在 GIS 中，空间数据以结构化的形式存储在计算机中，称为数据库。数据库由数据库实体和数据库管理系统组成，存储的数据包含空间数据和属性数据。

1. 空间数据的基本表示

根据地理实体的空间图形表示形式，可将空间数据抽象为点、线、面三类要素，它们最基本的数据表达可以采用矢量和格栅两种组织形式，分别称为矢量数据模型和格栅数据模型，如图 2.2 所示。

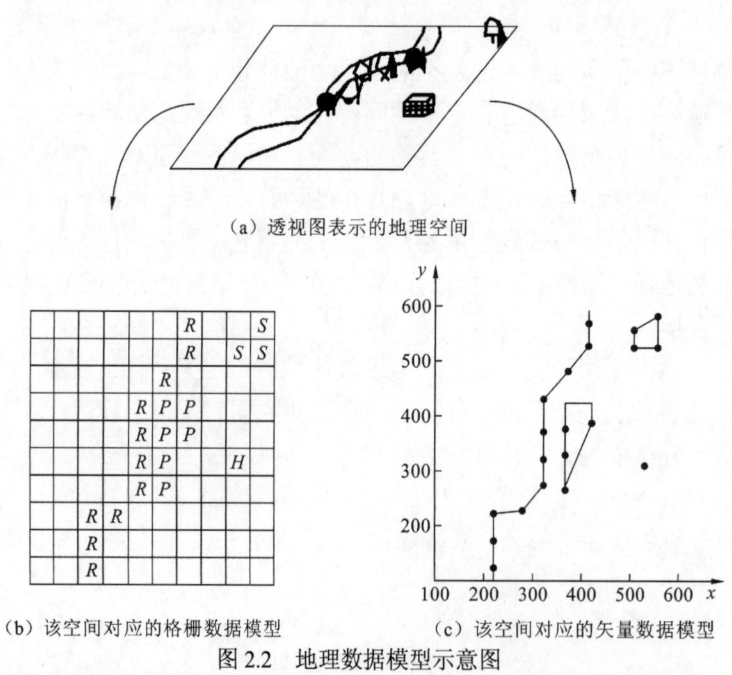

（a）透视图表示的地理空间

（b）该空间对应的格栅数据模型　　（c）该空间对应的矢量数据模型

图 2.2　地理数据模型示意图

在格栅数据模型中，地理空间被划分为规则的小单元（格网），每个格网称为一个格栅，空间位置由格栅的行、列号表示，通常采用三种基本形式：三角形、正方形、六边形。因为一个格栅被赋予一个特定的值，所以这种模型的缺点在于难以表示不同要素占据相同位置的情况。

矢量数据模型是以坐标点来描述点、线、面三类地理实体要素，点状要素用坐标点表示其位置，线状要素用其中心线（或侧边线）上的抽样点坐标串表示其位置和形状，面状要素用范围轮廓线上的抽样点坐标串表示其位置和范围。因此在矢量数据模型中，地物是显式描述的，基本模型通常采用路径拓扑（path topology）模型和网络拓扑（graph topology）模型。

地理数据通常被称为空间数据（spatial data），空间数据模型是关于现实世界中空间实体与其相互联系的概念，它为描述空间数据的组织和设计空间数据库模式提供了基本方法。在

GIS 中与空间信息有关的信息模型通常有基于对象（要素）（feature）的模型、网络（network）模型、场（field）模型、时空模型等。

2. 空间插值

空间插值方法可以分为整体插值和局部插值[52]。整体插值方法用研究区所有采样点的数据进行全区特征拟合；局部插值方法仅用邻近的数据点来估计未知点的值。插值后建立数学模型，再从中提取曲线、曲面等中间几何信息，利用传统的计算机图形学方法加以显示，从而实现对数据场内部信息的观察。由此可知，插值是非常关键的一步，插值的过程就是建立所研究变量完整的数学模型的过程。采用不同的插值方法建立起来的数学模型往往也会有差别。

1）整体插值

整体插值方法通常有边界内插方法、趋势面分析、变换函数插值，在这里仅将常用的趋势面分析做一个简单的介绍。

趋势面分析整体插值方法：某种地理属性在空间的连续变化，可以用一个平滑的数学平面加以描述。其基本思想是用多项式表示线、面，按最小二乘法原理对数据点进行拟合。在多数情况下用二次多项式进行拟合：

$$Z(x) = b_0 + b_1 x + b_2 x^2 + \varepsilon \tag{2.1}$$

式中：$Z(x)$ 为在 x 位置的属性值；b_0，b_1，b_2 为回归系数；ε 为独立于 x 的正态分布误差（噪声）。

对于二维的情形，XY 坐标的多元回归分析得到的曲面多项式，形式为

$$f\{(x,y)\} = \sum_{r+s \leqslant p} (b_{rs} \cdot x^r \cdot y^s) \tag{2.2}$$

式中：p 为趋势面方程的次数。

前三种形式分别为

$$\begin{cases} b_0, & \text{平面} \\ b_0 + b_1 x + b_2 y, & \text{斜平面} \\ b_0 + b_1 x + b_2 y + b_3 x^2 + b_4 xy + b_5 y_2, & \text{二次曲面} \end{cases}$$

2）局部插值

局部插值方法包括 4 个步骤。

（1）定义一个邻域或搜索范围；

（2）搜索落在此邻域范围的数据点；

（3）选择表达这有限个点的空间变化数学函数；

（4）为落在规则格网单元上的数据点赋值。重复这个步骤直到格网上的所有点赋值完毕。

局部插值通常有移动平均插值方法——距离倒数插值方法、空间自协方差最佳插值方法——克里金（Kringing）插值方法、样条函数插值方法、距离加权反比方法。

（1）距离倒数插值方法。

距离倒数插值方法综合了泰森多边形的邻近点方法、趋势面分析和渐变方法的长处，它假设未知点 x_0 处属性值是在局部邻域内所有数据点的距离加权平均值。距离倒数插值方法是加权移动平均方法的一种。加权移动平均方法的计算公式为

$$\hat{z}(x_0)=\sum_{i=1}^{n}\lambda_i\cdot z(x_i),\quad \sum_{i=1}^{n}\lambda_i=1 \tag{2.3}$$

式中：权重系数 λ_i 由函数 $\phi[d(x,x_i)]$ 计算，要求当 $d\to 0$ 时 $\phi(d)\to 1$，一般取倒数或负指数形式 d^{-r}，e^{-d}，e^{-d^2}。其中 $\phi[d(x,x_i)]$ 最常见的形式是距离倒数加权函数，形式为

$$\hat{z}(x_j)=\sum_{i=1}^{n}z(x_i)\cdot\frac{d_{ij}^{-r}}{\sum_{i=1}^{n}d_{ij}^{-r}} \tag{2.4}$$

式中：x_j 为未知点；x_i 为已知数据点。

距离倒数插值方法是 GIS 软件根据点数据生成栅格图层的最常见方法。距离倒数插值方法计算值易受数据点集群的影响，计算结果经常出现一种孤立点数据明显高于周围数据点的“鸭蛋”分布模式，可以在插值过程中通过动态修改搜索准则进行一定程度的改进。

（2）克里金插值方法。

克里金插值方法是建立在地质统计学基础上的一种插值方法。该方法最早由法国地理学家 Matheron 和南非矿山工程师 Krige 提出[53]，用于矿山勘探。这种方法充分吸收了地理统计的思想，认为任何在空间连续变化的属性是非常不规则的，不能用简单的平滑函数进行模拟，只可以用随机表面函数给予恰当描述。克里金插值方法的关键在于权重系数的确定。该方法在插值过程中根据某种优化准则函数来动态地决定变量的数值，从而使内插函数处于最佳状态。克里金插值方法包括普通克里金插值方法、泛克里金插值方法及协克里金插值方法等，最常用的是普通克里金插值方法。

令 x 为一维、二维或三维空间中的某一个位置，变量 z 在 x 处的值可由下式计算：

$$z(x)=m(x)+\varepsilon'(x)+\varepsilon'' \tag{2.5}$$

式中：$m(x)$为描述 $z(x)$的结构性成分的确定性函数；$\varepsilon'(x)$ 为与空间变化有关的随机变化项，即区域性变量；$\varepsilon''(x)$ 为剩余误差项，是具有零平均值、方差与空间无关的高斯噪声项。

确定 $m(x)$时，最简单的情况是 $m(x)$等于采样区的平均值，即距离矢量 h 分离的两点 x 与 $x+h$ 之间的数学期望为零：

$$E[z(x)-z(x+h)]=0 \tag{2.6}$$

定义区域化变量 $z(x)$在点 x 和 $x+h$ 处的方差的一半，记为半方差函数 $\gamma(h)$，即

$$\gamma(h)=\frac{1}{2}E[(z(x)-z(x+h))^2] \tag{2.7}$$

区域性变量计算公式可以写为

$$z(x)=m(x)+\gamma(h)+\varepsilon'' \tag{2.8}$$

半方差的估算公式为

$$\hat{\gamma}(h)=\frac{1}{2n}\sum_{i=1}^{n}[z(x_i)-z(x_i+h)]^2 \tag{2.9}$$

式中：n 为距离为 h 的采样点对的数目（n 对点）。

采样间隔 h 也称为延迟，h 的值较大的部分曲线呈水平方向。曲线的水平部分称为梁（sill）。说明在延迟的这个范围内数据点没有空间相关性，因为所有的方差不随距离增减而变化。

曲线从 $\gamma(h)$ 的低值升到梁为止的延迟范围，称为变程（range）。变程是半方差图最重要

的部分，因为它描述了与空间有关的差异是怎样随距离变化的，见图 2.3。在变程范围内距离越近的点具有更相近的特征。变程给移动加权平均方法提供了一个确定窗口大小的方法。很显然，数据点和未知点之间的距离大于变程范围，表明该数据点与未知点距离太远，对插值没有作用。

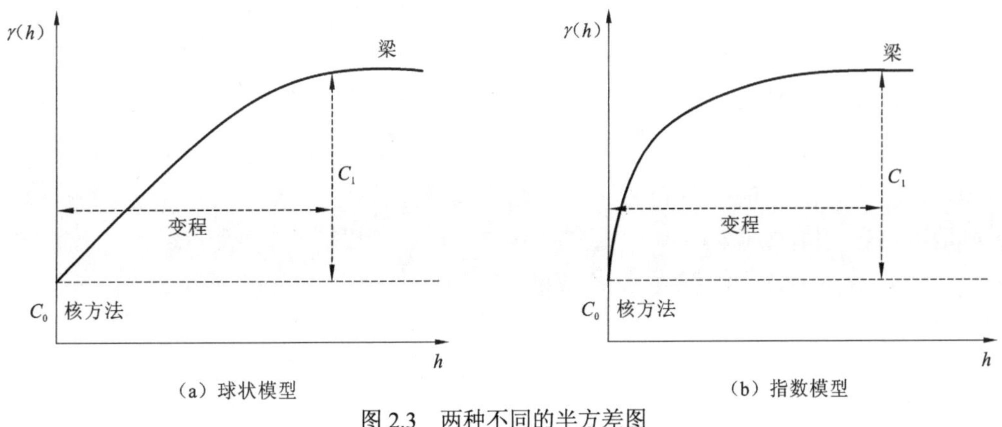

（a）球状模型　　（b）指数模型

图 2.3　两种不同的半方差图

本节在插值地质体的不规则三角网时采用两种可选子模型：球状模型和指数模型。

对于球状模型，见图 2.3（a），有

$$\gamma(h)=\begin{cases}0, & \gamma=0\\ C_0+C_1\left(\dfrac{3\gamma}{2a}-\dfrac{1h^3}{2a^3}\right), & 0<\gamma\leqslant a\\ C_0+C_1, & \gamma>a\end{cases} \tag{2.10}$$

式中：C_0 为块金常数；C_1 为拱高；a 为变程。

对于指数模型，见图 2.3（b），有

$$\gamma(h)=C_0+C_1(1-\mathrm{e}^{-\frac{h}{a}}) \tag{2.11}$$

式中：C_0 为块金常数；C_1 为拱高；但 a 不为变程，变程约为 $3a$。

确定权重 λ_i 的过程与加权移动插值方法类似，但不是按一种固定的函数计算 λ_i，而是按采样点数据的半方差图的统计分析原理计算，见式（2.3）。

在求取权重系数时必须满足两个条件：一是使 $\hat{z}(x_0)$ 的估计是无偏的，即偏差的数学期望为零；二是最优的，即使估计值 $\hat{z}(x_0)$ 和实际值之差的平方和最小。

权重系数 λ_i 的选择应使 $\hat{z}(x_0)$ 是无偏估计的，且估计的方差 σ_{e}^2 小于观测值的其他线性组合产生的方差。

$\hat{z}(x_0)$ 的最小方差为

$$\hat{\sigma}_{\mathrm{e}}^2=\sum_{i=1}^{n}\lambda_i\gamma(x_i,x_0)+\varPhi \tag{2.12}$$

只有式（2.13）成立时，才可获得 $\hat{z}(x_0)$ 的最小方差：

$$\sum_{i=1}^{n}\lambda_i\gamma(x_i,x_0)+\varPhi=\gamma(x_j,x_0) \tag{2.13}$$

式中：$\gamma(x_i,x_j)$ 为 z 在采样点 x_i，x_j 之间的半方差；$\gamma(x_j,x_0)$ 为采样点 x_j 和未知点 x_0 之间的半方差，这两个量均可从已拟合模型的半方差图上得到；$\varPhi$ 为计算最小方差需要的拉格朗日算子。

克里金插值方法的显著优点是在计算一个新数据时，所有在变程范围内的数据都参与计算，很好地体现了数据的相关性，既适用于地质体外观形态模拟，也适用于地质体内部结构（地层物性参数计算，例如孔隙度、渗透性和力学性质等）的模拟。其缺点是计算量太大因而速度较慢。

（3）距离加权反比方法。

设空间待插点为 $P(x_p,y_p,z_p)$，P 点邻域内有已知散乱点 $Q_i(x_i,y_i,z_i),\ i=1,2,\cdots,n$，利用距离加权反比方法对 P 点的属性值 Z_P 进行插值。其插值原理是待插点的属性值是待插点邻域内已知散乱点属性值的加权平均，权重的大小与待插点及其邻域内散乱点之间的距离有关，是距离的 $k(0\leqslant k\leqslant 2)$ 次方的倒数（k 一般取 2），即

$$Z_P=\frac{\sum\limits_{i=1}^{n}\dfrac{Z_i}{d_i^2}}{\sum\limits_{i=1}^{n}\dfrac{1}{d_i^2}} \tag{2.14}$$

式中：d_i 为待插点与其邻域内第 i 个点之间的距离。

（4）样条函数插值方法。

样条函数插值方法使用一种叫作样条函数的特殊分段多项式进行插值。由于样条函数插值方法可以使用低阶多项式样条实现较小的插值误差，这就避免了使用高阶多项式所出现的龙格现象，因此样条函数插值法得到了广泛的使用。

定义：假设有 $n+1$ 个不同节点 x_i，其中有 $x_0<x_1<\cdots<x_{n-1}<x_n$ 及 $n+1$ 个节点值 y_i，要找到一个 n 阶样条函数

$$S(x)=\begin{cases}S_0(x), & x\in[x_0,x_1]\\ S_1(x), & x\in[x_1,x_2]\\ \vdots & \vdots\\ S_{n-1}(x), & x\in[x_{n-1},x_n]\end{cases} \tag{2.15}$$

式中：每个 $S_i(x)$ 都是一个 k 阶的多项式。

使用多项式插值，对给定数据集进行插值的 n 阶多项式就被给定的数据点唯一地定义。但是，对同样的数据进行插值的 n 阶样条函数并不唯一，为了构建一个唯一的样条函数，它还必须满足另外 $n-1$ 个自由度。

线性样条插值：线性样条插值是最简单的样条插值，数据点使用直线进行连接，结果样条是一个多边形；从代数的角度来看，每个 S_i 都是一个如式（2.16）的线性函数，即

$$S_i(x)=y_i+\frac{y_{i+1}-y_i}{x_{i+1}-x_i}(x-x_i) \tag{2.16}$$

样条在每个数据点都必须连续，即

$$S_i(x_i)=S_{i+1}(x_i),\quad i=1,\cdots,n-1 \tag{2.17}$$

容易得到

$$S_{i-1}(x_i)=y_{i-1}+\frac{y_i-y_{i-1}}{x_i-x_{i-1}}(x_i-x_{i-1})=y_i \tag{2.18}$$

$$S_i(x_i)=y_i+\frac{y_{i+1}-y_i}{x_{i+1}-x_i}(x_i-x_i)=y_i \tag{2.19}$$

所以以上论述成立。

二次样条函数插值：二次样条函数插值可以构建为

$$S_i(x)=y_i+z_i(x-x_i)+\frac{z_{i+1}-z_i}{2(x_{i+1}-x_i)}(x-x_i)^2 \tag{2.20}$$

通过选择 z_0，然后用递推关系就可以得到系数 z_{i+1} 为

$$z_{i+1}=-z_i+2\frac{y_{i+1}-y_i}{x_{i+1}-x_i} \tag{2.21}$$

三次样条函数插值：对于 n+1 个给定点的数据集$\{x_i\}$，可以用 n 段三次多项式在数据点之间构建一个三次样条函数，如果

$$S(x)=\begin{cases}S_0(x), & x\in[x_0,x_1]\\ S_1(x), & x\in[x_1,x_2]\\ \vdots & \vdots\\ S_{n-1}(x), & x\in[x_{n-1},x_n]\end{cases} \tag{2.22}$$

表示对函数 f 进行插值的样条函数，那么需要满足以下条件。

插值特性：$S(x_i)=f(x_i)$；

样条相互连接：$S_{i-1}(x_i)=S_i(x_i), i=1,\cdots,n-1$；

两次连续可导：$S'_{i-1}(x_i)=S'_i(x_i)$，以及 $S''_{i-1}(x_i)=S''_i(x_i), i=1,\cdots,n-1$。

由于每个三次多项式需要 4 个条件才能确定曲线形状，所以对于组成 S 的 n 个三次多项式来说，这就意味着需要 4n 个条件才能确定这些多项式。但是，插值特性只给出了 n+1 个条件，内部数据点给出 $n+1-2=n-1$ 个条件，总计是 $4n-2$ 个条件。所以还需要另外两个条件，可以根据不同的因素使用不同的条件。

其中一项选择条件可以得到给定 u 与 v 的钳位三次样条函数，即 $S'(x_0)=u$，$S'(x_k)=v$。或者可以另外假设 $S''(x_0)=S''(x_n)=0$，就得到自然三次样条函数。自然三次样条函数几乎等同于样条函数设备生成的曲线。在这些所有的二次连续可导函数中，钳位与自然三次样条函数可以得到相对于待插值函数 f 的最小震荡。

2.1.3 GIS 的应用

地理环境信息是人类生产、生活和发展的基础信息，随着信息时代的发展，信息的社会化潮流比人们所设想的迅猛得多，信息产生的物化力量已被越来越多的人所见识，地理信息作为一个产业已经形成，并正在发展壮大。据统计，1991 年世界范围内 GIS 的收入约为 70 亿美元，其中软硬件收入为 24 亿美元，并且以 15%～40%的年增长率高速增长。GIS 成为信息产业中市场前景十分广阔、又相对独立的新兴产业。

GIS 是以应用为龙头、市场为导向、软件为核心的产业。应用推动了 GIS 技术的发展，

也指引了 GIS 技术蓬勃发展的方向，并促进了 GIS 软件市场的形成。早期 GIS 技术主要应用于自动制图、设施管理和土地信息系统（land information system，LIS），后来逐步扩展到城市规划与管理、场址选择、水污染监测、洪水灾害分析、道路交通管理、地质灾害预测分析和损失估计、岩土工程管理与决策分析、输电网管理、配电网管理、医疗卫生及军事等领域。随着 GPS 和遥感技术的成熟及与相关学科的结合，GIS 已基本进入所有涉及空间信息的行业和部门；从应用水平上讲，已从简单的机助制图，提供简单的数据表格，发展到分析和解决问题。

2.2 三维数字地层模型生成算法基础

2.2.1 等高线转成格网 DEM

在水电工程中，最常用的表示地形的线模式是描述高程曲线的等高线。由于现在大多数地图都绘制有等高线，这些地图成为数字高程模型（digital elevation model，DEM）现成的数据源，可以将纸面等高线地图扫描后，自动获取 DEM 数据。由于数字化的等高线不适合用于计算机坡度或者地貌渲染图等地貌分析，必须要把数字化等高线转为网格高程矩阵。

使用局部插值方法，如距离倒数插值方法或者克里金插值方法，可以将数字化等高线数据转为规则格网的 DEM 数据，但插值结果往往会出现一些不令人满意的结果，而且数字化等高线采样点越多，问题越严重。问题不在于计算插值权重系数的理论假设，也不在于平滑等高线是真实地形的假设，而在于未知网格点的高程要在一个半径范围内搜索，并落在其中的已知数据点，再计算它的加权平均值。如果搜索到的点都具有相同的高程，那么插值点的高程也同为此高程值，这样导致在每条等高线周围的狭长区域内具有与等高线相同的高程，而出现“阶梯”地形。当低海拔平原地区等高线距离更远时，搜索到一条等高线上的可能性越大，问题更严重。

本节的解决办法是，使用搜索窗口时，搜索窗口的大小并不是固定不变的，而是一个可变大小的窗口，窗口的大小须满足两个条件：①窗口内的点不少于 10 个；②窗口内的点的高程不能一致。如果不满足这两个条件，则递增窗口大小重新搜索，直到满足这两个条件为止，这样插值出来的格网 DEM 可以适当避免“阶梯”地形的发生。

2.2.2 格网 DEM 转成 TIN

格网 DEM 转成 TIN 可以看为一种规则分布的采样点生成 TIN 的特例，其目的是尽量减少 TIN 的顶点数目，同时尽可能多地保留地形信息，如山峰、山脊、谷底和坡度突变处。规则格网 DEM 可以简单地生成一个精细的规则三角网，针对它有很多算法，绝大部分算法有两个重要特征：①筛选要保留或丢弃的格网点；②判断停止筛选条件。其中两个代表性的方法算法是保留重要点法和启发丢弃法。

1. 保留重要点法

保留重要点法是一种保留规则格网 DEM 中的重要点来构造 TIN 的方法。它是通过比较计算格网点的重要性，保留重要的格网点。重要点（very important point，VIP）是通过 3×3 的模板来确定的，根据 8 邻点的高程值决定模板中心是否为重要点。格网点的重要性是通过它的高程值与 8 邻点高程的内插值进行比较，当差分超过某个阈值的格网点被保留下来。被保留的点作为三角网顶点生成 Delaunay 三角网。如图 2.4 所示，由 3×3 的模板得到中心点 *P* 和 8 邻点的高程值，计算中心点 *P* 到直线 *AE*、*CG*、*BF*、*DH* 的距离，如图 2.4（b）所示，再计算 4 个距离的平均值。如果平均值超过阈值，则点 *P* 为重要点保留，否则去除点 *P*。

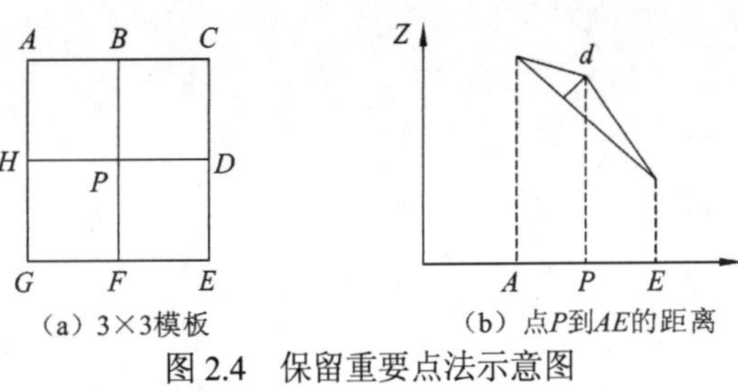

图 2.4 保留重要点法示意图

2. 启发丢弃法

启发丢弃（drop heuristic，DH）法将重要点的选择作为一个优化问题进行处理。具体算法为给定一个格网 DEM 和转换后 TIN 中节点的数量限制，寻求一个 TIN 与规则格网 DEM 的最佳拟合。首先输入整个格网 DEM 数据，迭代进行计算，逐渐将那些不太重要的点删除，处理过程直到满足数量限制条件或满足一定精度为止。具体过程如下（图 2.5）。

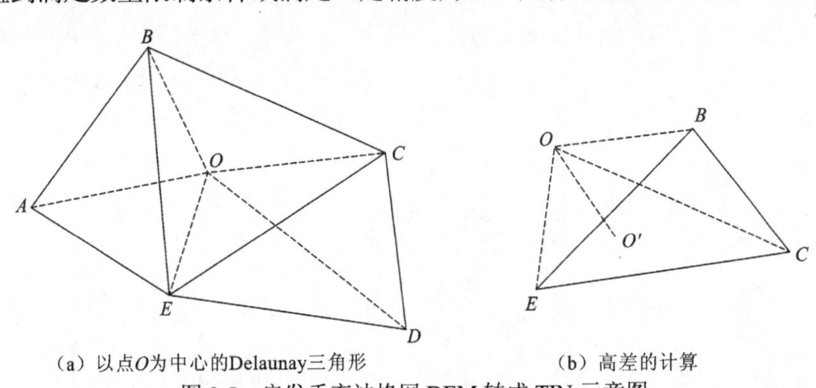

图 2.5 启发丢弃法格网 DEM 转成 TIN 示意图

（1）启发丢弃法输入的是 TIN，每次去掉一个节点进行迭代，得到节点越来越少的 TIN。很显然，可以输入格网 DEM 数据，此时所有格网点视为 TIN 的节点，将格网中 4 个节点的其中两个相对节点连接起来，则每个格网被剖分为两个三角形。

（2）取 TIN 的一个节点 *O* 及与其相邻的其他节点，如图 2.5 所示，点 *O* 的邻点（称 Delaunay 邻接点）为 *A*、*B*、*C*、*D*，使用 Delaunay 三角构造算法，将点 *O* 的邻点进行 Delaunay 三角形重构，如图 2.5 中实线所示。

（3）判断该节点 O 位于哪个新生成的 Delaunay 三角形中，图 2.5 中点 O 位于△BCE 中。计算点 O 的高程和过点 O 与△BCE 交点 O'的高程差 d。若高程差 d 大于剔除判断标准的阈值 d_e，则点 O 为重要点应保留，反之则可删除。

（4）对 TIN 中所有的节点，重复进行上述判断过程。

（5）直到 TIN 中所有的节点满足条件 $d>d_e$，结束。

两种方法相比较，保留重要点法在保留关键格网点（顶点、凹点）方面最好，而启发丢弃法在每次丢弃数据点时确保信息丢失最少，但计算量大。两种方法各有利弊，实际应用中应根据不同的需要，如检测极值点、高效存储或最小误差，选择使用不同的方法。

2.2.3 Delaunay 三角剖分

三维地形建模的方法有很多，包括剖面框架法、直接点面法、多源数据耦合法等。实际水电站工程应用中，通常已知地质勘测中有限点集的信息，如何把这样一个散乱点集剖分成不均匀的三角形格网，实现三维表面重建，就是散乱点集的三角剖分问题。实际中最常用的方法是 Delaunay 三角剖分，它是一种特殊的三角剖分，属于剖面框架法。根据三角剖分是否受到约束限制，它又分为带约束的 Delaunay 三角剖分和标准的 Delaunay 三角剖分。

1. 带约束的 Delaunay 三角剖分

带约束的 Delaunay 三角剖分是指在对散乱点集 P 进行三角剖分时，应当满足一定的约束条件，即必须经过给定的边集 S，如对象重建中的模型边界（如道路、施工场地等），地表模型中的山脊线、山谷线和断裂线等，地质模型中的断层和岩层边界等。通俗地讲，给定散乱点集 P 和边集 S 下带约束的 Delaunay 三角剖分，必须满足：①这些边都是 Delaunay 三角网的边；②尽可能地去近似标准的 Delaunay 三角剖分。在不改变原有散乱点集的情况下，带约束的 Delaunay 三角剖分基本做法是：先将所有散乱点进行标准的 Delaunay 三角剖分，然后强行嵌入不在剖分中的约束边，或者通过交换对角线的方法强行嵌入约束边。首先建立标准的 Delaunay 三角剖分，然后将复杂区域的边界线作为一种约束线，对嵌入的所有约束边所影响的三角形进行局部调整，使约束边成为 Delaunay 三角网中的边，且满足约束 Delaunay 三角网的基本性质，然后将多余的三角形从三角形链表中删除，得到带约束的 Delaunay 三角网。

2. 标准的 Delaunay 三角剖分

在对数据进行分块后，在每个分块内首先进行标准的 Delaunay 三角剖分，其实现过程如下。

（1）选择散乱点集 P 中任一点作为 Delaunay 三角剖分的起始点，找出与起始点最近的点，并与之连接，得到 Delaunay 三角形的一条边。

（2）分别以新生成的边为基线，根据 Delaunay 三角网的判别法则，找出与各基线构成 Delaunay 三角形的第三点。

（3）将各基线的两个端点分别与第三点相连，得到 Delaunay 三角形的另两条边，并将这两条边作为新的基线。

（4）重复步骤（2）、（3），直至所有的基线都被处理，最终得到标准的 Delaunay 三角网。

3. 在标准的 Delaunay 三角网中嵌入约束边

在对数据的每个分块进行三维表面重构时，必须经过分块的 4 条边线及可能存在的剖面线，而标准的 Delaunay 三角剖分不能保证该条件得到满足，因此，在进行了标准的 Delaunay 三角剖分后，应嵌入这些约束边。

在各分块内对标准 Delaunay 三角网嵌入约束边的过程中，需由分块内 Delaunay 三角网的拓扑信息快速查找到约束边所影响的三角形，嵌入约束边，同时删除多余的边，从而三角网的拓扑关系会发生变化。在三角网内需查询的拓扑信息主要有：①对于任一散乱点，找出所有以该点为顶点的三角形；②对任意一个 Delaunay 三角形，获得其 3 个顶点、3 条边及 3 个邻接三角形的信息。

设第 k 个分块内的 Delaunay 三角形集合为 $\mathrm{Tk}(V,E)$，需在标准的 Delaunay 三角网中嵌入约束边 p_ip_j，$p_ip_j \in V$，称与约束边 p_ip_j 相交的三角形所构成的区域为约束边 p_ip_j 的影响域，称由影响域的边界所构成的多边形为影响多边形 Q。显然，约束边 p_ip_j 将影响多边形 Q 分成两部分 Q_u 和 Q_l，如图 2.6 所示。

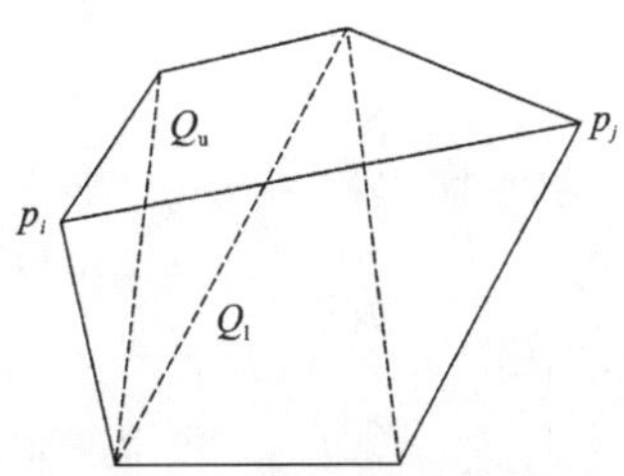

图 2.6 约束边 p_ip_j 的影响域

在第 k 个分块内的标准的 Delaunay 三角网内嵌入约束边 p_ip_j 的算法过程如下。

（1）在三角网中找出以 p_i 为顶点的三角形 T_1，且 T_1 与 p_ip_j 相交。由点结构信息可即时定位以 p_i 为顶点的三角形 T_e，再由三角形拓扑信息从 T_e 开始以 p_i 为顶点逆时针方向寻找到三角形 T_1，如图 2.7 所示。

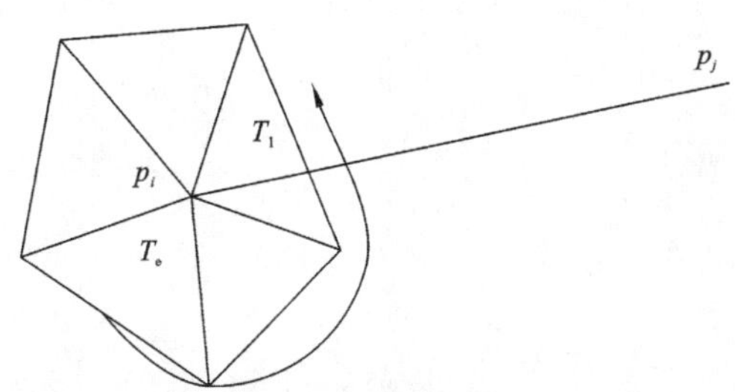

图 2.7 搜索与 p_ip_j 相交的第一个三角形

（2）从 T_1 开始，由三角形拓扑信息依次找到影响域内三角形 $T_2, T_3,\cdots, T_k$，存入影响域三角形数组中，同时生成 Q_u 和 Q_d 影响域边界数组，其边界点具有拓扑性，如图 2.8 所示。

$$Q_\mathrm{u} = \{ p_i , u_1 , u_2 , ..., u_n , p_j\}$$
$$Q_\mathrm{d} = \{ p_i , d_1 , d_2 , ..., d_n , p_j\}$$

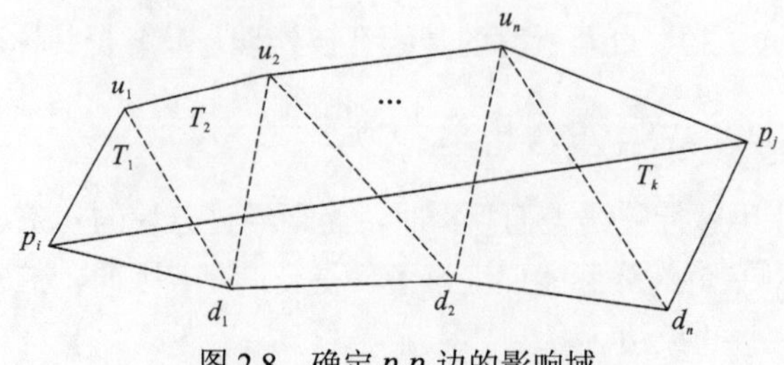

图 2.8　确定 p_ip_j 边的影响域

由 p_ip_j 开始对 Q_u 和 Q_d 按角度最大原则在影响域内生成新三角形。新生成的三角形信息写入影响域三角形数组存储的三角形空间中。由于未插入新点，三角形个数不变，不用再开辟新空间。为了确定三角形生成的先后次序，使用栈数据结构。

2.2.4　三角网内插

在建立 TIN 后，可以由 TIN 求解该区域内任意一点的高程。TIN 的内插与矩形格网的内插有不同的特点，其用于内插的点的检索比格网的检索要复杂。一般情况下仅用线性内插，即三角形三点确定的斜平面作为地表面，因而仅能保证地面连续而不能保证光滑。进行三角网内插，一般要经过以下几个步骤。

（1）格网点的检索。给定一点的平面坐标 $P(x,y)$，要基于 TIN 内插该点的高程 Z，首先要确定点 P 落在 TIN 的哪个三角形中。一般的做法是通过计算距离，得到距 P 点最近的点，设为 Q_1。然后就要确定点 P 所在的三角形。依次取出 Q_1 为顶点的三角形，判断点 P 是否位于该三角形内。可利用点 P 是否与该三角形每一顶点均在该顶点所对边的同侧（点的坐标分别代入该边直线方程所得的值符号相同）加以判断。若点 P 不在以 Q_1 为顶点的任意一个三角形中，则取离点 P 最近的格网点，重复上述步骤，直至取出点 P 所在的三角形，即检索到用于内插点 P 高程的三个格网点。

（2）高程内插。若 $P(x,y)$ 所在的三角形为 $\triangle Q_1Q_2Q_3$，三顶点坐标分别为 (x_1,y_1,z_1)、(x_2,y_2,z_2) 与 (x_3,y_3,z_3)，则由 Q_1、Q_2 与 Q_3 确定的平面方程为

$$\begin{vmatrix} x & y & z & 1 \\ x_1 & y_1 & z_1 & 1 \\ x_2 & y_2 & z_2 & 1 \\ x_3 & y_3 & z_3 & 1 \end{vmatrix} = 0 \tag{2.23}$$

或

$$\begin{vmatrix} x-x_1 & y-y_1 & z-z_1 \\ x_2-x_1 & y_2-y_1 & z_2-z_1 \\ x_3-x_1 & y_3-y_1 & z_3-z_1 \end{vmatrix} = 0 \tag{2.24}$$

令

$$\begin{cases} x_{21}=x_2-x_1, & x_{31}=x_3-x_1 \\ y_{21}=y_2-y_1, & y_{31}=y_3-y_1 \\ z_{21}=z_2-z_1, & z_{31}=z_3-z_1 \end{cases} \tag{2.25}$$

则点 P 高程为

$$Z = Z_1 - \frac{(x - x_1)(y_{21}z_{31} - y_{31}z_{21}) + (y - y_1)(z_{21}x_{31} - z_{31}x_{21})}{x_{21}y_{31} - x_{31}y_{21}} \tag{2.26}$$

2.3　水电工程岩土安全监测

本书涉及的水电工程岩土安全监测对象主要包括边坡工程和地下洞室[54-55]，安全监测是工程安全建设和运行的重要保障。通过对监测所得数据进行分析研究，可掌握边坡和地下洞室的形态，并根据前期已发生的工程问题和事故前兆信息及时做出预警，工程技术和管理人员可采取相应措施预防、绕避和消除事故隐患，避免工程事故与人员伤亡。

2.3.1　岩土边坡安全监测方法

1. 监测的基本原则

水电工程岩土边坡安全监测的主要目的是通过对布置在监测体内部的监测仪器所反馈出来的实时数据进行分析，进而能够对监测体的安全状况进行掌控，工程安全监测通常需满足以下基本原则。

（1）监测布置应当突出重点、兼顾全局，对于关键部位的关键项目，应作为重点集中布设。

（2）监测项目的设置和测点的布设既要满足监测工程安全运行需要，又要兼顾到验证设计。

（3）永久监测设备的布置尽量与施工期的监测布置相结合，做到一个项目多种用途，在不同时期能反映出不同重点。

（4）各种监测项目的布设要互相结合，以便互相校核。

（5）设备选型要突出长期稳定、可靠等优势，种类尽量少，以便于管理、施工和实现自动化。

（6）在进行仪器监测的同时，要重视人工巡视检查工作，以互相补充。

（7）对所有的监测资料应及时整理、分析，以便及时发现不安全因素，并采取有效的工程处置措施。

2. 监测系统设计

边坡监测作为动态设计和信息化施工的一项重要内容，监测系统设计时一方面应遵循岩土工程行业相关的规范，另一方面需要着重考虑其与边坡防治设计、施工方案相对应。概括起来，边坡监测系统主要包括巡视检查、监测项目与仪器、资料管理及分析决策系统，如图 2.9 所示。

根据边坡工程地质条件和设计等级，一般设计需要开展的监测项目有边坡地表变形、岩土体深部变形、支护措施（锚杆、锚索、抗滑桩等）受力、裂缝、地下水、环境量（气温、降雨量等）等。

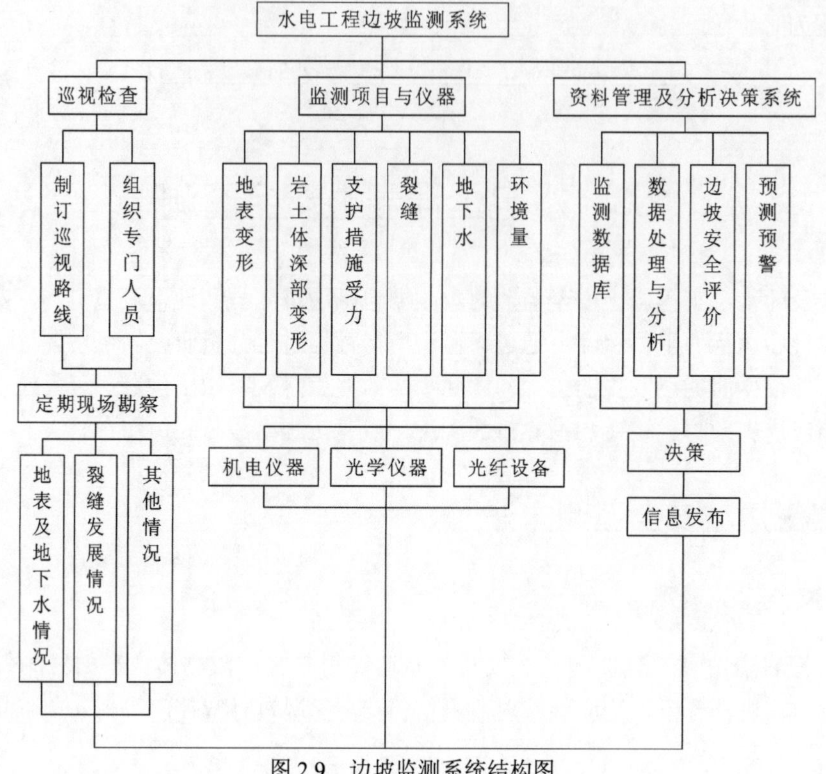

图 2.9　边坡监测系统结构图

3. 典型监测仪器和方法

1）边坡地表变形监测

当前，边坡地表变形监测的实施主要利用高精度全站仪、GPS 技术，以及近年来发展起来的远程三维激光扫描技术、分布式光纤技术等。高精度全站仪监测时各测点间需要保持通视，如果仪器因视线被挡而无法看到被测目标就无法测量。但 GPS 是通过接收卫星信号而进行监测的，各测点间不需要确保通视条件，只要各测点与卫星之间的联系不被切断就可以实现。

监测网的布设应以大地形变监测网为主，地表位移监测点的布设方式通常采用的有十字交叉网、放射网、正方格网和任意方格网 4 种。大地形变测量监测点的选定应根据高切坡的平面形态布设监测网点，监测网点分控制点和监测点。监测工程布设时，依据上述监测设计的基本原则，根据切坡的具体条件，控制点须选设在变形影响范围以外且便于长期保存的稳定位置，变形观测点选设在变形体上能反映变形特征的位置，监测剖面宜与勘查剖面重合（或平行）。

2）边坡岩土体深部变形监测

用于测量边坡深部变形的监测仪器通常有钻孔倾斜仪、多点位移计和滑动测微计等。

钻孔倾斜仪（简称测斜仪）是岩土边坡应用最广的重要手段之一，借助于钻孔，在钻孔内安装特殊的塑料或铝合金管作为测斜管，测斜管与孔壁之间用细砂或水泥砂浆填实，利用专业探头测读不同孔深位置的水位位移进行监测。测斜仪主要有伺服加速度计式、电阻应变片式、钢弦式、差动电阻式等，其测量方式一般采用活动式。

测斜仪的工作原理如图 2.10 所示。当岩土体变形发生倾斜，测斜管也随之发生倾斜。当探头在测斜管内自下而上以一定间距（通常为 0.5 m）逐段滑动测量时，探头内的传感器敏感地反映出测斜管在每一深度处的倾斜角度变化 θ，从而得到测斜管每段的水平位移增量 Δ_i，即

$$\Delta_i = L \cdot \sin\theta \tag{2.27}$$

式中：L 为测头导轮间距。

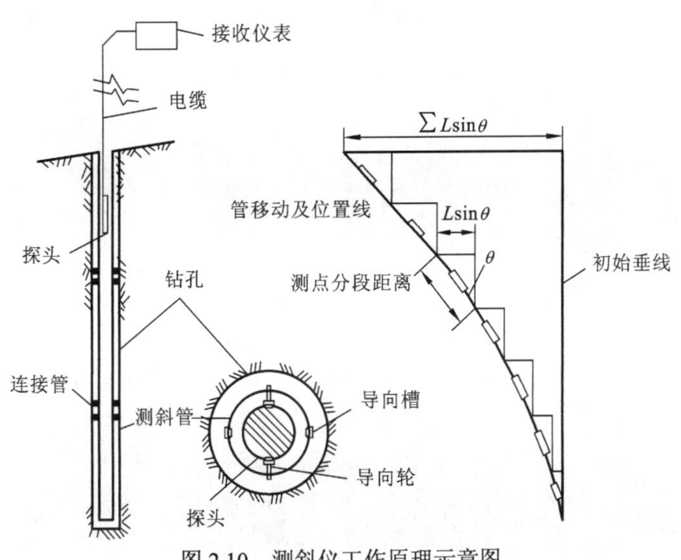

图 2.10 测斜仪工作原理示意图

把每段的水平位移增量自下而上逐段累加，便得到不同深度及孔口的总位移量 δ_i 为

$$\delta_i = \sum \Delta_i = \sum L \cdot \sin\theta \tag{2.28}$$

测斜仪是沿全孔两个正交方向测量的，所以可描述全测孔沿深度的位移全貌。从钻孔全深位移动态的相关关系中，可以准确地确定发生位移（滑动）的区段，按某一时间内测得的几组读数之间的差异，可反映在该时间内位移（合成位移）的大小、位移方向及速率。

多点位移计和滑动测微计主要应用于岩质高切坡，两者的基本目的是测量边坡岩体沿钻孔轴线方向的变形。多点位移计孔内测点（锚头）的固定方式，有机械式和黏结式两种。测点与传感器的连接方式采用传递杆连接，其外部均用 PVC 管封闭保护。传感器均安装在孔口，孔内最深的测点应位于不动层中，作为其工作基点。典型的多点位移计如图 2.11 所示。由传感器、传递杆、传递杆保护管、锚固头、安装基座、保护罩、灌浆管等部分组成。锚固头锚固采用灌水泥浆锚固方式，传感器采用并联连接方式，传递杆采用ϕ8 不锈钢管（杆）。

多点位移计的位置、轴向、长度及锚固点的数量，应按照监测设计基本原则，并根据具体工程地质条件确定。同时应考虑预期的岩体位移方向和大小、所安装的其他仪器位置和性能，以及仪器安装前后和安装过程中工程活动的过程和时间，以确定位移计的安装位置。对于基点选择，欲测绝对位移并以最深点为基准点时，最深一个锚固点应设置在工程影响范围之外。在有围岩锚固结构的部位，最深一个锚固点应固定在锚杆的内端点以外。总之锚固点的设置应使位移计能测到最大的变形值。软弱结构面、接触面、滑动面等部位，宜在两边各设置一个锚固头固定。

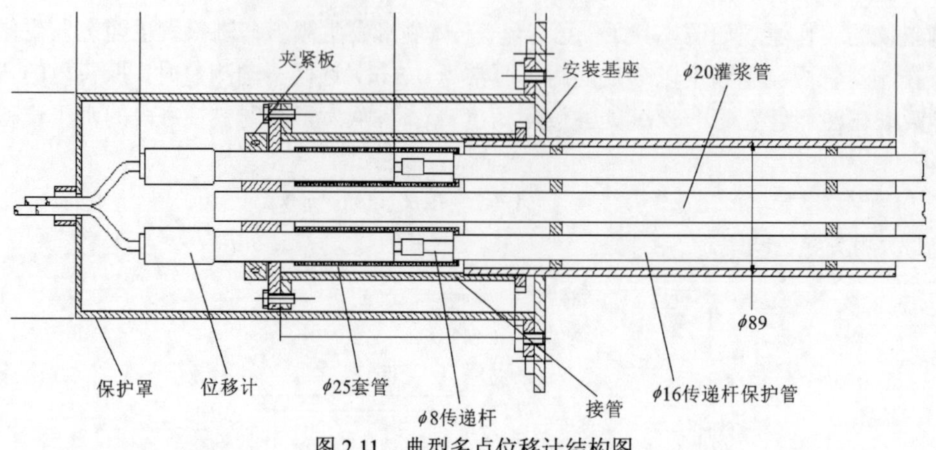

图 2.11　典型多点位移计结构图

3）支护措施受力监测

边坡的支护措施主要有锚杆、锚索、抗滑桩、挡土墙、格构锚等。

锚杆应力计应按照锚杆直径选配相应的规格，将仪器两端的连接杆分别与锚杆焊接或采用螺纹连接，连接后锚杆整体强度不低于锚杆强度。其施工安装应和锚杆施工结合进行，按设计要求钻孔，钻孔平直，其轴线弯曲度应小于钻孔半径，钻孔结束后应冲洗干净，防止孔壁沾油污。在已焊接锚杆应力计的监测锚杆上需安装排气管，将组装检测合格后的监测锚杆送入钻孔内引出电缆和排气管，插入灌浆管，用水泥砂浆封闭孔口，典型安装如图 2.12 所示。

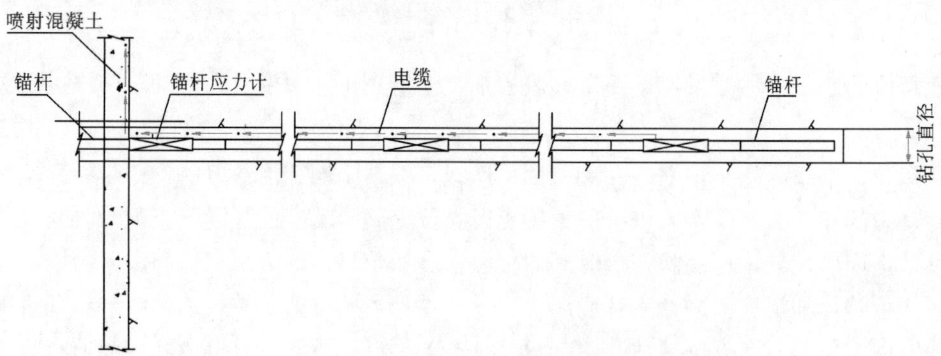

图 2.12　锚杆应力计安装图

抗滑桩受力通常利用钢筋计、土压力计进行监测。将钢筋计与抗滑桩桩身内所要测量的钢筋焊接在一起，尽量焊接在同一直径的受力钢筋并保持在同一轴线上，受力钢筋的绑扎接头应距离仪器 1.5 m 以上。钢筋计的焊接采用斜口对焊，焊接时及焊接后，应该对仪器部位浇水冷却，使仪器温度不超过 60℃，但不得在焊缝处浇水。钢筋的应力发生变化而引起感应组件发生相对位移，从而使得感应组件上的电阻比发生变化，通过差动电阻数字仪测量其电阻比变化可得到钢筋应力的变化。土压力计埋设在桩身后不同截面位置，与边坡岩土体紧密接触，测量边坡岩土体作用于抗滑桩的推力。

较之锚杆应力监测，锚索受力测试情况要相对复杂一点。锚索有普通拉力型和压力分散型等形式，对锚索受力测试，锚索测力计通常安装在张拉千斤顶和锚墩之间。而对于如图 2.13（a）所示的压力分散型锚索，由于在同一钻孔中安装几个单元锚索，每个单元锚索都有各自的锚索体、自由长度和锚固长度。为获得每个锚固段钢绞线的受力变化，设计一种单孔复合型锚索单元锚固段受力测试装置，如图 2.13（b）所示。将分锚装置安放在限位垫板之上，让钢绞线自由地穿过分锚装置上的预留孔。然后设计将各圆筒型小型测力计传感器分别安装在分锚装置和单孔锚具之间，抗拔试验时由千斤顶分别对单根钢绞线施加张力。放张时，钢绞线在夹片和锚具的共同作用下自锁，并将预应力传递到测力计的弹性元件上，此时测读仪读数即为单元锚固段各钢绞线的受力，并且由于测力计在单孔锚和分锚装置之间被锁定，也实现了对钢绞线预应力变化的实时跟踪测试。

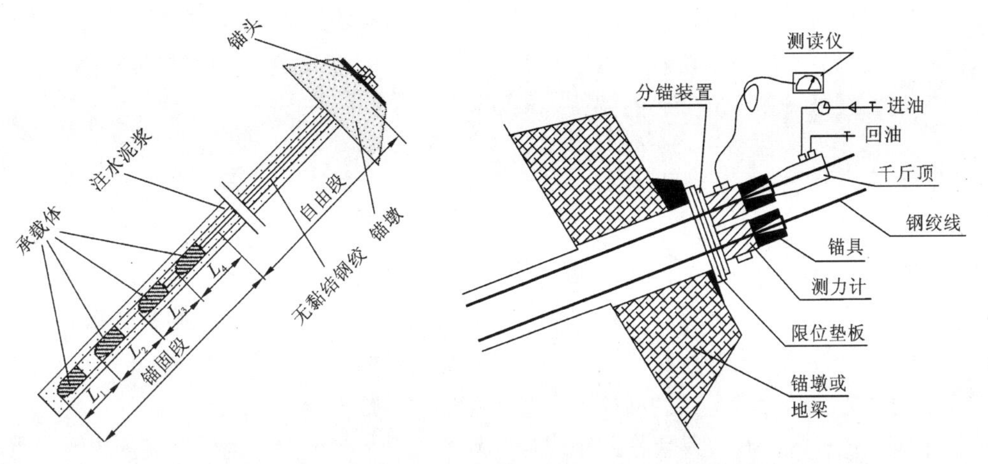

（a）压力分散型锚索　　（b）单孔复合型锚索单元锚固段受力测试装置

图 2.13　边坡工程压力分散性锚索测力计安装与监测

2.3.2　地下洞室安全监测方法

水工地下洞室通常赋存于复杂的地质环境下，具有长线、大断面、深埋、高应力、高水压等显著特点，施工和运行过程中往往会出现塌方、岩爆、大变形、深层破裂等工程灾害。为确保地下洞室安全，一般都需要开展围岩变形、破裂、应力、支护结构受力、渗透压等监测，把握围岩形态，预测预警潜在的变形破坏和工程灾害。

1. 监测的基本原则

（1）安全监测方案前处理：在开展洞室安全监测前，需要通过工程类比和合适的数值方法，分析测试对象的变形、损伤、破坏和应力分布，并根据施工开挖方式和预估的工程地质条件，初步确定监测方法、监测钻孔和各类设施的布置方案。

（2）整体和局部相结合原则：在测试方案确定和钻孔布设过程中，以整个地下洞室为测试对象，把握全空间的围岩变形破裂信息，并要考虑局部应力集中和变形可能较大的局部区域。

（3）重点部位重点监测的原则：根据初步的数值模拟和不断开挖获得的动态监测信息，对于隧洞拱肩、拱脚、边墙和洞室相交等重点部位，应进行重点监测，在测试钻孔布设和测试频率执行上有独立的方案，并根据初步的监测结果随时根据需要补充监测设施。

（4）测试信息的一致性原则：由于采用了多种仪器和多手段综合的方法，考虑岩体结构的离散和空间变异特性，同一监测断面的监测信息应尽量保持在一个较小的区域范围内，监测钻孔的布设应考虑测试结果的有效性和反馈统一区域岩体的一致性，比如弹性波钻孔、变形监测钻孔和数字钻孔摄像钻孔应尽量控制在 5 m 范围内。

（5）监测频率的动态调整原则：洞室的施工开挖和支护是一个动态变化的过程，监测频率应根据工程施工进度和监测信息的变化状态进行适时动态的调整，满足有效获取围岩变形、损伤、应力、破裂全过程的演化特征。

（6）监测数据的即时性处理原则：现场测试获得的原始监测数据，应在 24 h 内完成数据处理并进行初步分析，及时查看是否出现裂隙、变形、弹性波和声发射等的异常特征，为围岩安全评估综合分析和监测频率的调整提供依据。

2. 监测系统设计

地下洞室安全监测设计受工程地质条件、岩体结构、测试环境、仪器可靠性、测试误差和仪器失效等综合因素的影响，任何单一监测项目都难以全面揭示围岩的力学响应特性，难以有效可靠地实现对围岩形态和工程灾变信息的预测预警。为此，地下洞室监测需要综合的监测项目和仪器设施，实时获取施工开挖和运行全过程的围岩响应及其演化特性，实现对隧洞围岩细观到宏观、点-线-面到立体、表面到深部力学行为的综合监测。

地下洞室的监测项目通常包括：围岩表面和深部变形、开裂、弹性波、应力、微震、声发射、渗透压等，为此需要采用全站仪、收敛计、多点位移计、声波仪、钻孔摄像仪、光纤测读仪、应力计、微震仪、渗压计等监测设施。监测设计时需要根据不同监测目的选择其中的若干项目，如为了解开挖卸荷的松动圈范围，可采用声波和变形测试，如为预警岩爆灾害，可采用微震监测等。此外，对于重点地下工程，还需综合采用三维激光扫描、岩体结构面遥测、爆破振动测试等原位综合监测手段。监测系统设计基本思路如图 2.14 所示。

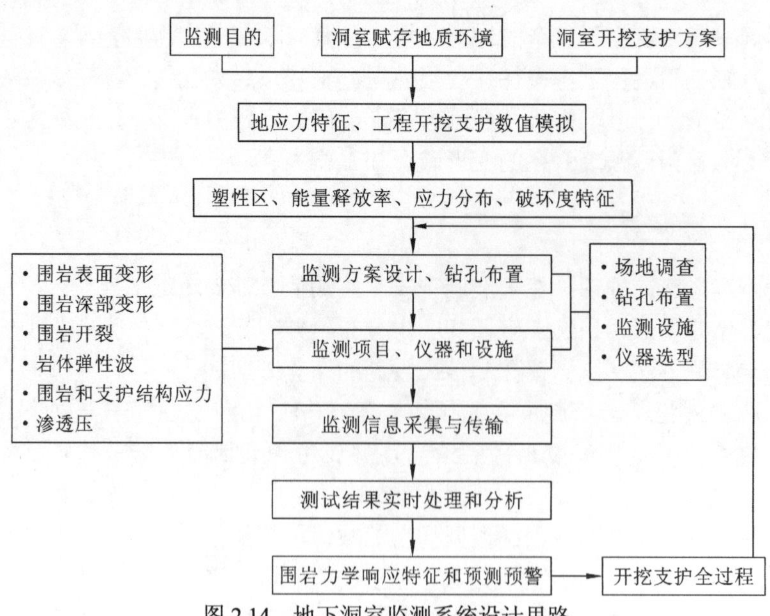

图 2.14　地下洞室监测系统设计思路

3. 典型监测仪器和方法

1）围岩表面和深部变形监测

洞室围岩变形监测通常包括表面变形和岩体深部变形。现有的监测方法很多，根据监测变量的不同归纳为三类：第一类为测试两点之间的轴向分量，如应变计、收敛计、多点位移计、滑动测微计、激光测距仪等；第二类为垂直于两点连线的横向分量，如倾斜仪、三向位移计、水准仪等；第三类为测试隧洞断面的环向变形，也可视为线法监测，如三维激光扫描仪、分布式光纤测试仪等。区别于以应变计为代表的点法监测只能测定元件埋设处的应变信息，线法监测则是连续地测量相邻两点间的信息，这样它就可以导出整条测线上轴向变形分布。

地下洞室变形线法监测设施的埋设，通常有三种方法：一种是直接法，即在开挖洞室内直接向围岩内钻孔，如图 2.15（a）所示；第二种是间接法，即在洞开挖前，通过已有的开挖隧洞预设钻孔，测试洞室开挖全过程的变形，如图 2.15（b）所示；第三种是通过接触或非接触测试技术，在隧洞环向布设监测断面，直接测试洞室断面的表面变形，如图 2.15（c）所示。

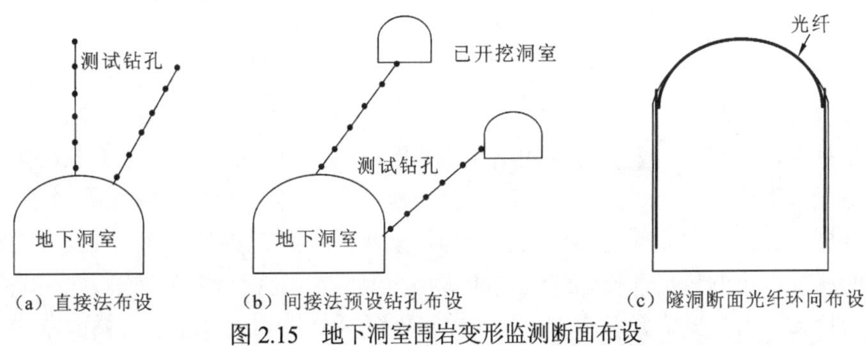

图 2.15　地下洞室围岩变形监测断面布设

2）岩体开裂监测

岩体的变形破裂一般是从初始的微缺陷到最终的断裂破坏的渐进损伤劣化和不断累积的过程，是内部微缺陷不断扩展、贯通的结果。裂隙本身的几何形态、力学特性及其与开挖工程空间位置关系影响着其在外荷载下的扩展和贯通过程，进而影响岩体的变形和强度特性。目前，在工程实际中，借助数字钻孔摄像对岩体开裂特征进行直接观测是最有力的手段之一。

数字钻孔摄像最早于 20 世纪 80 年代研制成功后，在岩土工程勘察、石油钻井和矿床资源地质结构识别等方面被广泛应用。目前主要可概括为两类，一类是数字光学成像系统，另一类是数字全景成像系统。其测试原理是将孔壁圆柱面图像经过截头锥面镜反射成像于锥面反射镜底部的某一平面或近似平面上的图像，可以获得钻孔全长孔壁 360° 的全景图像，后经数字化处理得到圆柱面的平面展开图，提取裂隙产状。它是一套全新的勘探设备，集电子技术、视频技术、数字技术和计算机应用技术于一体，解决了钻孔内的工程地质信息采集的完整性和准确性问题，用以确定结构面产状和裂隙宽度、发现对工程安全和稳定影响较大的结构面、监测裂隙宽度扩展情况、开挖损伤区探测、局部岩体完整性评价、判断围岩松动圈等。

对地下洞室围岩裂隙的观测，数字摄像钻孔的埋设主要有两种方法，即直接法和预埋法，如图 2.16 所示。直接法是在开挖面上直接向岩体内钻孔，观测岩体裂隙、松动圈及时效演化特征。预埋法是在测试洞室开挖前，通过已开挖的洞室向测试洞室布设钻孔，钻孔长度宜穿透洞室边墙。

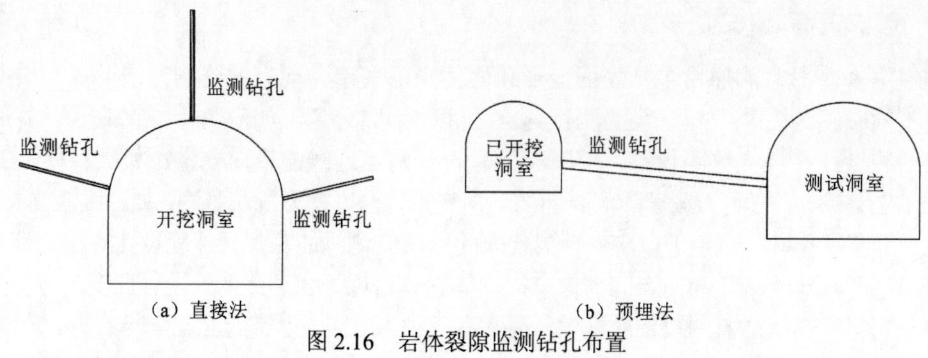

图 2.16　岩体裂隙监测钻孔布置

3）岩体弹性波测试

岩体弹性波测试是了解地下洞室岩体开挖卸荷带/松动圈的重要手段之一，通常通过测试手段获得。声波技术应用于岩体测试最早大约开始于 20 世纪 60 年代，包括声波测量、声波衰减和声发射测量，是一种介于地球物理勘探和工程震动之间的测试技术。目前，岩体声波测试已发展成为应用声学的一个独立分支，研究岩石或岩体中声波产生、传播、接收及各种效应，它是声学技术和岩石力学与工程相互渗透的结果。围岩松动破碎范围或损伤深度、微裂纹特征是联系地质学与岩体力学间的纽带。理论上讲，波在介质中的传播速度只与介质本身的弹性性质有关，如介质的弹性模量、剪切模量和密度等。弹性波是一种扰动的传播，即介质质点间相互作用的传播，扰动经过介质传播的速度称为弹性波的波速。在声波探测技术中，习惯上把人耳可听到的频率在 20 Hz～20 kHz 的弹性波和人耳不能分辨的超声波合在一起，统称为声波。

在基本的测试原理方面，对岩石而言，岩石的组分和结构决定着弹性波的传播速度和能量。对于岩体，波的传播速度则取决于组成岩体的不同性质的岩石和结构面。在各向同性无限大介质中，必须有而且仅仅有两种弹性波存在，即纵波和横波。但在有界固体介质中的声波，在边界附近（不同介质界面）将产生表面波，如瑞利波和勒夫波等。岩体与其他介质一样，一方面，当弹性波通过岩体中不同力学性质的结构面时，传播声波时要发生几何衰减和物理衰减，如散射、折射和热损耗，使弹性波能量不断得到衰减造成波速降低；另一方面，地下工程围岩处在不同的应力状态中，其动弹性模量、动泊松比及密度都发生变化，其数值的改变导致岩体中纵波波速的变化，造成高应力作用区其波速相对较大，应力松弛的低应力区中波速相对较低。在岩石工程中，岩体中往往包含有各种层面、节理和裂隙等结构面。现有的声波探测仪通常是通过在岩石介质和结构中激发一定频率的弹性波进行探测，这种弹性波以各种波形在材料和结构内部传播并由接收仪器接收。通过分析研究接收和记录下来的波动信号，然后利用测试获得的波速变化可以间接辨识岩体结构的改变。目前主要采用纵波波速进行弹性波测试，其次是横波波速。

在测试设备上，按振源与拾振器的布置不同，波速测试通常选用单孔法或跨孔法，其测试钻孔布置如图 2.17 所示。

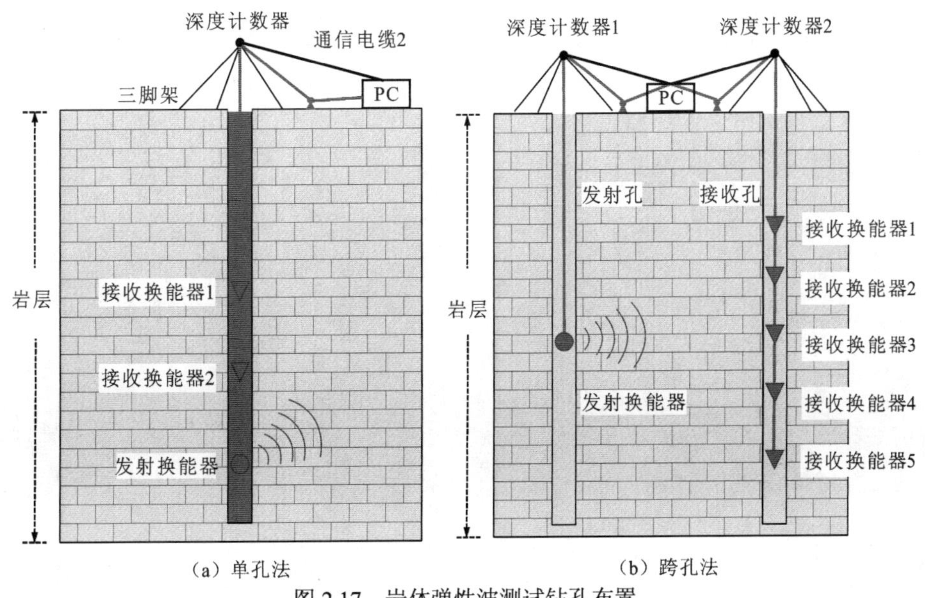

（a）单孔法　　（b）跨孔法

图 2.17　岩体弹性波测试钻孔布置

4）地下洞室微震监测技术

洞室围岩在失稳之前，必然有一段持续的时间释放以弹性波的形式积蓄的能量。岩体中积蓄的弹性势能将在非弹性变形过程中以震动波的形式沿周围的介质向外逐步或突然释放，这种能量释放的强度，随着破坏的发展而变化，导致岩体内部产生微震事件。围岩失稳孕育过程的本质是一系列岩体破裂事件。这些岩体破裂发生后，产生的震动波沿周围的介质向外传播，放置于孔内紧贴岩壁的传感器接收到其原始的微振动信号并将其转变为电信号，随后将其发送至信号采集仪；之后通过通信系统再将数据信号传送给中心服务器，分析处理软件可以对微震动数据信号进行多方面处理和分析，实现微震事件的定位、震源参数获取、趋势跟踪等，并可对定位微震/声发射事件在三维空间和时间上进行实体演示。通过实时分析微震事件的数量及其对应震源参数（如能量、视体积等）的时空演化特征，可对洞室中潜在的围岩失稳风险进行动态评估。图 2.18 为微震监测原理示意图。

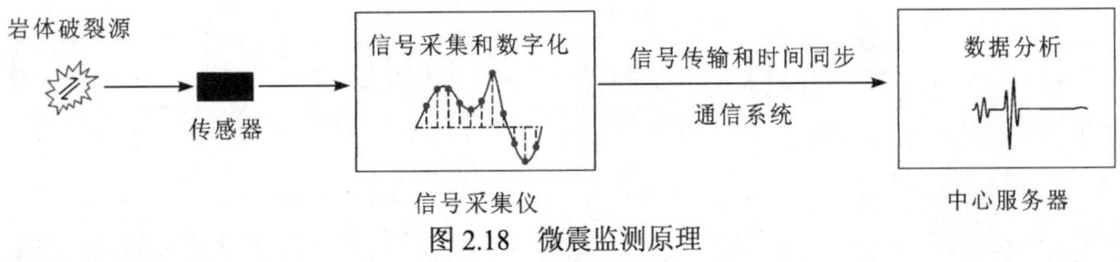

图 2.18　微震监测原理

微震监测不同于常规应力、变形监测，微震监测范围是一个空间，微震监测方案设计时应考虑微震信号分析与工程灾害评估所必需的条件。因此，微震监测方案设计时通常遵循以下原则。

（1）满足“微震源定位须有 4 个传感器监测到有效信号”的必要条件。

（2）考虑微震源定位原理，尽可能避免微震源定位的“盲区”。

（3）重点部位应加密布置传感器。

（4）考虑微震监测的特殊性及传感器的类型与性能，根据岩体结构特点，在确保监测范围内对岩石破裂事件定位及时、准确的前提下，尽可能扩大监测范围。

（5）尽量避免环境噪声对微震信号的影响。

（6）考虑现场布置的可操作性、设备衔接和走线的方便，确保线路安全，确保监测数据连续、准确；

（7）条件允许的情况下尽可能地确保监测对象在传感器阵列之内。

微震的基本参量包括微震事件、微震体变势、微震能量、视体积、视应力和震级，其物理意义简要介绍如下。

（1）微震事件。

岩石破裂将会以弹性波的形式释放能量，理论上每一个破裂将会产生一个弹性波，有一个微震动，若岩石破裂产生的震动信号触发了传感器，这次岩石破裂就是一个微震/声发射事件，若该事件被至少 4 个传感器接收到，称之为可定位事件。

（2）微震体变势 P 。

微震体变势 P 表示震源区内由微震伴生的非弹性变形区的岩体体积的改变量，它与形状无关。微震体变势是一个标量，定义为震源非弹性区的体积 V 和体应变增量 $\Delta\varepsilon$ 的乘积：

$$P = \Delta\varepsilon \cdot V$$

对于一个平面剪切型震源，微震体变势定义为

$$P = \bar{u} \cdot A$$

式中：A 为震源面积；$\bar{u}$ 为平均滑移量；P 的量纲为［L^3］。

在震源位置，微震体变势是震源时间函数对整个震动期间的积分。在监测点，微震体变势与经远场辐射形态修正后的 P 波或 S 波位移脉冲的积分 $u_{\mathrm{corr}}(t)$ 呈正比。

$$P_{\mathrm{P,S}} = 4\pi v_{\mathrm{P,S}} R \int_0^{t_{\mathrm{s}}} u_{\mathrm{corr}}(t)\mathrm{d}t$$

式中：$v_{\mathrm{P,S}}$ 为 P 波或 S 波波速；R 为到震源的距离；t_{s} 为震动时间，$u(0)=0$，$u(t_{\mathrm{s}})=0$。

微震体变势通常是由记录频率域内的低频位移谱幅值 $\varOmega_0$ 估计而得

$$P_{\mathrm{P,S}} = 4\pi v_{\mathrm{P,S}} R \frac{\varOmega_{0,\mathrm{P,S}}}{\varLambda_{\mathrm{P,S}}}$$

式中：$\varLambda_{\mathrm{P,S}}$ 为远场幅值经震源聚焦球体上平均处理后的分布形式的平方根；对 P 波 $\varLambda_{\mathrm{P}}=0.516$；对 S 波 $\varLambda_{\mathrm{S}}=0.632$。

（3）微震能量 E 。

在开裂或摩擦滑动过程中能量的释放是岩体由弹性变形向非弹性变形转化的结果。这个转化速率可以是很慢的蠕变事件，也可以是很快的动力微震事件，其在微震源处的平均变化速度可达每秒数米。相同大小的事件，慢速事件较快速动力事件发展时间要长。因此，慢速事件主要辐射出低频波。由于激发的微震能量是震源函数的时间导数，慢震过程产生较小的微震辐射。根据断裂力学的观点，开裂速度越慢，辐射能量就越少，拟静力开裂过程将不会产生辐射能。

在时间域内，P 波和 S 波的辐射微震能量与经由远场速度脉冲的平方值修正后辐射波形在时段 t_{s} 上的积分呈正比，则微震能量 E 为

$$E_{\mathrm{P,S}}=\frac{8}{5}\pi\rho v_{\mathrm{P,S}}R^2\int_0^{t_s}\dot{u}_{\mathrm{corr}}^2(t)\mathrm{d}t$$

式中：ρ 为岩石密度。

在远场监测中，P 波和 S 波对总辐射能量的贡献与 P 波和 S 波速度谱平方的积分呈正比。要想获取主导角频率 f_0 两侧频带范围内合理的信噪比，就需要确定由微震观测网记录的波形的积分。如果要有效研究微震区的应力分布情况，微震系统应能记录到微震辐射的高频分量。

（4）视体积 V_{A}。

视体积表示的是震源非弹性变形区岩体的体积，可以通过记录的波形参数计算得到，是一个较为稳健的震源参数，计算公式如下：

$$V_{\mathrm{A}}=\frac{\mu P^2}{2E}$$

式中：μ 为岩石的剪切模量。

（5）视应力 σ_{A}。

视应力 σ_{A} 表示震源单位非弹性应变区岩体的辐射微震能。将其定义为辐射微震能 E 与微震体变势 P 之比：

$$\sigma_{\mathrm{A}}=\frac{E}{P}$$

（6）震级。

国际领域普遍采用震级来描述地震事件量级，但震级不是一个严格定义的量，有多种不同的震级尺度，因此不能对不同地区的地震进行简单的比较。如在白鹤滩水电站导流洞微震监测时采用的震级为局部震级，计算公式为

$$m=0.344\lg E+0.516\lg M-6.572$$

式中：M 为地震矩。

如图 2.19 为锦屏地下实验室二期开挖过程中获得的微震参量分布与演化特征。

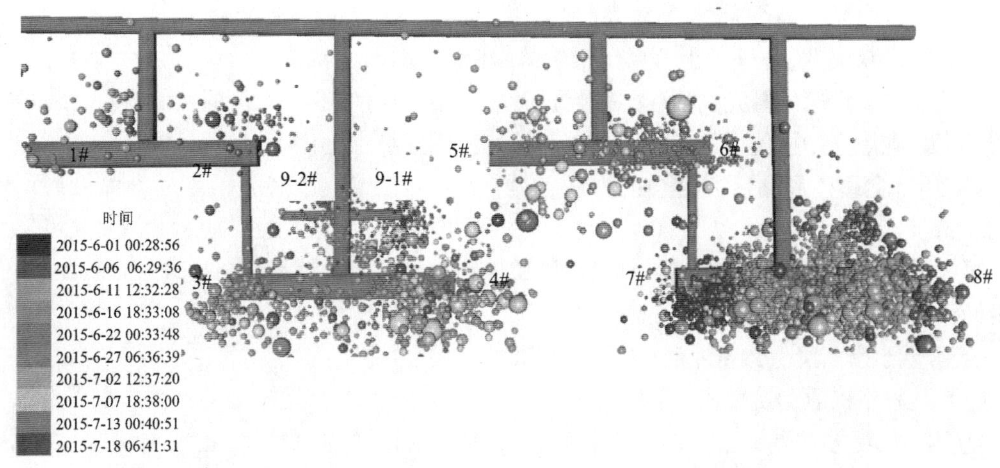

图 2.19　锦屏地下实验室二期开挖过程中微震活动分布与演化特征示意图

5）洞室变形和结构面三维激光扫描测试

（1）三维激光扫描技术原理。

典型三维激光扫描仪如图 2.20 所示。三维激光扫描技术是对被测物体进行快速精确扫描的一种技术，它能够根据扫描所得的信息，精确地重构被扫描物体的表面轮廓点云。

图 2.20　典型三维激光扫描仪

三维激光扫描技术通过三维扫描仪的扫描头向目标物发射出窄束激光脉冲，利用内部扫描控制模板测量和控制每束激光的横向扫描角度α和纵向扫描角度θ；利用内部测量模块计算激光发射和接收之间的时间差，进而计算出扫描中心到目标物之间的距离S，并且还可以根据反射回来的激光强度，对目标点进行灰度值的匹配。对三维激光扫描仪而言，采集数据使用的坐标系是局部坐标系，以扫描仪自身中心为原点，X 轴、Y 轴位于局部坐标系的水平面上，且 Y 轴为扫描仪的扫描方向，Z 轴指向局部坐标系的垂直方向。三维激光扫描目标点 P 坐标(X_S, Y_S, Z_S)的计算公式如下：

$$\begin{cases} X_S = S\cos\theta\cos\alpha \\ Y_S = S\cos\theta\sin\alpha \\ Z_S = S\sin\alpha \end{cases} \tag{2.29}$$

（2）洞室变形激光扫描测试技术。

基于三维激光扫描仪 360° 全方位、高精度地采集目标表面轮廓的特点，将该技术运用于洞室监测中以获取围岩表面轮廓的变化信息，测试方法和步骤如下。

第 1 步，架设三维激光扫描仪、全站仪及三个不共线的标靶，并调平扫描仪、全站仪、标靶，将三维激光扫描仪尽量架设在待测洞段的洞轴线处，如图 2.21（a）所示。

第 2 步，全站仪利用后方交会的方法复核已知点。设置三维激光扫描仪进行全景扫描，如图 2.21（b）所示。

第 3 步，利用三维激光扫描仪对三个标靶进行扫描，同时用全站仪测量三个标靶中心点的坐标，如图 2.21（c）所示。

全程观测用时 14～15 min。

（3）洞室结构面测试技术。

基于三维激光扫描技术能够局部精确采集扫描物表面轮廓的特点，将该技术运用于洞室开挖时的结构面产状的测试，测试步骤和方法如下：第 1 步，洞室开挖结束以后，观察开挖后的围岩出露的结构面分布情况；第 2 步，架设三维激光扫描仪、全站仪及三个不共线的标

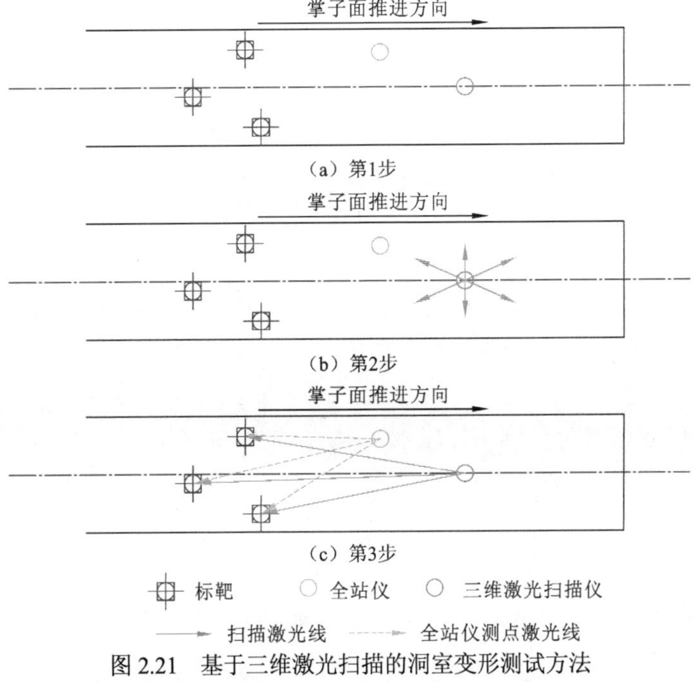

图 2.21 基于三维激光扫描的洞室变形测试方法

靶，并调平扫描仪、全站仪、标靶，将三维激光扫描仪尽量架设在结构面分布密集区域的中垂线上，如图 2.22（a）所示；第 3 步，全站仪利用后方交会的方法复核已知点。设置三维激光扫描仪对结构面密集区域进行局部扫描，如图 2.22（b）所示；第 4 步，利用三维激光扫描仪对三个标靶进行扫描，同时用全站仪测量三个标靶中心点的坐标，如图 2.22（c）所示。

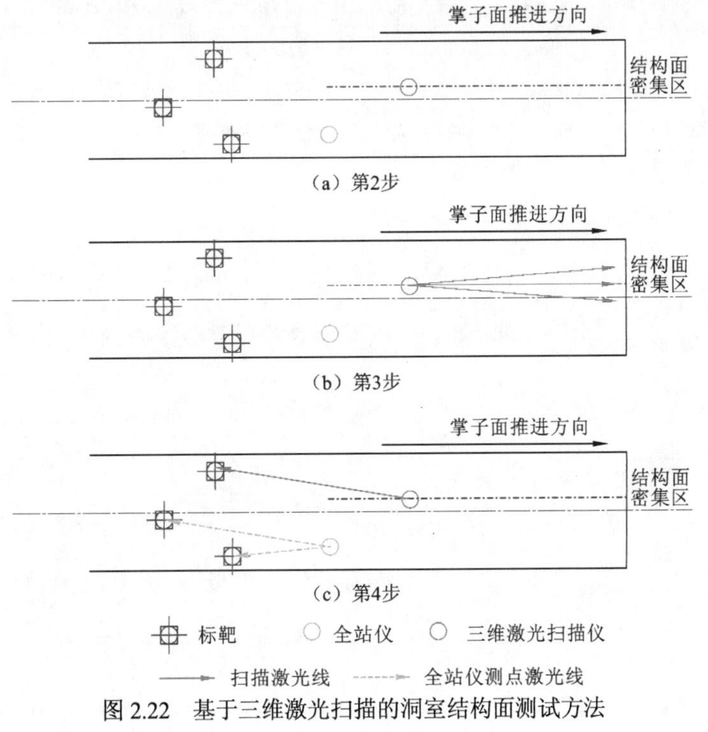

图 2.22 基于三维激光扫描的洞室结构面测试方法

第 3 章　基于 GIS 的水电工程地质三维建模与分析

3.1　基于 Grid 和 TIN 的 GIS 数据格式与模型

3.1.1　GIS 数据的基本表示

三维空间数据模型研究是三维 GIS 领域内的研究热点和难点，也是空间信息可视化的基础。国内外许多专家学者在此领域做了有益的探索，相继提出了 20 多种空间数据模型，总体上可以分为表面模型（facial model）、实体模型（volumetric model）和混合模型（mixed model）三大类，见表 3.1。

表 3.1　三维空间数据模型分类

表面模型	实体模型		混合模型
	规则体元	非规则体元	
不规则三角网（TIN）模型	结构实体几何（constructive solid geometry，CSG）模型	四面体格网（tetrahedral network，TEN）模型	TIN-CSG 混合模型
规则格网（Grid）模型	体素（Voxel）模型	金字塔（Pyramid）模型	TIN-Octree（或 Hybrid）混合模型
边界（boundary-representatoin，B-Rep）模型	八叉树（Octree）模型	三棱柱（triangular prism，TP）模型	WireFrame-Block 混合模型
线框（WireFrame）或相连切片（Linked slices）模型	针体（Needle）模型	地质细胞（GeoCellular）模型	Octree-TEN 混合模型
断面（Section）模型	规则块体（Regular Block）模型	不规则块体（Irregular Block）模型	
断面-三角形（Section-TIN）模型		实体（Solid）模型	
多层 DEMs 模型		3D Voronoi 图模型	
		广义三棱柱（generalized triangular prism，GTP）模型	

3.1.2　表面模型

基于表面模型的建模方法侧重于三维空间实体的表面表示，如地形表面、地质层面、构筑物（建筑物）及地下工程的轮廓与空间框架。所模拟的表面可能是封闭的，也可能是非封闭的。基于采样点的 TIN 模型和基于数据内插的 Grid 模型，通常用于模拟非封闭表面；而 B-Rep 模型和 WireFrame 模型通常用于模拟封闭表面或外部轮廓。Section 模型、Section-TIN 模型及多层 DEMs 模型通常用于地质建模。通过表面表示形成三维空间目标轮廓，其优点是便于显示和数据更新，缺点是无拓扑描述和内部属性记录而难以进行三维空间查询与分析。

1. TIN 模型与 Grid 模型

有很多方法可以用来表达表面，如等高线模型、Grid 模型、TIN 模型等。最常用的表面建模技术是基于实际采样点构造 TIN。TIN 模型将无重复点的散乱数据点集按某种规则（如 Deluanay 规则）进行三角剖分，使这些散乱点形成连续但不重叠的不规则角面片网，并以此来描述三维物体的表面；而 Grid 模型则是考虑采样密度和分布的非均匀性，经内插处理后形成规则的平面分割格网。这两种表面模型一般用于地形表面建模，也可用于层状矿床建模。对于层状矿床，一般先生成各岩层接触界面或厚度在模型域上的表面模型，然后根据岩层间的截割和切错关系，通过“修剪”、“优先级次序覆盖”、算术和逻辑运算方法对各岩层接触面或厚度进行精确修饰。

2. B-Rep 模型

通过面、环、边、点来定义形体位置和形状。其特点是详细记录了构成物体形体的所有几何元素的几何信息及其相互连接关系，以便直接存取构成形体的各个面、面的边界及各个顶点的定义参数，有利于进行以面、边、点为基础的各种几何运算和操作。该模型在描述结构简单的三维物体时十分有效，但对于不规则三维地物则很不方便，且效率低下。边界线可以是平面曲线，也可以是空间曲线。

3. WireFrame 模型

把目标空间轮廓上两两相邻的样点或特征点连接起来，形成一系列多边形，然后把这些多边形拼接起来形成一个多边形格网，以此来模拟地质边界或开采边界。某些系统则以 TIN 来填充线框表面，如 DataMine。当采样点或特征点呈沿环线分布时，所连成的线框模型也称为相连切片（Linked slices）模型，或连续切片模型。该模型的缺陷是无法表达边界内部或地质体内部。

4. Section 模型

断面建模技术实质是传统地质制图方法的计算机实现，即通过平面图或剖面图来描述地质构造、记录地质信息。其特点是将三维问题二维化，简化了程序设计；同时在地质描述上它也是最方便、实用性最强的一种建模技术；但它在矿床的表达上是不完整的，断面建模难以完整表达三维矿床及其内部结构，往往需要其他建模方法配合使用，同时由于采用的是非原始数据而存在误差，其建模精度一般难以满足工程要求。

5. Section-TIN 模型

在二维的地质剖面上，主要信息是一系列表示不同地层界线的或有特殊意义的地质界线（如断层、矿体或侵入体的边界），赋予每条界线属性值，然后将相邻剖面上属性相同的界线用三角面片连接，这样就构成了具有特定含义的三维曲面。建模步骤：①剖面界线赋值；②二维剖面编辑；③相邻剖面连接；④三维场景的重建。

6. 多层 DEMs 模型

首先基于各地层的界面点按 DEM 的方法对各个地层进行插值或拟合，然后根据各地层的属性对多层 DEMs 进行交叉划分处理，形成空间中严格按照岩性（或土壤性质）为要素进行划分的三维地层模型的骨架结构。在此基础上，引入地下空间中的特殊地质现象、人工构筑物等点、线、面、体对象，完成对三维地下空间的完整剖分。

3.1.3 实体模型

实体模型基于 3D 空间的体元分割和真 3D 实体表达，体元的属性可以独立描述和存储，因而可以进行 3D 空间操作和分析。根据体元的规整性，分为规则体元和非规则体元两个大类。规则体元包括 CSG、Voxel、Octree、Needle 和 Regular Block 共 5 种模型，如图 3.1 所示。规则体元通常用于水体污染等环境问题建模，其中 Voxel、Octree 模型是一种无采样约束的、面向场物质（如重力场、磁场）的连续空间的标准分割方法，Needle 和 Regular Block 可用于简单地质构模。非规则体元包括 TEN、Pyramaid、TP、GeoCellular、Irregular Block、Solid、3D Voronoi 和 GTP 共 8 种模型，如图 3.2 所示。非规则体元均是有采样约束的、基于地层界面和地质构造的面向实体的 3D 模型。通过对体的描述实现 3D 目标的空间表示，优点是易于进行空间操作和分析，缺点是存储空间大，计算、显示和刷新速度较慢。

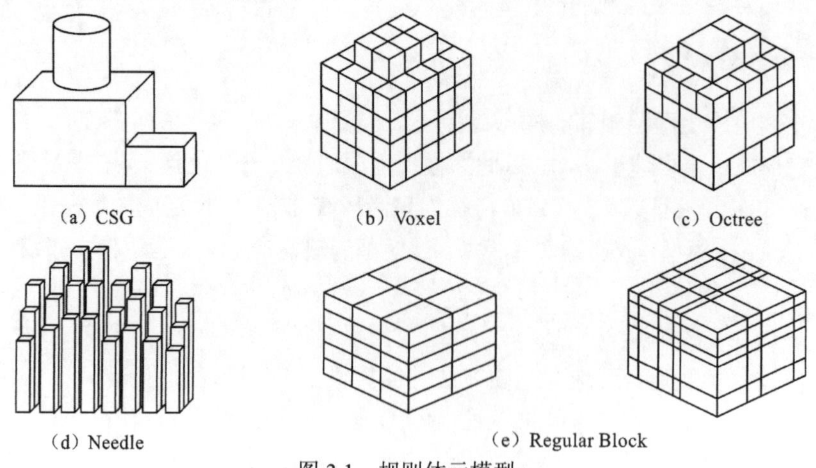

图 3.1 规则体元模型

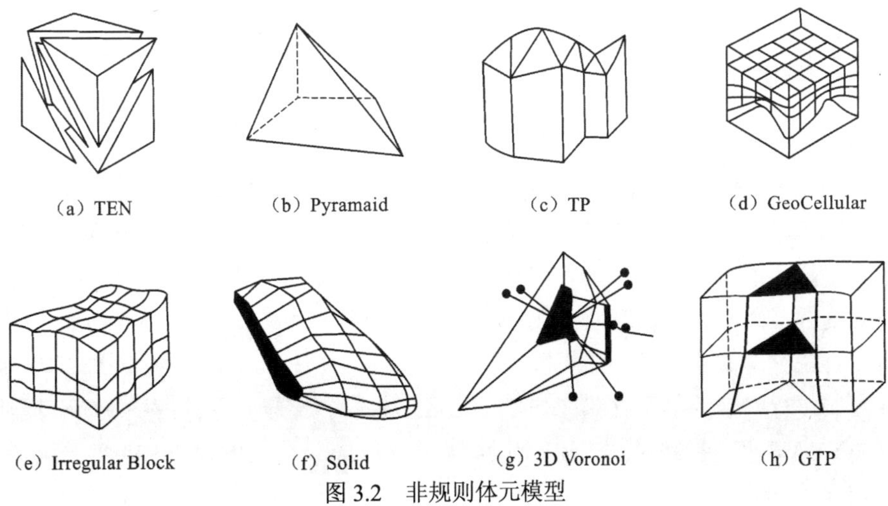

图 3.2　非规则体元模型

1. 规则体元模型

1）CSG 模型

CSG 模型的基本思想是将简单的几何形体（通常称为体素，如立方体、球体、圆柱体、圆锥体等）通过正则的集合运算（并、交、差）和刚体几何变换（平移、旋转）形成一棵有序的二叉树（称为 CSG 树），然后以此表示复杂形体。CSG 模型在描述结构简单的三维物体时十分有效，在机械零件、建筑类的 CAD 中应用很广，但对于复杂不规则三维地物尤其是地质体则很不便，且效率大大降低。

2）Voxel 模型

Voxel 模型的实质是二维 Grid 模型的三维扩展，即以一组规则尺寸的 Voxel（$a=b=c$）来剖分所要模拟的空间。三维体素模型有一个显著优点，就是在编制程序时可以采用隐含的定位术，以节省存储空间和运算时间，该模型虽然结构简单，操作方便，但表达空位置的几何精度低，且不适合表达和分析实体之间的空间关系。当然，通过缩小 Voxel 的尺寸，可以提高构模精度，但空间单元数目及储量将呈三次方增长。

3）Octree 模型

类似于二维 GIS 的四叉树之 Grid 模型，Octree 模型实质上是对 Voxel 模型的压缩改进。该模型将三维空间区域分成 8 个象限，且在树上的每个节点处存储 8 个数据元素。当象限中所有体元的类型相同时（即为均质体），该类型值存入相应的节点数据元素中。非均质象限再进行象限细分，并由该节点中的相应数据元素指向树中的下一个节点，如此细分直到每个节点所代表的区域都是均质体为止。Octree 模型在医学、生物学、机械学等领域已得到成功应用，但在矿床地质建模中仍有较大的局限性。

4）Needle 模型

Needle 模型的原理类似于结晶生长过程，用一组具有相同截面尺寸的不同长度或高度的针状柱体对某一非规则三维空间、三维地物或地质体进行空间分割，用其集合来表达该目标空间、三维地物或地质体。

5）Regular Block 模型

Regular Block 模型的原理是把要建模的空间分割成规则的三维立方格网，即 Block，每个块体在计算机中的存储地址与其在自然地质构造中的位置相对应，每个块体被视为均质同性体，由克里金插值方法、距离加权平均法或其他方法确定其品位或者岩性参数值。该模型对于属性渐变的三维空间（如侵染状金属矿体）建模很有效，但对于有边界约束的沉积地层、地质构造和开挖空间的建模则必须不断降低单元尺寸，从而引起数据急速膨胀。解决方法是只在边界区域进行局部的单元细化（如 DataMine 系统）。比较典型的解决系统有奥廷托锌业公司开发的 OBMS 和 OPDP 系统、控制数据（Control Data）公司的 MINEVAL 系统和 Minetec 公司的 MEDS 系统。

2. 非规则体元模型

1）TEN 模型

TEN 模型是在三维 Deluanay 三角化研究的基础上提出的，是一个基于点的 TEN 的三维矢量数据模型。其基本思路是用互不相交的直线将三维空间中无重复的散乱点集两两连接形成三角面片，再由互不穿越的三角面片构成四面体格网。其中四面体（tetrahedron）是以空间散乱点为其顶点，且每个四面体内不含有点集中的任一点。其特点是能够根据三维空间采样点的坐标值，有效地实现三维插值运算及图形的可视化功能。TEN 模型虽然可以描述实体内部，但不能描述三维连续曲面，而且用 TEN 模型来生成三维空间曲面也较困难，算法设计较复杂。

2）Pyramid 模型

类似于 TEN 模型，Pyramid 模型是用 4 个三角面片和 1 个四边形封闭形成的金字塔状模型来实现对空间数据场的剖分。由于其数据维护和模型更新困难，一般很少采用。

3）TP 模型

TP 模型是常采用的简单的三维地学空间建模模型。张煜等[52]给出了 TP 模型的定义，同时给出了相关切割和剖分算法，列举了基于该模型的数字地层模型的相关应用。由于 TP 模型的前提是三条棱边相互平行，所以不能基于实际的偏斜钻孔来构建真三维地质，也难以处理复杂地质构造。戴吾蛟等[56-57]则以不规则 TP 为基本单元，讨论了不规则 TP 网络（triangular prism network，TPN）模型的数据结构、拓扑建立、拓扑检查和空间插值问题，但在地学应用方面缺乏深入讨论。

4）GeoCellular 模型

GeoCellular 模型其实质是 Voxel 模型的变种，即在 *XY* 平面上仍然是标准的 Grid 剖分，而在 *Z* 方向则依据数据场类型或地层界面变化进行实际划分，从而形成逼近实际界面的三维体元空间剖分。

5）Irregular Block 模型

Irregular Block 与 Regular Block 的区别在于 Regular Block 3 个方向上的尺度（*a*、*b*、*c*）互不相等，但保持常数；而 Irregular Block 3 个方向上的尺度（*a*、*b*、*c*）不仅互不相等，且不为常数。Irregular Block 建模法的优势是可以根据地层空间界面的实际变化进行模拟，因而可以提高空间建模的精度。

6）Solid 模型

Solid 模型采用多边形格网来精确描述地质和开挖边界，同时采用传统的 Block 模型来独立地描述形体内部的品位或质量的分布，从而既可以保证边界建模的精度，又可以简化体内属性表达和体积计算。以加拿大 Lynx 系统中提供的三维元件建模（3D component modeling）技术为代表，该技术以用户熟悉的和真实的地质或开挖形态为基础，以交互式方式模拟生成由地质分表面（sub-surface）和开挖边界面构成的三维形体，称作元件（component）。元件不仅表示一个形体，也表示封闭的体积及形体中的地质特征（品位或质量等）分布。相邻元件相连成组即为一个地质单元或一个开挖单元。实体模型适合具有复杂内部结构（如复杂断层、褶皱和节理等精细地质结构）的建模，缺点是人工交互工作量巨大，需要工作耐心。

7）3D Voronoi 图模型

3D Voronoi 图是 2D Voronoi 图的三维扩展。其实质是基于一组离散采样点，在约束空间内形成一组面（面相邻而互不交叉重叠）的多面体，用该组多面体完成对目标空间的无缝分割。该模型最早起源于计算机图形学领域；近年来，人们开始研究其在地学领域中的可行性，试图在海洋、污染、水体及金属矿体建模方面开展应用。

8）GTP 模型

针对地质钻孔尤其是深钻偏斜的特点，提出一种可以不受三棱柱棱边平行（即钻孔垂直）限制的类三棱柱（analogical triangular prism，ATP）建模方法，之后发展为 GTP 建模，并将 TP 建模称为其特例。GTP 建模原理是用 GTP 的上下底面的三角形集合所组成的 TIN 面来表达不同的地层面，然后利用 GTP 侧面的空间四边形面来描述层面间的空间关系，用 GTP 柱体来表达层与层之间的内部实体。其特点是充分结合钻孔数据，利用钻孔数据的不同分层来模拟地层的分层实体并表达地层面的形态。基于点、TIN 边、侧边、TIN 面、侧面和 GTP 定义的 8 组拓扑关系，据此可以方便地实现空间邻接和空间邻近查询与分析。而且，GTP 数据结构易于扩充，当有新的钻孔数据加入时，只需在局部修改 TIN 的生成及在局部修改 GTP 的生成，而不需改变整个体的结构，这样使得 GTP 的局部细化与动态维护很方便。

3.1.4　混合模型

基于表面模型的建模方法侧重于三维空间实体的表面表示，如地形表面、地质层面等，通过表面表示形成三维目标的空间轮廓，其优点是便于显示和数据更新，不足之处是难以进行空间分析。基于体元模型的建模方法侧重于三维空间实体的边界与内部的整体表示，如地层、矿体、水体、建筑物等，通过对体的描述实现三维目标的空间表示，优点是易于进行空间操作和分析，但存储空间大、计算速度慢。混合模型能综合面元模型和体元模型的优点，以及综合规则体元与非规则体元的优点，取长补短。但在程序与软件实现中，混合模型尚未能很好解决。

1. TIN-CSG 混合模型

TIN-CSG 混合模型是当前城市 3D GIS 构模的主要方式，即以 TIN 模型表示地形表面，以 CSG 模型表示城市建筑物，两种模型的数据是分开存储的。为了实现 TIN 与 CSG 的集成，在 TIN 模型的形成过程中将建筑物的地面轮廓作为内部约束，同时把 CSG 模型中建筑物的编号作为 TIN 模型中建筑物的地面轮廓多边形的属性，并且将两种模型集成在一个用户界面。这种集成是一种表面上的集成方式，一个目标只由一种模型来表示，然后通过公共边界来连接，因此其操作与显示都是分开进行的。

2. TIN-Octree 混合模型

TIN-Octree 混合模型以 TIN 表达三维空间物体的表面，以 Octree 表达内部结构，用指针建立 TIN 和 Octree 之间的联系。其中 TIN 主要用于可视化与拓扑关系表达。这种模型集中了 TIN 和 Octree 的优点，拓扑关系搜索很有效，而且可以充分利用映射和光线跟踪等可视化技术。缺点是 Octree 模型数据必须随 TIN 数据的改变而改变，否则会引起指针混乱，导致数据维护困难。

3. WireFrame-Block 混合模型

WireFrame-Block 混合模型以 WireFrame 模型表达目标轮廓或地质与开挖边界，以 Block 模型填充其内部。为提高边界区域的模拟精度，可按某种规则对 Block 进行细分，如以 WireFrame 模型的三角面与 Block 的截割角度为准则确定 Block 的细分次数（每次沿一个方向或多个方向将尺寸减半）。该模型实用效率不高，每一次开挖或地质边界的变化都要进一步分割块体，即修改一次模型。

4. Octree-TEN 混合模型

随着空间分辨率的提高，Octree 模型的数据量将呈几何级数增加，并且 Octree 模型始终只是一个近似表示，原始采样数据一般也不保留。而 TEN 模型则可以保存原始观测数据，具有精确表示目标和表示较为复杂的空间拓扑关系的能力。对于一些特殊领域，如地质、海洋、石油、大气等，单一的 Octree 或 TEN 模型很难满足需要，例如在描述具有断层的地质构造时，断层两边的地质属性往往是不同的，需要精确描述。因此，可以两者结合起来，建立综合两者优点的 Octree-TEN 混合模型。该模型以 Octree 做整体描述，以 TEN 做局部描述。该混合模型虽然可以解决地质体中断层或结构面等复杂情况的建模问题，但空间实体间的拓扑关系不易建立。

由于表面模型具有极强的造型能力，对地质体的轮廓表示十分逼真，适合人们的视觉习惯，目前三维实体模型的技术还不完善，交互能力较差，所以目前的商品化三维地学模拟软件中，表面模型仍然是一种主要的建模手段。本书描述的三维地质建模的模型也是一种表面模型，是通过地表 TIN 表面和地质体表面及地裙面形成的一种表面模型。

3.2　三维地表与地层建模

3.2.1　三维地层精确地表覆盖模型的生成

表示地形最常见的线模式是一系列描述高程曲线的等高线。由于现有地图大多数都绘有等高线，这些地图便是 DEM 的现有数据源。

地表模型生成的基本思想是：在预处理阶段，通过读取 CAD 的等高线地图数据，将等高线数据转为规则格网的 DEM 数据，建立基于栅格数据的 DEM。

边坡工程中的 CAD 地形图，其 dxf 文件中包含了很多类型，其中等高线一般用多义线（LWPOLYLINE）来表示，其特点是一条线只有一个高程值，所以适合表达等高线，首先根据 LWPOLYLINE 的组码对工程场址的等高线图进行解析，表 3.2 为 LWPOLYLINE 的组码详细说明。

表 3.2　dxf 文件中 LWPOLYLINE 组码解析

组码	说明
100	子类标记（AcDbPolyline）
90	顶点数
70	多段线标志（位码）（缺省值为 0） 1＝关闭的 128＝多段线生成
43	常量宽度（可选，缺省值＝0） 当设置了变化的宽度（组码 40 和/或 41）时，不使用该组码
38	标高（可选，缺省值=0）
39	厚度（可选，缺省值=0）
10	顶点坐标（在 WCS 中）（多图元），每个顶点都有该条目：*X* 值；APP：二维点
20	dxf：顶点坐标的 *Y* 值（在 WCS 中）（多图元）；每个顶点都有该条目
40	起始宽度（多图元，每个顶点都有该条目）（可选，缺省值＝0，多条目）；如果设置了常量宽度（组码 43），则不使用该组码
41	结束宽度（多图元，每个顶点都有该条目）（可选，缺省值＝0，多条目）；如果设置了常量宽度（组码 43），则不使用该组码
42	凸度（多图元，每个顶点都有该条目）（可选，缺省值=0）
210	拉伸方向（可选，缺省值＝0，0，1）； dxf：*X* 值；APP：三维矢量
220，230	dxf：拉伸方向的 *Y* 和 *Z* 值

注：WCS 为世界坐标系（world coordinate system）。

完成对dxf的解析后，通过读入dxf的等高线信息（主要读取顶点坐标），生成系统的线结构。

在系统结构中线的表达如下。

线是由一系列的点组成，系统采用模板形式来表达点。

```
template <class TYPE>
class CcmTVector3d
{public: TYPE m_tX,m_tY,m_tZ;};
```

线的表达是由点的集合表达的：

```
template <class TYPE>
class CcmTSimplePolygon
 {public: CcmTArray<CcmTVector3d<TYPE> >  m_tVectorSet;};
```

系统中的带属性的线表示为

```
class CstPolyLine
{
public:
CcmFSimplePolyg m_fPolygon;     //线中点的集合,用来表达线的X,Y,Z的几何位置
DWORD           m_dwID;         //物体的 ID
WORD            m_wLayerID;     //线条的层标识
COLORREF        m_dwColor;      //线的颜色
CcmString       m_szName;       //线的名称
bool            m_bDisplay;     //线的显示标识
};
```

DEM算法采用离散点的插值方法实现，主要有如下三步。

（1）构造 Y 方向水平线与等高线进行相交，如图3.3所示，形成一系列交点（其中交点个数由传入的行数来控制，求出的点为 C、D 等点），然后将其从小到大排序。

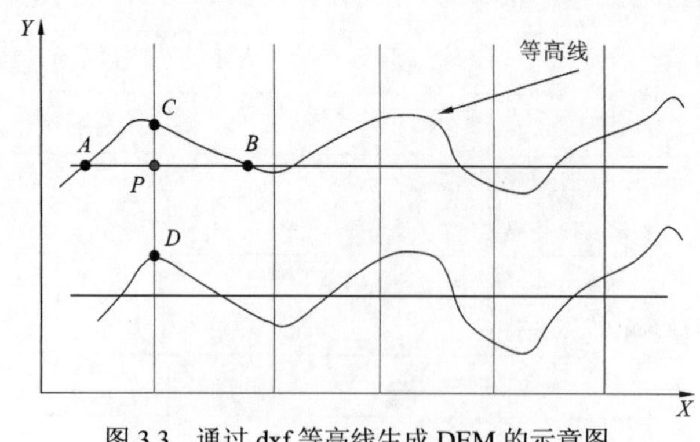

图3.3　通过dxf等高线生成DEM的示意图

（2）构造 X 方向水平线与等高线进行相交，如图3.3所示，形成一系列交点（其中交点个数由传入的列数来控制，求出的点为 A、B 等点），然后将其从小到大排序。

（3）为计算均匀格网上任意点的高程，利用上述求出的最近交点进行插值，插值方法为

克里金插值方法。

在将等高线数据转为规则格网的 DEM 数据时，往往容易出现异常现象，即所谓的“阶梯”地形。其主要原因在于估计未知格网点的高程要在一个半径范围内搜索落在其中的已知点数据，再计算它的加权平均值。如果搜索到的点都具有相同的高程，那么待插点的高程也同为此高程值，其结果导致在每条等高线周围的狭长区域内具有与等高线上的数据相同的高程。为克服这种现象，在对地表 DEM 局部插值时进行了相应的控制，首先是对特征地形区域（山峰、山脊、谷底、坡度突变）增加格网数据点，其次增大插值半径，尽可能利用较大的搜索窗口寻求更为准确的地形信息。

3.2.2　数字边坡自适应三维地层模型的生成

边坡三维地层信息模型，实质是地质及相关地质的各类信息在计算机中的数据表达，近年来，对于构造三维数字地质模型的数据模型，国内外已有不少研究与探索，比较典型的有 3D Grid 模型、TIN 模型、Octree 模型及混合模型等。由于格栅模型数据结构简单直观、空间数据的叠置和组合方便，便于实现各种空间分析，其数据量也可以通过一定的手段进行较高效率的压缩，所以系统采用当前广泛应用的三维格栅模型，不同地层均是由格网分解而成的规则三角网。针对工程场址地质条件和建筑物结构的具体特点，在数字边坡三维地质建模时，主要考虑三维地层、地层中的水位面、典型地质构造物及典型工程设施的可视化空间表达。

1. 自适应三维地层模型生成

在生成数字边坡的地层模型时主要根据工程提供的一系列钻孔信息，以及利用剖面提取的虚拟钻孔信息。在生成地层前，首先需要根据钻孔信息对地层进行划分。

1）地层划分

对于一系列的钻孔，先统计钻孔最下一层岩土层属性的类型，通过对这种类型的分析，判断哪种类型将作为当前层。为此，先找到两种不同类型的距离最近两个钻孔，如图 3.4 所示的两个钻孔 *A*、*B*，这两个钻孔是两种不同岩层属性距离最近的两个钻孔，要判断哪个钻孔可用来作为当前地层属性的分析。

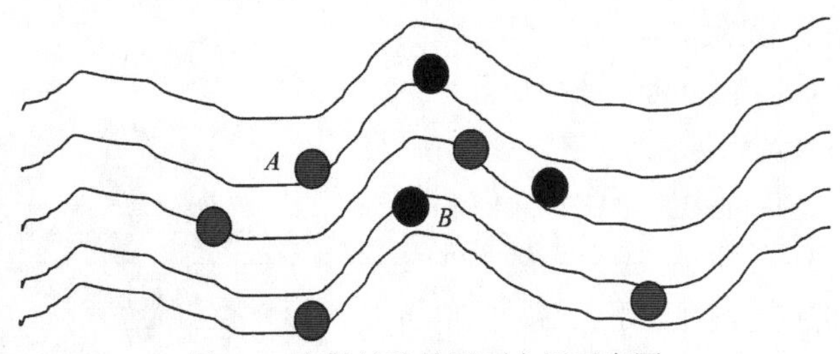

图 3.4　离散钻孔的平面布置示意图

单独将两个钻孔的信息提出来进行比较，如图 3.5 所示。对于单独两个钻孔而言，选择两个岩层属性中高度最小的钻孔作为当前钻孔层。利用这个钻孔的当前层来判断所有钻孔中属于

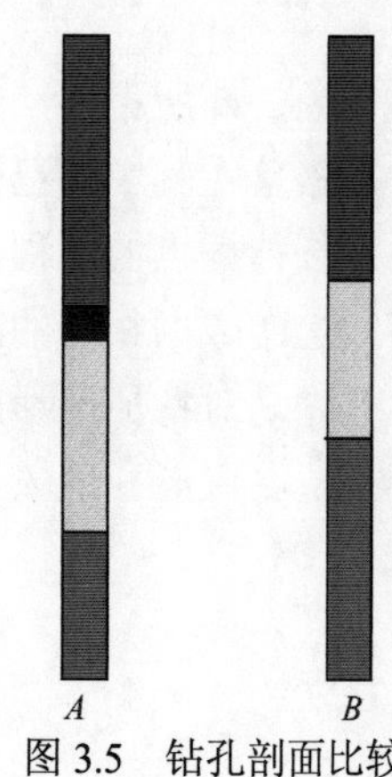

图 3.5　钻孔剖面比较

当前层的层，并对该层进行标识，表明该层已经引用过了。然后再判断所有钻孔中属于当前层的层，采用的方法是：遍历所有钻孔，对每一个钻孔，判断寻找最下一个没有被引用的层，判断该层是否与当前层岩层属性一致，如果一致标识为当前层，如果不一致，跳过该钻孔。

按照上面的方法，实现对所有钻孔的其他任意层进行相应的层号标识，于是就完成了地层的划分。

2）多层 DEM 生成的自适应控制

对标识好层号的钻孔，下一步即可生成地层信息。对于地层的生成，采取自最上层开始的算法。对最上一层的 DEM，采用离散点生成曲面的方法，使用如前介绍的克里金插值方法。对下面的每一层 DEM，也采用离散点生成曲面的方法。然而，插值过程中，有时不可避免地会出现当前层的插值高程（Z_c）大于上一层对应点高程（Z_u）的现象，如图 3.6 所示。因此，为了控制下层的 DEM 的消亡或者超过上层 DEM 高度的问题，在插值得到每个点高程的时候，将获得的插值和上层对应的点高程进行比较，如果 $Z_c>Z_u$，令 $Z_c=Z_u$，即保持当前层和上层 DEM 高程一致。

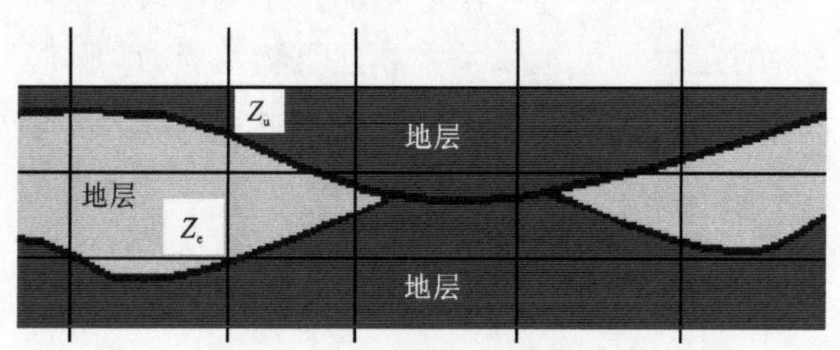

图 3.6　地层插值异常示意图

此外，在对某一地层面进行插值时，选取的离散点是该层的所有点，但是，由于地层尖灭，有些钻孔中没有该属性层的情况，选取这个钻孔中与该属性层相邻层的点作为参与插值运算的离散点，以控制曲面在该位置的变化。

2. 生成地层地裙

按上述方法可生成如图 3.7 所示的地层各层面的三维曲面模型。而每一个单元地层体，都是由上下层面和四周的界面围合而成的三维实体。因此，必须进行地层层面间的缝合处理，生成地裙，最终完成边坡地层的三维实体模型。

将单元地层的上下层面边界上的三角网格点连接起来，从而在上下层面间环绕其形成 4 个多边形，利用本节介绍的基于凹凸顶点判定的简单多边形 Delaunay 三角剖分方法对形成的多边形进行三角化，从而构建形成地层实体边界的三角网。该算法对多边形三角化的基本算法是：首先定义

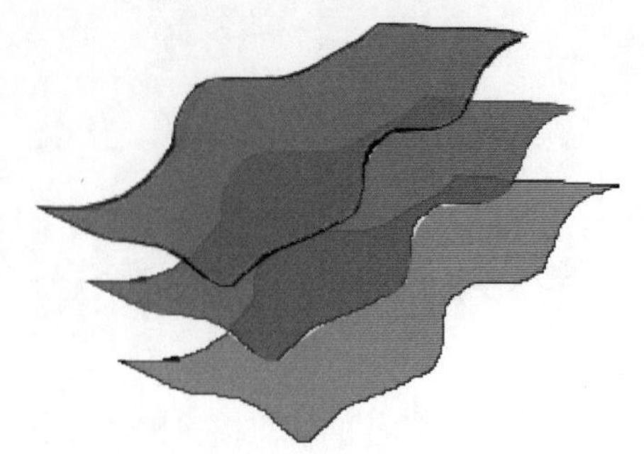
图 3.7　地层三维曲面模型

三角形的权重为三角形三个内角的最小值，显然，等边三角形具有最大的权重。

（1）按逆时针方向顺序读入简单多边形的顶点，并建立双向循环链表。

（2）计算出双向循环链表中每个结点的凹凸性。

（3）对双向循环链表中每个凸结点 Q，设由其前后节点 P、Q 组成的三角形为 $\triangle PQR$，若 $\triangle PQR$ 不包含多边形上其他的顶点，则求出该三角形的权重。从这些三角形中求出权重最大的三角形，设其为 $\triangle ABC$，把 $\triangle ABC$ 的顶点序号保存到高速可移动图书馆（turbo moveable library，TML）表中，并从链表中删除结点 B。

（4）若链表中还存在 3 个以上的节点，则转步骤（2），否则转步骤（5）。

（5）由链表中最后 3 个节点所对应的多边形顶点构成一个三角形，删除链表中最后 3 个节点。

（6）按最大-最小内角准则，通过局部变换，得到 Delaunay 三角剖分。

3. 水位面、断层的三维表达

地下水位作为边坡地质条件的一项重要内容，其三维面在空间的展布形态与地层面相似，但在地层分析的时候它又不同于地层面，水位在地层中的赋存可以和任意地层面相交，如图 3.8 所示。因此，在数字边坡的三维建模中，将水位面进行单独考虑。

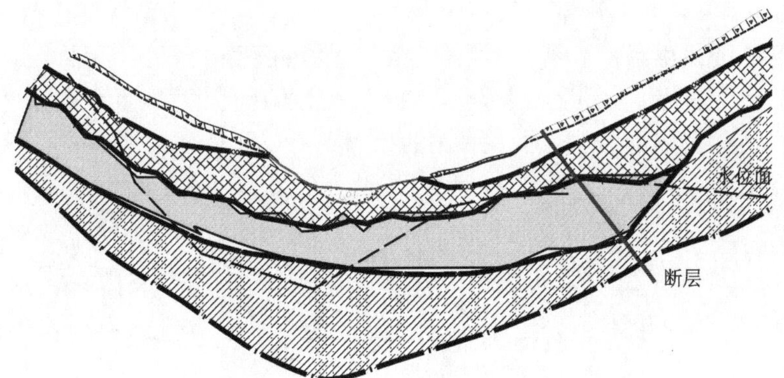

图 3.8　边坡地层典型空间分布示意图

水位面被视为一个没有厚度的三维曲面，在算法实现时根据离散水位观测孔监测获得的水位高程资料，通过控制克里金插值方法（如地层生成模型所述算法），生成水位面的数字等高模型，叠加在地层模型中。

断层赋存在地层中具有非常复杂的三维形态，断层厚度通常不能忽略，在处理断层时，采用三维实体的方式表达。断层生成的基本要素是给定断层在空间的地理坐标、断层剖面及断层的走向线。

3.3　基于三维地层信息的洞室建模

由于岩土工程的实际需要，边坡中开挖洞室已成为众多工程项目（如边坡、水电工程、矿山等）中最为常见的施工方案。自 20 世纪 80 年代开始，可视化仿真技术引起了国内外研究学者的广泛关注，研究成果在城域 GIS、航空航天等领域得到了越来越多的应用，并取得了良好的社会和经济效益。在岩土工程领域，从可以查阅的文献来看，对洞室的仿真研究尚处于起步阶段，张煜等[58]、韩昌瑞等[59]、夏艳华等[60]、朱发华等[61-63]、饶杨安等[64]、刘振平等[65]、钟登华等[66-69]在这方面开展了一些研究工作。单纯洞室（或洞室群）的三维模型生成已有成熟的理论基础，但由于岩土工程地层的复杂特性，以及对工程因素交互分析的特殊要求，洞室的三维仿真研究尚有众多技术难题需要解决，尤其是在基于地层的洞室可视化仿真方面，图形处理算法上涉及洞室和地层之间众多复杂的交、并、差运算。为此，本书尝试在可视化仿真中引入工程场址具体的工程地质信息，实现三维洞室与地层信息的综合建模。下面介绍在地层中生成洞室的算法。

根据算法的具体特点，把洞室的生成主要分成三个步骤。

第 1 步：根据洞室的设计参数生成洞室的三维实体形态。

第 2 步：把生成的洞室和地裙进行相减处理，分层裁减洞室超出地裙的部分。

第 3 步：洞室和地层信息相交运算，使洞室能够反映出地层信息。

3.3.1 生成洞室的三维实体形态

通常已知的洞室参数是洞室的剖面和中心轴线，给定的洞室中心轴线和洞室剖面，如图 3.9（a）所示。先求出第一个剖面与线的关系，让剖面的中心点与中心轴的起点重合，并让剖面的法向量与中心轴的向量重合，同样计算出中心线的其他点与剖面的关系，如图 3.9（b）所示，然后将相邻剖面上的点连接起来，形成了洞室的基本形状。

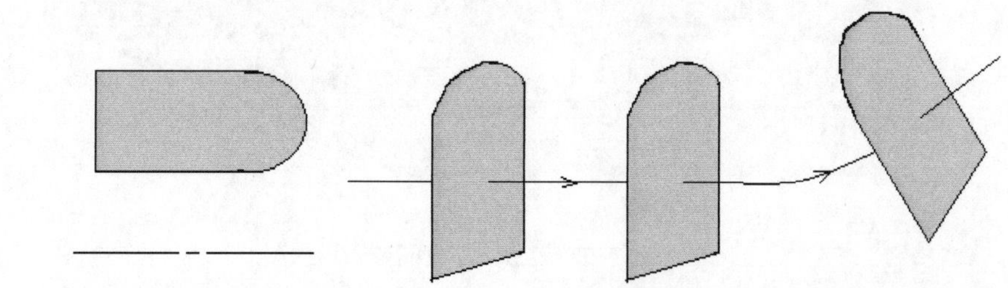

（a）给定洞室中心轴线和洞室剖面　　（b）剖面法向量中心线与中心轴向量重合

图 3.9　洞室基本形态生成示意图

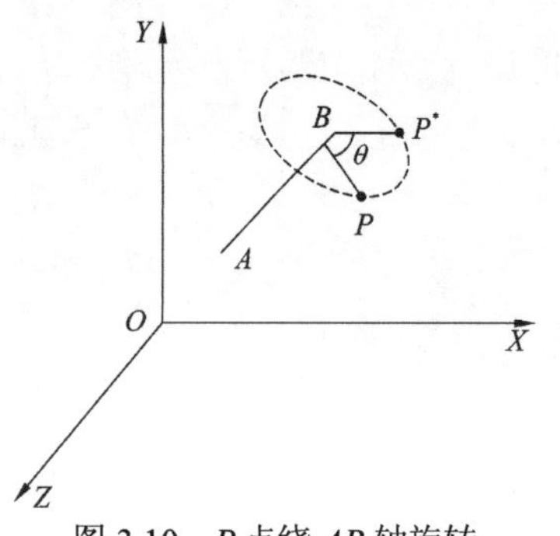

图 3.10　P 点绕 AB 轴旋转

岩土工程中的洞室，在空间的布置有的沿一条直线方向延伸，但大多情况下，其轴线通常都是一条曲线，如图 3.9（b）所示。在处理这种在空间呈弯曲形态的洞室时，由于洞室的剖面必须与中心轴向量垂直，为此，需要将洞室剖面也相应地在空间进行旋转，将剖面旋转问题分解为关键点在空间绕任意轴旋转的问题，其算法如下。

设旋转轴 AB 由空间任意一点 $A(x_a, y_a, z_a)$ 及其方向数（a，b，c）定义，空间一点 $P(x_P, y_P, z_P)$ 绕 AB 轴旋转 θ 角到 $P^*(x_P^*, y_P^*, z_P^*)$，如图 3.10 所示，即要使

$$[x_P^* \ y_P^* \ z_P^* \ 1]=[x_P \ y_P \ z_P \ 1]\cdot \boldsymbol{R}_{ab} \tag{3.1}$$

式中：$\boldsymbol{R}_{ab}$ 为待求的变换矩阵。

求 $\boldsymbol{R}_{ab}$ 的基本思想是：以 (x_a,y_a,z_a) 为新的坐标原点，并使 AB 分别绕 X 轴、Y 轴旋转适当角度与 Z 轴重合，再绕 Z 轴转 θ 角，最后再做上述变换的逆变换，使之回到原点的位置。

（1）使坐标原点平移到 A 点，原来的 AB 在新坐标系中为 $O'A$，其方向数仍为（a，b，c）。

$$\boldsymbol{T}_A=\begin{bmatrix}1 & 0 & 0 & 0\\ 0 & 1 & 0 & 0\\ 0 & 0 & 1 & 0\\ -x_a & -y_a & -z_a & 1\end{bmatrix}$$

（2）让平面 $AO'A'$ 绕 X 轴旋转 α 角，见图 3.11（a），α 是 $O'A$ 在 $YO'Z$ 平面上的投影 $O'A'$ 与 Z 轴的夹角，故

$$v=\sqrt{c^2+b^2},\quad \cos\alpha=c/v,\quad \sin\alpha=b/v \tag{3.2}$$

$$\boldsymbol{R}_x=\begin{bmatrix}1 & 0 & 0 & 0\\ 0 & \cos\alpha & \sin\alpha & 0\\ 0 & -\sin\alpha & -\cos\alpha & 0\\ 0 & 0 & 0 & 1\end{bmatrix}=\begin{bmatrix}1 & 0 & 0 & 0\\ 0 & c/v & b/v & 0\\ 0 & -b/v & -c/v & 0\\ 0 & 0 & 0 & 1\end{bmatrix}$$

经旋转 α 角后，$O'A$ 就在 $XO'Z$ 平面上了。

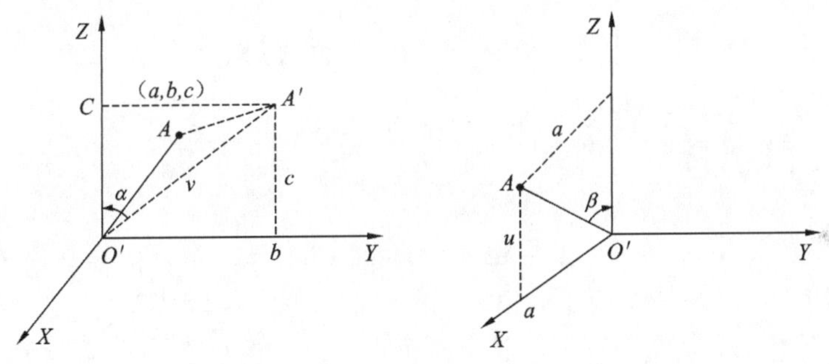

（a）平面$AO'A'$绕X轴旋转α角　　（b）$O'A$绕Y轴旋转β角与Z轴重合

图 3.11　$O'A$ 经两次旋转与 Z 轴重合

（3）再让 $O'A$ 绕 Y 轴旋转 β 角与 Z 轴重合，见图 3.11（b），此时从 Y 轴往原点看，β 角是顺时针方向，β 取负值，故有

$$u=|\boldsymbol{O'A}|=\sqrt{a^2+b^2+c^2}$$

因 $\boldsymbol{O'A}$ 为单位矢量，故 u=1，有

$$\cos\beta=v/u=v,\quad \sin\beta=-a/u=-a$$

$$\boldsymbol{R}_Y=\begin{bmatrix}\cos\beta & 0 & -\sin\beta & 0\\ 0 & 1 & 0 & 0\\ \sin\beta & 0 & \cos\beta & 0\\ 0 & 0 & 0 & 1\end{bmatrix}=\begin{bmatrix}v & 0 & a & 0\\ 0 & 1 & 0 & 0\\ -a & 0 & v & 0\\ 0 & 0 & 0 & 1\end{bmatrix}$$

（4）经上述三步变换后，P 绕 AB 旋转变为在新坐标系中 P 绕 Z 轴转 θ 角

$$
\boldsymbol{R}_Z=\begin{bmatrix}\cos\theta & \sin\theta & 0 & 0\\ -\sin\theta & \cos\theta & 0 & 0\\ 0 & 0 & 1 & 0\\ 0 & 0 & 0 & 1\end{bmatrix}
$$

（5）求 $\boldsymbol{R}_Y$，$\boldsymbol{R}_X$，$\boldsymbol{T}_A$ 的逆变换

$$
\boldsymbol{R}_Y^{-1}=\begin{bmatrix}\cos\beta & 0 & \sin\beta & 0\\ 0 & 1 & 0 & 0\\ -\sin\beta & 0 & \cos\beta & 0\\ 0 & 0 & 0 & 1\end{bmatrix}=\begin{bmatrix}v & 0 & -a & 0\\ 0 & 1 & 0 & 0\\ a & 0 & v & 0\\ 0 & 0 & 0 & 1\end{bmatrix}
$$

$$
\boldsymbol{R}_X^{-1}=\begin{bmatrix}1 & 0 & 0 & 0\\ 0 & \cos\alpha & -\sin\alpha & 0\\ 0 & \sin\alpha & \cos\alpha & 0\\ 0 & 0 & 0 & 1\end{bmatrix}=\begin{bmatrix}1 & 0 & 0 & 0\\ 0 & c/v & -b/v & 0\\ 0 & b/v & c/v & 0\\ 0 & 0 & 0 & 1\end{bmatrix}
$$

$$
\boldsymbol{T}_A^{-1}=\begin{bmatrix}1 & 0 & 0 & 0\\ 0 & 1 & 0 & 0\\ 0 & 0 & 1 & 0\\ x_a & y_a & z_a & 1\end{bmatrix}
$$

即可求得

$$
\boldsymbol{R}_{ab}=\boldsymbol{T}_A\boldsymbol{R}_X\boldsymbol{R}_Y\boldsymbol{R}_Z\boldsymbol{R}_Y^{-1}\boldsymbol{R}_X^{-1}\boldsymbol{T}_A^{-1} \tag{3.3}
$$

3.3.2 洞室自相交

在岩土工程中，特别是水电工程建设中的岩土工程中，洞室是相互交错的，在建立模型时需要考虑洞室交错的情况，为了模拟洞室相交的效果，需要研究两个洞室相交裁剪的算法。任意两个洞室的裁剪，到最终可以归结于两个多边形的相互裁剪，因为相交洞室也是由多边形构成。

下面描述洞室相交的基本算法：在洞室的生成过程中，将洞室的所有面的法向量朝外，见图 3.12。这样可以保证在多边形裁剪时的取舍正确性，只需要在两个多边形裁剪时去掉在多边形所在平面的反向部分。如图 3.13 所示，多边形 A 与多边形 B 相交裁剪后，可获取相交后的交点直线 p_1p_2，并判断端点 a、d 是两个位于多边形 A 所在平面的后面，所以对这样的端点从多边形的点中剔除，并对应的加入 p_1 和 p_2 两个对应的交点，形成 p_1bcp_2 这样的多边形。

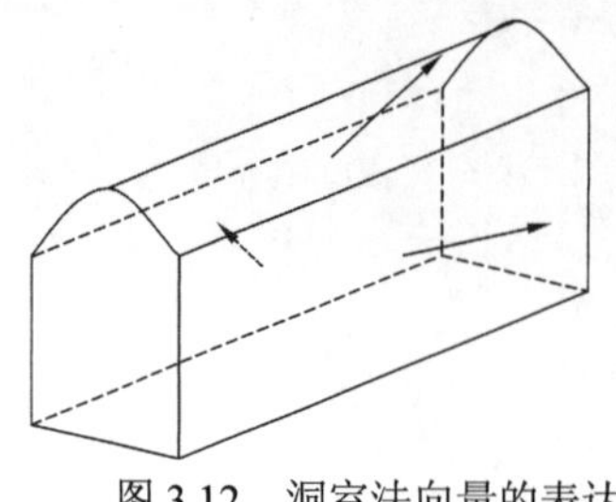
图 3.12　洞室法向量的表达

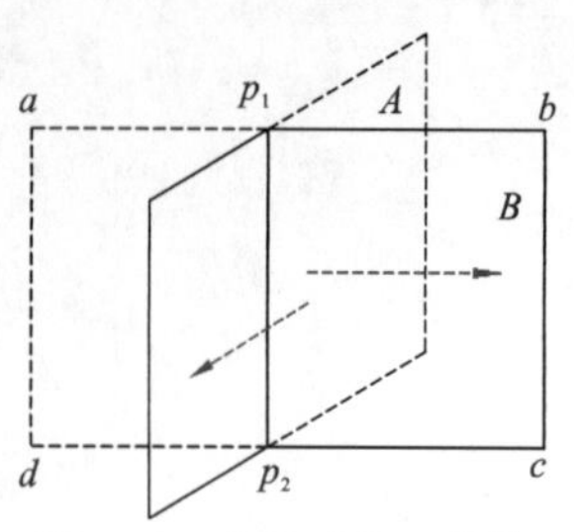

图 3.13　多边形相互裁剪

运用上述方法，可以实现任意多个洞室相交，如图 3.14。

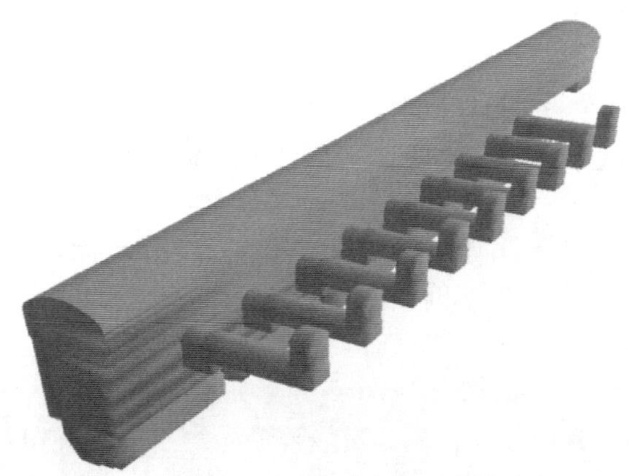

图 3.14　多个洞室相交示意图

3.3.3　洞室和地裙相交

地裙在系统中实质是由多边形组成的，如图 3.15 所示。对已有的洞室，首先可以取两个剖面之间的连线，将两个剖面的连线与地裙多边形相交，得出一系列的交点，将这些交点连接形成一个新的剖面，这个剖面即为洞室与地裙的截面。下一步就是要在地裙上裁出这个截面，这是一个多边形相减的问题，对于两层地层的情形，算法为多边形 *A* 剖面＋多边形 *B* 剖面，最后获得的界面如图 3.16 所示。

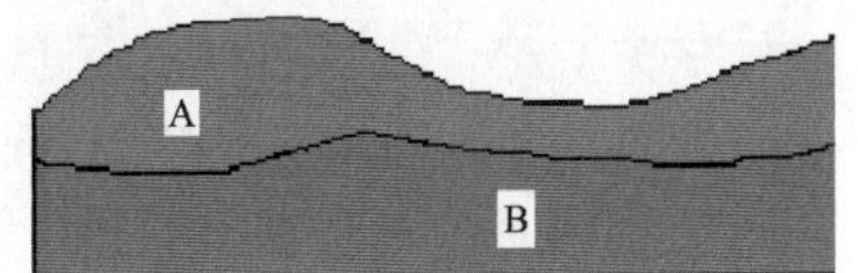

图 3.15　地层地裙的截面形态

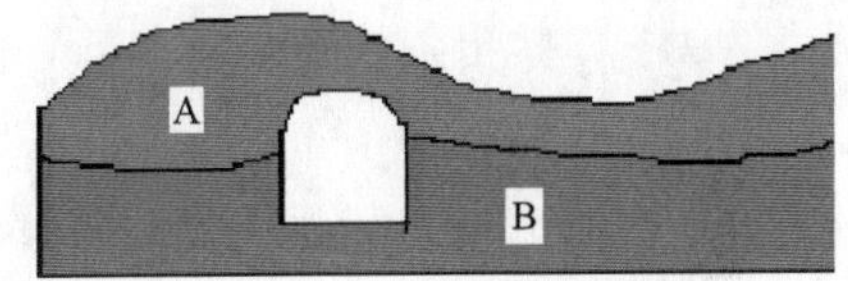

图 3.16　洞室和地裙相交截面

在采用的算法中，裁剪多边形和被裁剪多边形都可以是一般多边形，既可以是凹多边形，也可以是有内孔的多边形。该算法只使用单线性链表数据结构，所以具有数据结构简单、占用空间少的特点，而且无须事先规定以什么方向输入图形的顶点。另外，该算法使用了一个新的具有最少计算量的交点判断和计算方法，进一步加快了算法的运行速度。算法最终通过简单的遍历线性链表，可以得到每一个输出多边形。

图 3.17 描述了在工程中的洞室穿越了三个地层的效果图，利用上述描述的方法，洞室与地裙进行了相交的计算。

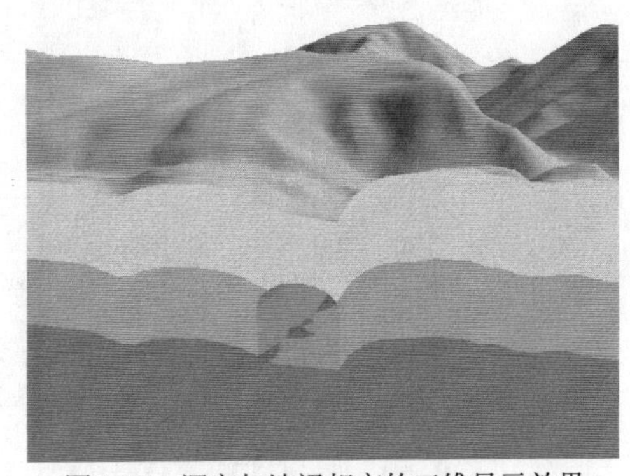

图 3.17　洞室与地裙相交的三维显示效果

3.3.4 洞室和地层相交

洞室可以看成由一系列三角形面组成。将洞室每一个三角形和地层层面 DEM 相交，一般情况下，该三角形可视为分成了两个部分，分别是多边形 I 和多边形 II，如图 3.18 所示。多边形 I 或 II 为零，是三角面在一个地层中的情况。该三角形被地层分割后，形成的两个多边形，分别对该两个多边形进行三角剖分，然后再将三角化后的多边形中的每个三角形与其他地层相交，最后形成赋含地层信息的洞室。

三角形是怎么和地层相交的呢？地层面是一个空间展布的曲面，也是由一系列的三角面构成的，需要先计算两个三角形的相交，两个三角形如果相交的话，一定会形成一条线段（点是线段的特殊情况），如图 3.18 所示。多个三角形与一个三角形相交时，将形成线段的集合，这些线段将三角形划分为一个或多个区域，如图 3.19 所示。这些区域和三角形的边界形成了若干多边形，如图 3.20 中形成了三个多边形，分别对这三个多边形进行三角剖分，即可形成一系列新的三角形。

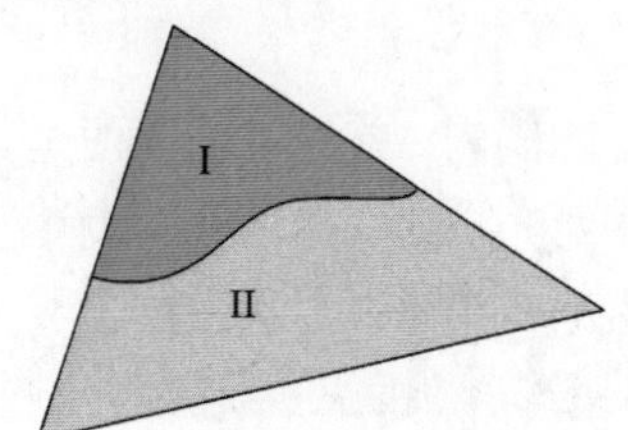

图 3.18 两个三角形地层相交

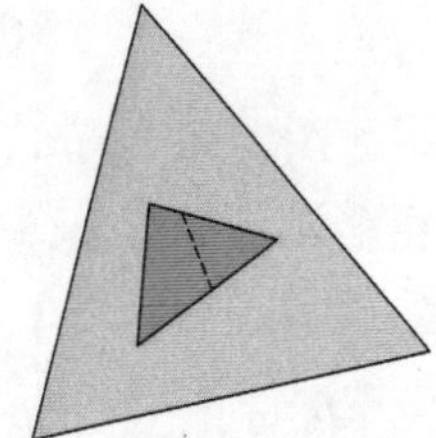

图 3.19 多个三角形与一个三角形相交

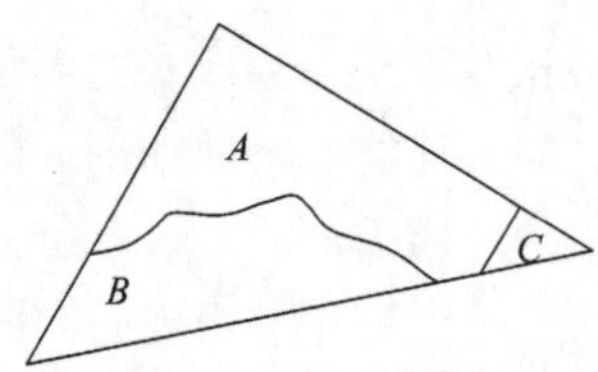

图 3.20 被地层裁剪后的洞室单元三角形

利用上述算法，对洞室中的每个三角形都进行同样的裁剪，即可以生成带地层信息的三维洞室。

图 3.21 显示了洞室与地层相交后的效果图，为了突出显示效果，将地层向内收缩，使得洞室单独显露出来，洞室裁剪后的边界和地层边界保持一致，证明了裁剪算法的正确性。

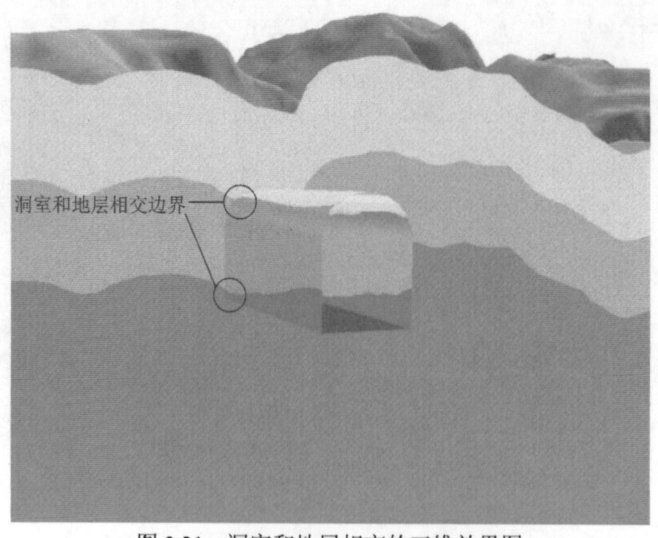

图 3.21 洞室和地层相交的三维效果图

3.4　工程边坡开挖建模

边坡工程中的开挖和支护是公路、铁路及水利水电工程中最为常见的一种工程处置手段，在边坡三维数字等高模型中进行开挖模拟，其算法实质就是在边坡地层 DEM 中实现裁剪。为此，设计采用一个面去裁剪 DEM，现讨论单个地层面 DEM 的情况（多层 DEM 情形一样），具体算法如下。

（1）对于如图 3.22（a）所示的任意面，记录点 1 到点 7 的坐标，从而记录了该面的坐标。

（2）求裁剪面上的任意一点的高度。因为裁剪面是一个三维面，对面上的任意一点，高度不一致，首先三角化多边形，如图 3.22（b）所示。

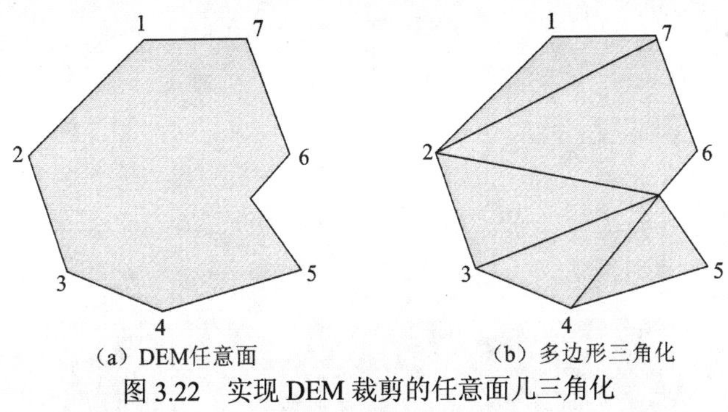

图 3.22　实现 DEM 裁剪的任意面几三角化

（3）对 DEM 模型上任意一个点(x,y,z)，要先判断(x,y)点落在哪一个三角形内，为此，先将三角形投影到高程零假想平面上。取得点所在的三角形后，通过三角形构造一个平面，并且构造一条通过(x,y)的垂直于零平面的射线，通过射线和构造平面相交，可以得到(x,y)在裁剪面上的高度 c_Z。

（4）通过双线性插值法取得 DEM 上任意一点（如图 3.23 所示 A 点）的高度：对给定的任意行坐标和任意列坐标，可以取得该行该列的数据高度，任意一点的坐标位置可通过生成均匀正交的格网来取得。首先取得所求的点在均匀正交的格网中的所在的位置后，然后取得周围 4 个点，即均匀正交的格网的第 1、2、3、4 点的高度值的高度，通过插值求得所求 A 点的高度值为

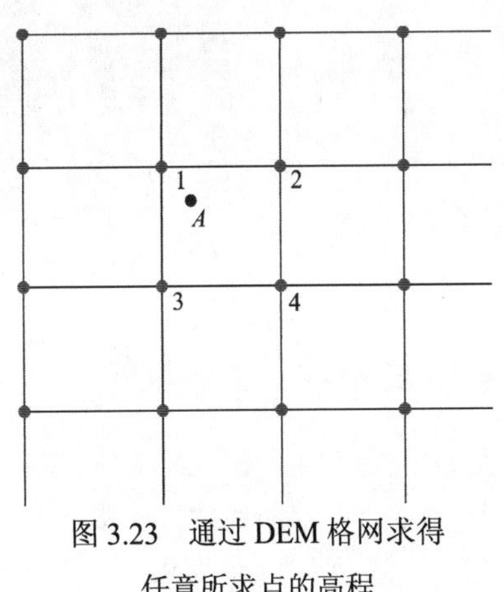

图 3.23　通过 DEM 格网求得任意所求点的高程

$$Z_A=\left[Z_1(1-f\text{Per}_X)+Z_2 f\text{Per}_X\right](1-f\text{Per}_Y)+\left[Z_3(1-f\text{Per}_X)+Z_4 f\text{Per}_X\right]f\text{Per}_Y \quad (3.4)$$

式中：$f\text{Per}_X$为 A 点到 1 点与水平格网间距在 X 方向的比例；$f\text{Per}_Y$为 A 点到 1 点与竖直格网间距在 Y 方向的比例；Z_1、Z_2、Z_3、Z_4为 1、2、3、4 点的高度值。

（5）通过裁剪面裁剪 DEM。对 DEM 上的任意一点，取得该点在 DEM 上的高度（d_Z），并求得该点在裁剪面的高度（c_Z），然后判断 d_Z是否大于 c_Z，如果 $d_Z>c_Z$则将 DEM 上的该点高度替换为裁剪面高度。

3.5 工程构筑物多元信息三维建模

3.5.1 大坝建模方法

大坝模型是十分复杂的，主要由坝体、船闸、坝段等相关模型组成。各类模型相互交叉，而且表达复杂，为了在系统中完美再现模拟大坝的形状，模拟分为三个步骤：①采用3DS MAX软件对大坝进行建模；②解读3DS MAX的文件格式，使建立好的模型能够快速地导入到系统；③对导入的大坝模型进行位置编辑，统一到系统的坐标系中。

1. 3DS MAX 软件建模

3DS MAX 是 Autodesk 公司出品的最流行的三维动画制作软件，它提供了强大的基于Windows平台的实时三维建模、渲染和动画设计等功能，被广泛应用于广告、影视、工业设计、多媒体制作及工程可视化领域。基于3DS MAX的建模技术极大地简化了参数化建模的复杂过程，使得大坝模型的建立简单化。通过3DS MAX软件的基础标准体绘制，将二维线段转换为三维实体等相关操作，并根据实际情况对大坝进行建模，形成标准的大坝模型（图3.24）。

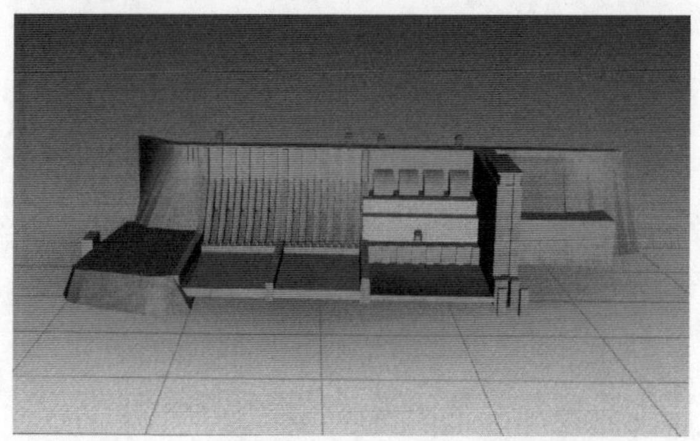

图3.24 通过3DS MAX建立的大坝模型

2. 3DS MAX 文件导入

通过3DS MAX建立好大坝模型，将模型存储为3DS MAX的交付格式3DS格式。3DS格式是一种二进制的格式，主要通过三角形面片的方式记录三维模型。

（1）3DS文件读取的基础规则。字节：直接读取；字：先读低位字节，后读高位字节，如ED 3C读出后的字为3C ED；双字：先读低位字，后读高位字，如ED 3C 25 43读出后的双字为43 25 3C ED；浮点数：直接读取4个字节。

（2）数据块（CHUNK）读取。CHUNK是3DS文件的基本构成单位。每一个CHUNK包括一个头和一个主体。CHUNK是相互嵌套的，这就决定了系统必须以递归的方式读取它们。CHUNK的头又由两部分组成：ID长一个字，CHUNK的长度（以字节为单位，包括头）长一个双字。ID表示CHUNK的含义。事实上有上千个CHUNK，它们构成了一个复杂但灵活的文件系统，通过对CHUNK的读取，将3DS文件中的信息读取到系统中，形成三维构筑物模型。

（3）3DS 部分数据块（CHUNK）描述，如表 3.3 所示。

表 3.3　3DS 数据块描述

项目		说明
数据块（CHUCK）0x4D4D	描述	根 CHUNK，每一个 3DS 文件都起自它，它的长度也就是文件的长度；它包含了两个 CHUNK：编辑器和关键帧
	父 CHUNK	无
	子 CHUNK	0x3D3D、0xB000
	长度	头长度+子 CHUNK 长度
关键字（CHUCK）0x3D3D	描述	编辑器主 CHUNK，它包含有：网格信息、灯光信息、摄像机信息和材质信息
	父 CHUNK	0x4D4D
	子 CHUNK	0x4000、0xafff
	长度	头长度+子 CHUNK 长度
关键字（CHUCK）0x4000	描述	网格主 CHUNK，它包含了所有的网格
	父 CHUNK	0x3D3D
	子 CHUNK	0x3D3D、0xB000
	长度	头长度+子 CHUNK 长度+内容长度
关键字（CHUCK）0x4100	描述	网格信息，包含网格名称、顶点、面、纹理坐标等
	父 CHUNK	0x4000
	子 CHUNK	0x4110、0x4120、0x4140、0x4160
	长度	头长度+子 CHUNK 长度
关键字（CHUCK）0x4110	描述	顶点信息
	父 CHUNK	0x4100
	子 CHUNK	无
	长度	头长度+内容长度
	内容	顶点个数（1 个字） 顶点坐标（3 个浮点数 1 个坐标 x、y、z，个数×3×浮点数）
关键字（CHUCK）0x4120	描述	面信息
	父 CHUNK	0x4100
	子 CHUNK	0x4130
	长度	头长度+子 CHUNK 长度+内容长度
	内容	面个数（1 个字） 顶点索引（3 个字 1 个索引 1、2、3，个数×3×字）

续表

项目		说明
关键字（CHUCK）0x4130	描述	与网格相关的材质信息
	父 CHUNK	0x4120
	子 CHUNK	无
	长度	头长度+内容长度
	内容	名称（以空字节结尾的字符串） 与材质相连的面的个数（1 个字） 与材质相连的面的索引（个数×字）
关键字（CHUCK）0x4140	描述	纹理坐标
	父 CHUNK	0x4100
	子 CHUNK	无
	长度	头长度+内容长度
	内容	坐标个数（1 个字） 坐标（2 个浮点数一个坐标 u、v，个数×2×浮点数）

（4）3DS 文件读取程序：3DS 读取相对比较复杂，摘抄部分读取程序如下：

```
long CcmRead3DSReadMeshObject(char **ppc3dsFile,char *pcMeshStart,
long lMeshSize,char*szMeshName)
{
long     lResult=VR_OK;
CHUNK3DS Chunk;
char*    pcChunkStart=*ppc3dsFile;
unsigned short    wVerticeCount=0;
unsigned short    wFaceCount=0;
unsigned short    wMatCount=0;
S3dsMeshObj       sMeshObject;
long              lIndex;
strcpy(sMeshObject.szName,szMeshName); //物体的名字
//read and fill data
while
((DWORD)pcChunkStart<((DWORD)pcMeshStart+(DWORD)lMeshSize)&&
SUCCEEDED(Read3DSChunk(ppc3dsFile,&Chunk)))
{
  switch (Chunk.nKeyCode)
  {
  case POINT_ARRAY: //取得点向量的矩阵
```

```
        lResult=ReadVectorArray(ppc3dsFile,&sMeshObject);
        IF_ERROR_GOTO_END;
        break;
    case FACE_ARRAY:
        lResult=ReadFaceArray(ppc3dsFile,&sMeshObject);
        IF_ERROR_GOTO_END;
        break;
    case MESH_MATRIX:
        lResult=ReadMatrix((float**)ppc3dsFile,&sMeshObject);
        IF_ERROR_GOTO_END;
        break;
    case MSH_MAT_GROUP:
        lResult=ReadFaceMaterial(ppc3dsFile,&sMeshObject);
        IF_ERROR_GOTO_END;
        break;
        case CHUNK_MAPLIST:
            lResult=ReadTextCoords(ppc3dsFile,&sMeshObject);
            IF_ERROR_GOTO_END;
            break;
        default:
            //Skip past unexpected chunks
            *ppc3dsFile=pcChunkStart+Chunk.lLength;
        }
        pcChunkStart=*ppc3dsFile;
    }

    m_pMeshObjList.cmAdd(sMeshObject,&lIndex);
    m_MeshObjNum++;
  END:
    return lResult;
  }
```

3. 大坝位置编辑

由于 3DS MAX 对数据存储字节是浮点（FLOAT）类型，而由等高线生成的地表模型采用的大多是大地坐标系，导致利用 3DS MAX 软件对地下厂房的建立模型不能与地表模型进行正确匹配。为了统一到同一个坐标系中，需要在系统中进一步对模型进行空间位置的编辑，这些编辑主要包括以下几方面。

1）绕 Z 轴旋转变化

大坝的旋转编辑主要是绕着 Z 轴进行旋转。给定一点 $P(x,y,z)$，首先将 P 点的 y 和 z 坐标表示成极坐标的形式，即 $(x,y,z)=(x,r\cos\phi,r\sin\phi)$，易知

$$\begin{cases} x'=x \\ y'=r\cos(\phi+\theta) \\ z'=r\sin(\phi+\theta) \end{cases} \tag{3.5}$$

式（3.5）的矩阵形式为

$$\begin{bmatrix} x' \\ y' \\ z' \end{bmatrix}=\begin{bmatrix} 1 & 0 & 0 \\ 0 & \cos\theta & -\sin\theta \\ 0 & \sin\theta & \cos\theta \end{bmatrix}\begin{bmatrix} x \\ y \\ z \end{bmatrix} \tag{3.6}$$

从而绕 Z 轴旋转 θ 的变换在齐次坐标下的矩阵表示为

$$\boldsymbol{R}_Z(\theta)=\begin{bmatrix} \cos\theta & -\sin\theta & 0 & 0 \\ \sin\theta & \cos\theta & 0 & 0 \\ 0 & 0 & 1 & 0 \\ 0 & 0 & 0 & 1 \end{bmatrix} \tag{3.7}$$

2）平移变换

将点 $P(x,y,z)$在三个坐标轴方向上分别移动距离 t_x、t_y 和 t_z，得到一个新的点 $P'(x',y',z')$，它们的关系表示为

$$\boldsymbol{P}'=\boldsymbol{P}+\boldsymbol{T} \tag{3.8}$$

式中：$\boldsymbol{T}=[t_x \quad t_y \quad t_z]^{\mathrm{T}}$。

三维平移变换在齐次坐标下的矩阵表示为

$$\boldsymbol{T}(t_x,t_y,t_z)=\begin{bmatrix} 1 & 0 & 0 & t_x \\ 0 & 1 & 0 & t_y \\ 0 & 0 & 1 & t_z \\ 0 & 0 & 0 & 1 \end{bmatrix} \tag{3.9}$$

3）缩放变化

三维缩放变换在齐次坐标下的矩阵表示为

$$\boldsymbol{S}(s_x,s_y,s_z)=\begin{bmatrix} s_x & 0 & 0 & 0 \\ 0 & s_y & 0 & 0 \\ 0 & 0 & s_z & 0 \\ 0 & 0 & 0 & 1 \end{bmatrix} \tag{3.10}$$

此变换的参照点位于坐标原点，可以按下面步骤建立关于空间任一参照点 $P_r(x_r,y_r,z_r)$ 的缩放变换：

（1）平移是 P_r 落于原点，变换为 $\boldsymbol{T}(-x_r,-y_r,-z_r)$；

（2）进行缩放变换 $\boldsymbol{S}(s_x,s_y,s_z)$；

（3）平移是 P_r 回到原来的位置，变换为 $\boldsymbol{T}(x_r,y_r,z_r)$。

通过利用这些坐标变化方法的组合，使得大坝模型和地表模型统一在同一坐标系下。

3.5.2　监测设施模型构建实例

本小节给出一个地下厂房中进行监测设施模型的构建实例。

1. 监测仪器建模

在建立起地下厂房模型并将模型加入系统后，需要将监测设施布置到对应的埋设位置上。

1）监测设施三维图例标准设计

由于三维场景中显示的监测仪器与勘察设计中的监测设施的图例在显示方法上有很大不同，所以在满足设计标准的前提下设计一套监测仪器三维图例的标准有着很重要的意义。从二维图例转化到三维图例遵循将二维几何图形变化为对应的三维几何图形的方法。如将矩形转化为圆柱、三角形转化为圆锥、圆形转化为球等方法。这样保证了在三维中不同视角观看到的图例保持同样的形状。显示效果如图 3.25 所示。

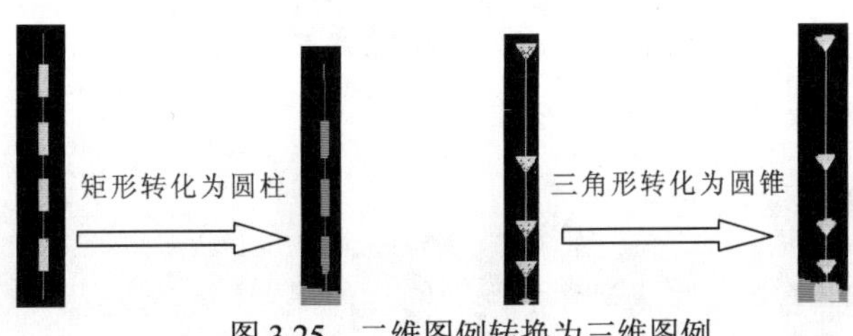

图 3.25　二维图例转换为三维图例

2）按照设计布置监测设施模型

在工程中有大量的监测布置图的设计资料，监测布置图中一般分为监测断面布置平面图和监测剖面图。监测断面布置平面图中的位置描述一般表达为厂房+桩号，如主厂纵 0+039.00。如何将这个位置信息转换为三维坐标系统中坐标?系统将主厂纵定义为一个主厂房的三维坐标起始点 (x_0,y_0,z_0) 加上主厂房纵向方向 (x,y,z)，如图 3.26 所示，任意一个桩号的三维坐标中心点表达式为 $(x,y,z)=(x_0,y_0,z_0)+(x,y,z)\times$ 桩号。

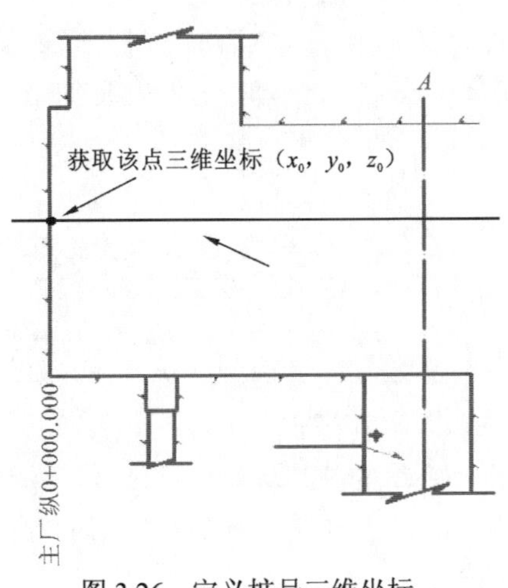

图 3.26　定义桩号三维坐标

在获取监测断面布置平面图的信息后，利用监测剖面图的信息将监测设施模型叠加到三维场景中。通过获取监测设施埋设位置与中心线的距离，监测仪器埋设的高程及夹角，计算出监测仪器模型的三维坐标位置。最终形成监测设施和地下厂房结合的效果模型，如图3.27所示。

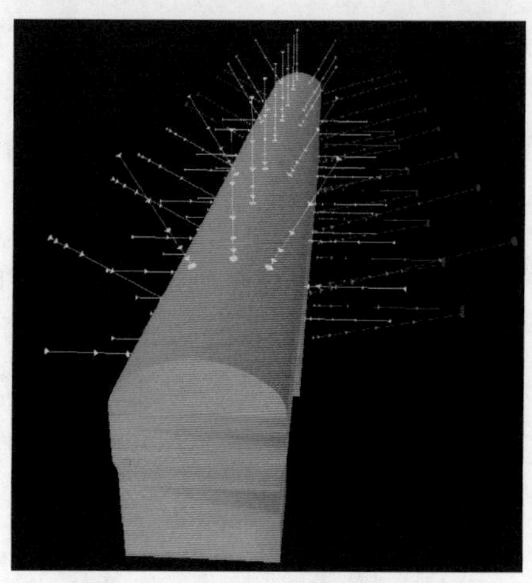

图3.27　监测仪器模型效果图

2. 监测数据的获取与入库

任何系统的首要任务是要解决数据来源的问题，地下厂房主要是通过埋设在监测区域的相关监测仪器获取相关的监测数据。获取数据的方法主要分为两种。

（1）人工录入：一些常规仪器的数据获取，主要通过传统仪器的测量后，将这些仪器的数据通过系统录入界面录入到系统中。

（2）自动化录入：含有自动化功能的仪器，通过仪器上的GPRS设备发送的数据，系统接收到这些数据后，自动整理和解算，写入到数据库中。

将这些数据分类整理到数据库中，数据库根据相关监测类型和其他相关的信息，建立对应的表结构。

监测仪器与三维场景的结合，主要利用统一的坐标信息与之进行结合，在统一的坐标系下，将监测仪器加入三维GIS系统平台下。然后通过监测仪器编号，将三维中的监测仪器模型与数据库中的监测数据进行结合。通过仪器位置和数据的结合，能够直接通过三维界面直观地查询和分析对应的数据。

3.6　三维场景的智能快速显示

三维场景画面必须随用户视点和视线方向的变化，或场景中景物的运动而实时改变，如果画面的生成出现了滞后现象，观察者将会产生很不舒服的感觉，因此三维场景的实时显示是整个系统成败的关键之一。而系统的虚拟场景中所涉及的场景（如DEM和三维实体）常包含数十万甚至上百万个多边形，近几年尽管计算机图形的软件、硬件水平得到了极大的提高，且已有性能极佳的各种图形加速卡，但对高度复杂的场景，这些硬件设备仍不能满足实时生成和显示场景的需要，因而必须设计一些高效的图形绘制算法来进一步加速复杂场景的绘制。与传统的绘制算法不同，实时图形绘制算法在追求其生成速度时可适当地损失图形的绘制质量，这是一种折中的方案。当计算机的计算能力不能满足实时绘制的速度要求时，适当地降低所生成画面的真实感以减少其计算量，即使这样，对观察者来说，在心理上也比图像滞后现象更容易接受。本节在前人研究的基础上，开发一种基于快速生成四叉树和视锥裁剪相结合的算法，实现对三维场景的智能快速显示。

3.6.1　基于四叉树结构 DEM 模型的递归生成与快速显示

在四叉树表示法中，每一个正方形被称为一个节点。覆盖整个区域的正方形被称为根节点，一个节点的子正方形也称为这个节点的子节点，一共均分为 4 个子节点，如图 3.28 所示。可见一个四叉树的节点结构由角点（□）、中心点（●）、边点（○）构成，这就构成了一个四叉树的节点的基本数据结构。其中在此节点的右上角又生成了一个子节点结构，其中心点由（■）表示，边点由（○）表示。

对于一个四叉树的节点的生成，根据先后次序，先利用 DEM 格网形成角点（□），然后形成中心点（●或■），最后形成边点（○）。这样通过递归可以从上到下生成出整个地层四叉树模型（图 3.28）。

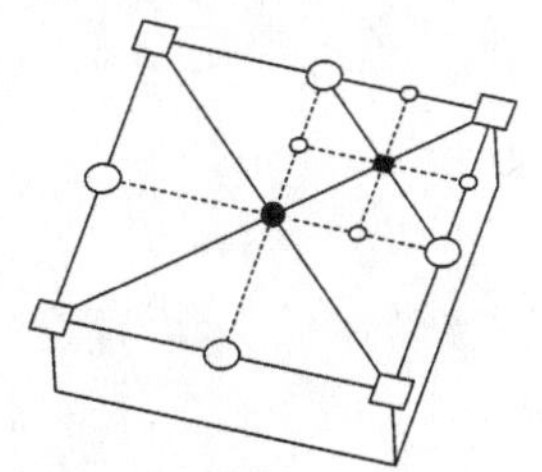

图 3.28　四叉树的节点结构（含一个子节点）

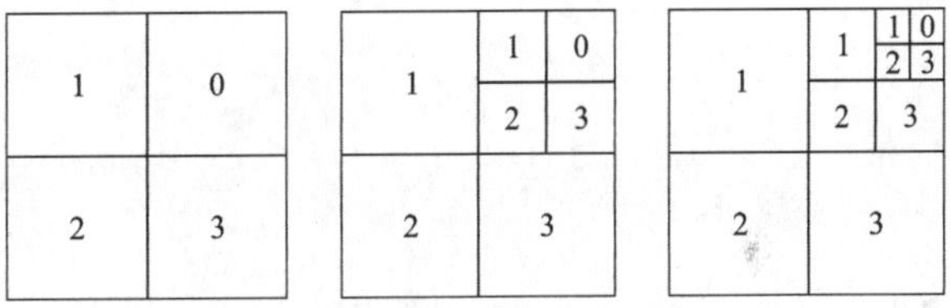

图 3.29　四叉树均分的步骤

（1）建立一覆盖整个数字 DEM 区域的根节点四边形，取得 DEM 上所求节点的高度，该四边形成为根节点。

（2）判断其是否存在子节点四边形。将此父四边形均分为 4 个子节点四边形，如果子节点的宽度大于分辨率，则生成子节点四边形。

（3）建立子节点四边形，一共 4 个，它们被标志为左上、左下、右下、右上，见图 3.29 中的 0、1、2、3 号 4 个矩形。

（4）判断当前四边形是否为子节点四边形，若是，则递归结束，取得 DEM 上所求节点的高度；否则，重复步骤（2）、（3）、（4），建立其子节点四边形。逐次递归，最终建立该多边形剖分的四叉树四边形。

为了避免实时绘制时计算量和内存的巨大消耗，通过静态裁剪自适应四叉树结构，将前面形成的地表的四叉树结构从下往上地对起伏不大的表面区域进行节点的删除，减少区域的子节点数。采用的算法为空间误差测试法，从而减少实时绘制时需遍历的节点数目，所用的公式为

$$\text{Error} / S < T \tag{3.11}$$

式中：Error 为误差；S 为区域尺寸；T 为阈值。

在裁剪中，给定阈值，满足公式的顶点（也就是误差太小的点）被裁剪掉，如果一四叉树节点内的点全被裁剪掉，则该四叉树节点将被清空。调节阈值大小，可将地形裁剪成长度不同的四叉树结构，从而生成依据地形复杂度自适应调节的四叉树。

四叉树更新显示算法如下：算法根据节点误差及节点与视点实时距离生成动态自适应的地形层次细节，进行动态刷新。所谓节点误差即四叉树节点中所有顶点误差最大值，顶点误差是实际地形高度值与节点细分后顶点高度值的差值。

采用与空间误差相似的计算方法，使 3D 视空间的误差与视距成比例，通过调整阈值，获得最佳的地形显示效果。计算公式如下：

$$\mathrm{Error}/T < \max(|P_x - V_x|,\ |P_y - V_y|,\ |P_z - V_z|) \tag{3.12}$$

式中：(P_x, P_y, P_z)和(V_x, V_y, V_z)分别为节点和视点坐标。

当式（3.12）满足时，则该顶点屏蔽，否则须激活，该过程称顶点测试。本节通过此法自上而下地进行递归测试，决定节点更新情况。

可见，该算法解决了地层面存在着不同分辨率节点拼接处产生裂缝的问题，通过顶点测试，如图 3.30 所示，假设首先得到左边的大节点不满足误差测试，需要激活，则节点的中心点和 4 个角点必须保留。而大节点边点的输出需要进行进一步的递归测试误差，得以判断。假设此时大节点的右边邻居大节点也不满足误差测试，则也需要激活。

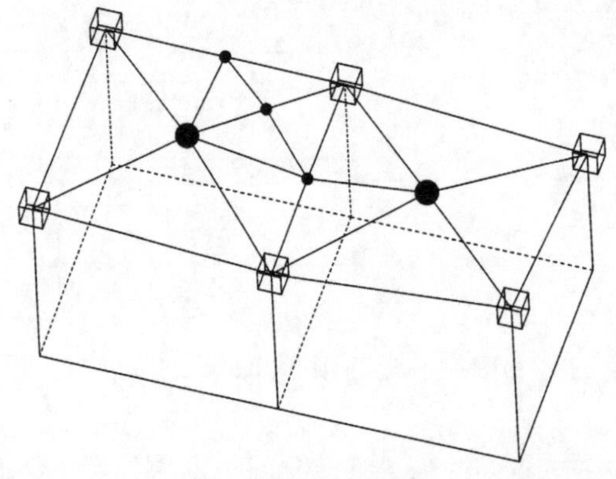

图 3.30　顶点测试

当进行递归测试到下一层时，如果测试到左边的大节点的 0 号子节点需要激活，则根据先后次序，先激活 0 号子节点的 4 个角点（同时激活了其父节点的两个边节点），然后激活 0 号子节点的中心点。

此时为了消除节点拼接处产生裂缝的问题，必须搜索 0 号子节点的邻居子节点（包括不同父节点的邻居子节点）的激活情况。如图 3.30 所示，假如其右侧的邻居子节点不激活，则必须激活其父节点右侧的邻居节点相应边界点，并使之高程达到一致。

3.6.2　DEM 中的视锥裁减

本系统的三维场景主要分为两个部分：一部分为 DEM 的显示，另一部分为物体的显示。

DEM 显示主要解决快速生成四叉树的问题，如上节所述。为进一步加速场景的智能快速显示，采用视锥裁剪的算法处理，该算法不仅可以应用于 DEM，也同样可以应用于三维场景中的工程设施实体及建筑物等。

视锥裁剪就是在当前视点下对不在视线范围内的物体不参与计算和显示，如 3.31 图所示。

视锥是一个台体，在三维场景中，尽量让台体之外的物体不参与绘制和计算，所以在物体中采用了包围盒的概念。包围盒是包围物体的最大区域，对于一个包围盒，须判断它是否在视锥范围内。在进行每一次绘制前，先判断每个物体的包围盒是否在视锥内，或者是否和视锥相交，剔除不在视锥内的物体，只让处于视锥中的这些物体参与绘制和显示。

利用视锥裁剪的思想，同样对三维场景的 DEM 也进行裁剪，但在这里不同的是，DEM 被视为一个物体，由于它本身结构的复杂性，采取四叉树划分的方法（如 3.6.1 小节所述），在遍历四叉树的时候也对其子节点进行裁剪，如图 3.32 所示，只有 1、3、4 子节点参与计算和绘制，而 2 号子节点将不再对其进行分裂的计算，同时它也不会参与绘制。

利用上述算法，在奔腾 IV、CPU 主频 1.7 G、显存 64 M 的台式计算机上进行测试，当 DEM 显示格网规模为 500×500＝250 000 时，获得的显示速度为 20 帧/s，很好地实现了三维场景友好的人机交互操作。

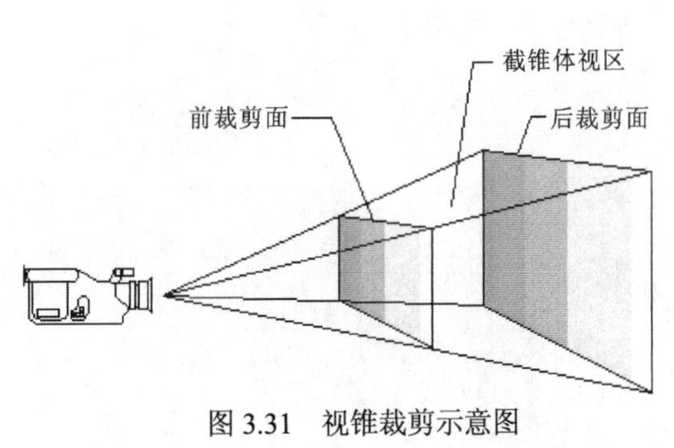

图 3.31　视锥裁剪示意图

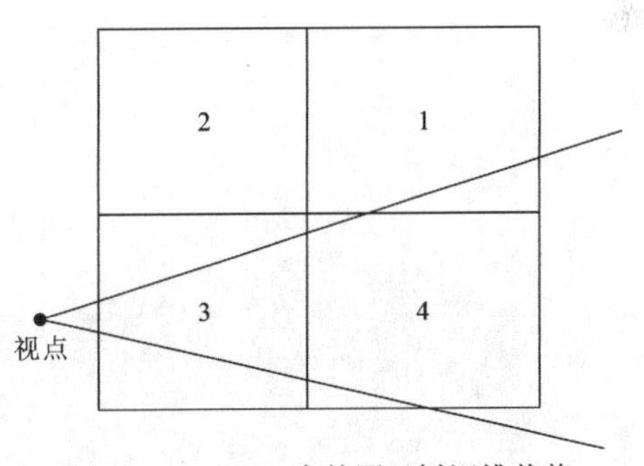

图 3.32　DEM 中的四叉树视锥裁剪

3.7　基于地层信息的三维空间分析方法

3.7.1　单纯地层剖面的生成

在三维地层模型中，为求得任意两点之间的竖直地层剖面，假想一个通过该空间两点之间的连线（*PQ*）形成的一个竖直平面，对该平面和地层 DEM 进行相交检测。对每一层的 DEM，将 *PQ* 按照 DEM 的精度分割为若干份，如图 3.33（a）所示，从每一份中取得端点的 *Z* 值（求取 DEM 中任意点高程），然后形成一系列线段，连接后形成的曲线和 DEM 的形状保持一致。同样，对下一层的 DEM，也取得相应的曲线段，这样可以得到相邻两个 DEM 层之间的曲线段，如图 3.33（b）所示。将这两个曲线段的首尾两个点连接起来，形成一个区域，这个区域就是剖面区域。

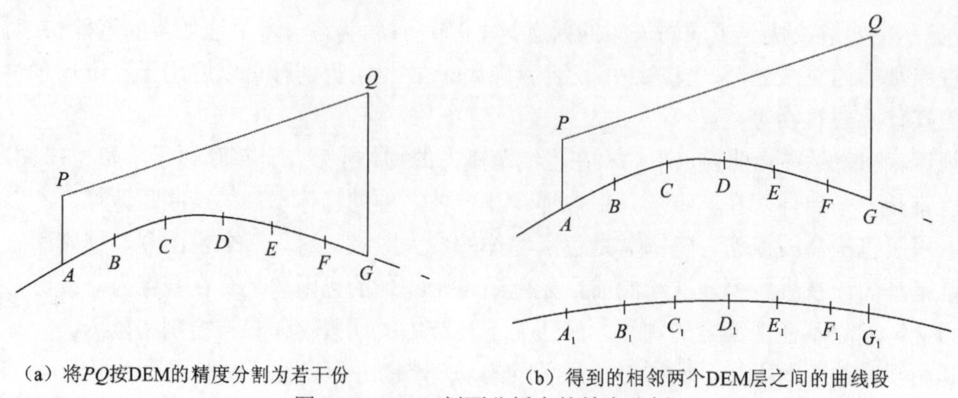

（a）将PQ按DEM的精度分割为若干份　　（b）得到的相邻两个DEM层之间的曲线段

图 3.33　DEM 剖面分析中的精度分割

3.7.2　地层中的水位面和三维物体的剖切处理

对于地层中的水位面，按照上述方法，在地层剖面区域中得到一条曲线，在算法处理时直接进行曲线图形的绘制，不和相邻的 DEM 进行区域计算（图 3.34）。

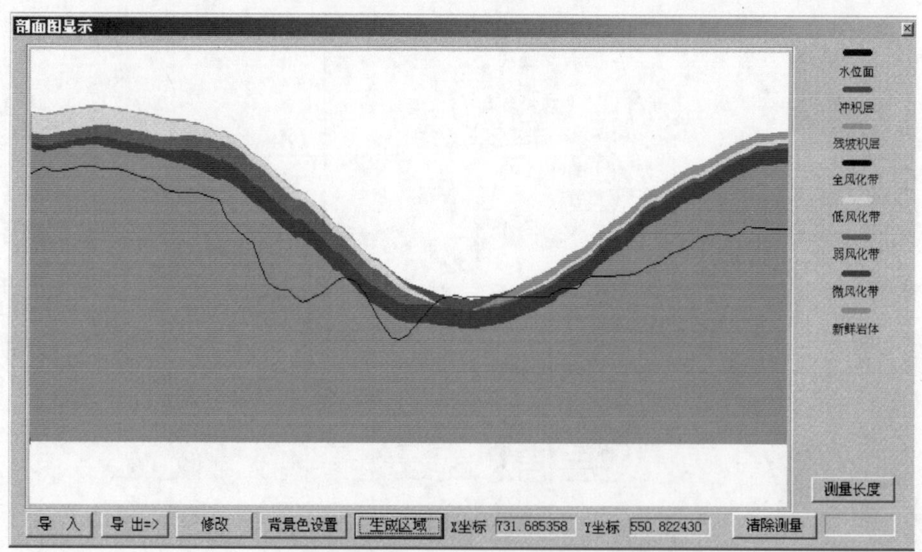

图 3.34　三维地层模型中的地质剖面及水位面的混合切割

在剖面裁剪过程中，每一个三维物体都有一条中心线，这条中心线和通过该空间两点之间的连线（PQ）形成的一个竖直平面进行相交检测，如果相交，则取得这个三维物体的形状投影到地层剖面的剖面图中。

3.7.3　地层与地下洞室的混合剖面

地下洞室的剖面生成可以理解为一个平面和三维洞室实体进行相交运算，得到这个物体在平面中的截面，该截面就是形成剖面图需要的截面。洞室通常是由很多三角形面片组成，用这些三角形面片和通过连线（PQ）形成的竖直平面进行相交运算，可以形成一系列的线段，将这些线段连接起来，便可以得到洞室在平面上的截面（图 3.35）。

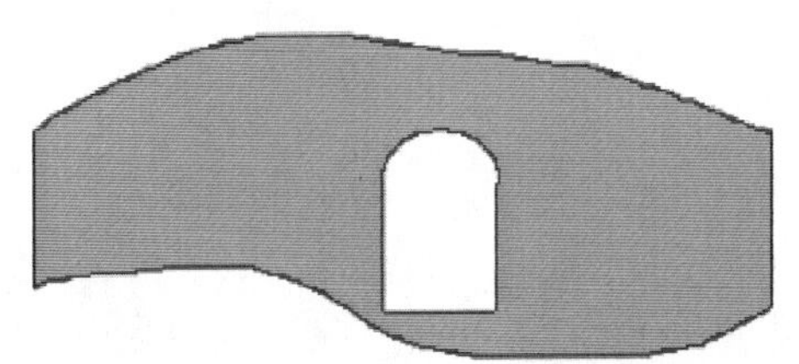

图 3.35　洞室和地层的综合剖面分析

通常这个截面是个多边形，再将该多边形和已经取得的地层剖面多边形进行相减运算，最终即可形成地层和洞室的混合剖面，如图 3.36 所示。

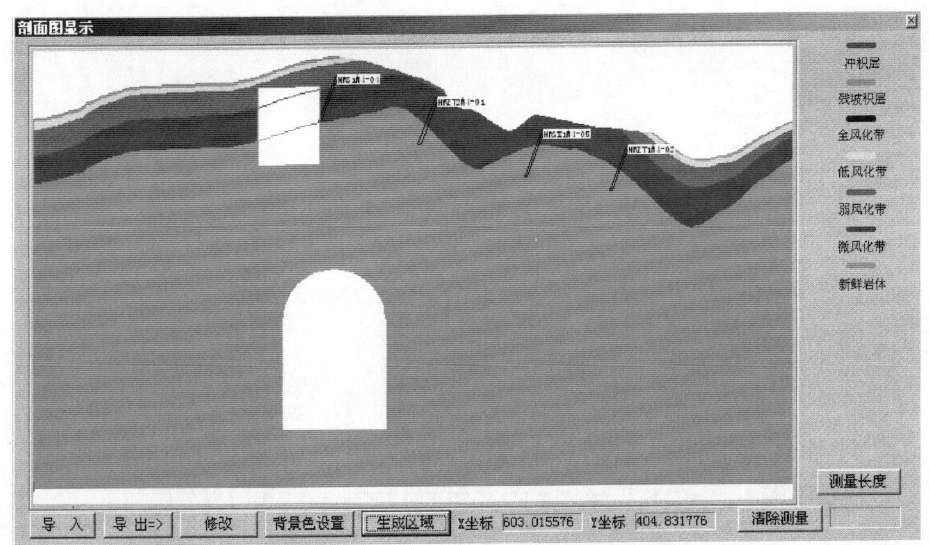

图 3.36　地层、洞室和三维实体的综合剖面

3.7.4　面积计算

把 DEM 中的面积分为空间面积和投影面积两种，对任意给定的区域范围，通常视为一个空间多边形。空间面积的计算方法是将多边形进行三角化，然后分别计算这些三角形的面积，最后将三角形面积累加，求得任意多边形的面积，求空间三角形的面积公式为

$$\begin{cases} S = [P(P-a)(P-b)(P-c)]^{1/2} \\ P = (a+b+c)/2 \end{cases} \tag{3.13}$$

式中：a、b、c 为三角形的边长，通过空间任意两点的距离获得。

对于投影面积来说，如图 3.37 所示，为将 DEM 在多边形内部的区域计算出来，将多边形内部的区域分为两种：一种为完全包含在多边形内部（深色区域）的区域，对于这部分区域，先取得网格点的坐标，将一个矩形划分为两个三角形，可求得深色区域的面积；而对于浅色区域，先求出相交的多边形，然后将相交的多边形三角化，求出三角化后的多边形面积，然后将两种面积累加，形成整个多边形的投影面积。

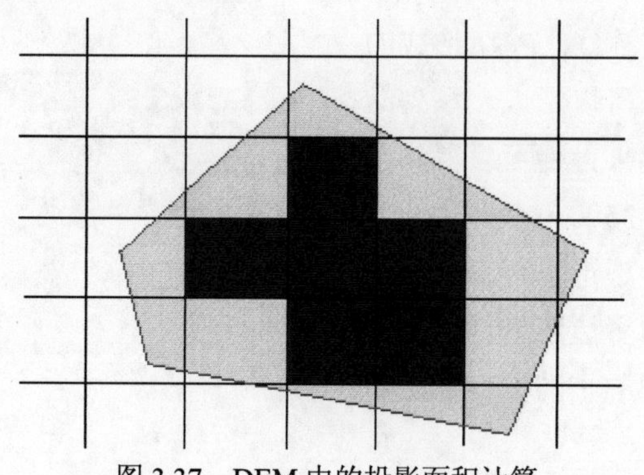

图 3.37　DEM 中的投影面积计算

3.7.5　体积计算

体积的计算和投影面积的计算基本一致，只是在得到表面的三角形后，根据给定的高度计算体积。在规则三角网中的单元体积模型如图 3.38 所示，将这个不规则体分为两个部分，一部分为一个三棱柱，另外一部分为一个四面锥体，然后将这两个部分计算的体积累加，就得到了单元合成体积。最后将所有的多边形区域范围内的所有单元合成体积累加，即可求得任意区域的 DEM 体积。

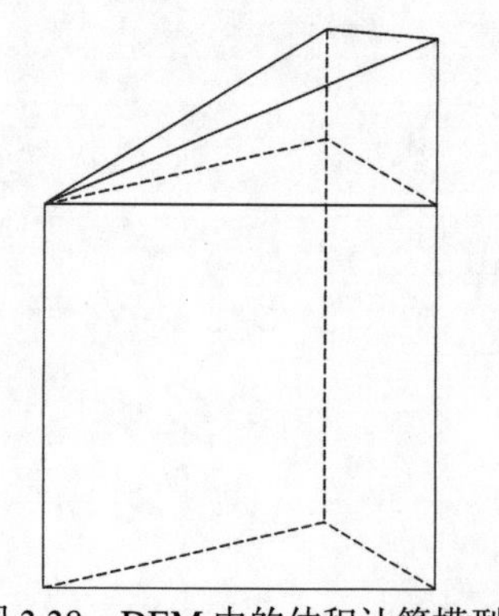

图 3.38　DEM 中的体积计算模型

第 4 章　水电岩土工程安全性评估智能分析方法

本章拟针对水电工程岩土边坡和地下洞室安全性评估中的变形预测、危险性分区和可靠性进行相关分析。基于现场监测获得的测试数据，以具体的单个边坡为研究对象，开展基于智能分析的多学科交叉研究，建立多手段、多模型的变形预测、危险性评估和不确定性的可靠性分析方法。

4.1　基于时间序列的边坡变形预测智能分析

4.1.1　时间序列的基本思想

时间序列是数理统计这一数学学科的一个重要分支，指按时间先后顺序排列的一组数据。在工程实际中，数据往往是离散和随机的，然而信号（包括连续信号与离散数据序列）是信息的载体，上述时间序列也必然蕴含了系统本身的综合相关信息，表现着某一系统的某一行为及其变化过程。研究、分析和处理时间序列，正是为了提取有关的信息，揭示时间序列本身的结构和规律，认识相应系统的固有特性，掌握系统同外界的关系，推断系统及其行为的未来情况[70]。

时间序列是在 20 世纪 20 年代后期才开始出现。60 年代后期，时间序列分析在谱分析与谱估计方面取得了突破性进展后，得到了迅速发展，其应用范围涉及自然界、社会界、工程界等众多的科学领域[71-79]。目前的时间序列分析方法以其结果形式可归为两大类：显式方法和隐式方法。显式方法通过回归分析获得预测模型的显式表达式，包括自回归（auto regression，AR）法、移动平均（moving average，MA）法、自回归移动平均（auto regression moving average，ARMA）法和改进的自回归移动平均（auto regressive integrated moving average，ARIMA）法等，其主要优点是结果直观，易于使用，但在处理复杂非线性问题时存在模型结构选择和模型参数难确定、近似简化使得精度不准等问题。

边坡在开挖或自然环境因素的影响下产生变形，位移是这一过程中反馈出的重要信息之一，位移随时间的演化过程可以看作一个时间序列。位移由发生到扩展再到最后发生破坏，通常不是瞬时进行的，而是一个逐渐积累的过程，每一步发生的位移总是在其前面已经发生位移的基础上进行。因此，对位移序列的演化特征进行建模，就是要找出当前位移与位移史之间的函数关系，然后根据已监测的位移史预测未来的位移。因此对位移的演化特征进行预测，就是要找出下列关系：

$$x_{i+p} = f(x_i, x_{i+1}, \cdots, x_{i+p-1}) \tag{4.1}$$

式中：$i=1,2,\cdots,n$，n为所要预测的位移时步数；x_i为第i时步的监测位移；p为位移预测时所需的位移时步数。

推广预测：

$$x_{j+p}=f(x_j,x_{j+1},\cdots,x'_{j+p-i},\cdots,x'_{j+p-1}) \tag{4.2}$$

式中：$j=1,2,\cdots,m$，m为所要推广预测的位移时步数；x_j为第j时步的监测位移，x'_{j+p-i}为第$j+p-i$时步的预测位移，p为位移预测时所需的位移时步数。

4.1.2 遗传进化模型

显然，对于式（4.1），函数关系f和位移时步数p是建模的关键所在。f在许多情况下是高度非线性的，其结构和参数的确定是一个多模态、多参数解的空间优化搜索问题。不同的p值将会影响建模的预测效果，如何选择一个合适的p值是十分重要的，目前的经验选择方法不能满足现代岩土工程计算的要求。另外，f的形式还取决于p值的选取，二者的优化搜索过程是不能同步进行的。对这样的复杂模式识别问题，传统的搜索技术已难以胜任，为此，引入遗传算法（genetic algorithm，GA），设计一种对p值和f分步进行识别的二级进化识别算法。

实际应用时，遗传算法仅通过进化描述方案和适应值度量函数与具体问题相互作用，因此也是设计新型进化算法的主要内容。

1. 时序分析的进化结构设计

根据对任一连续函数，至少在较小的邻域内可以用多项式任意逼近的数学理论，将式（4.2）中的f表示为如下的多项式模型：

$$u_{i+p}=\sum_{j=1}^{p}\sum_{k=1}^{q}c_{jk}u_{i+j}^{q} \tag{4.3}$$

式中：c_{jk}为多项式的系数；p为多项式的项数；q为多项式各项的阶次。p和q决定了模型的结构，相应地，c_{jk}就是模型的参数。显然，c_{jk}的值随p、q值而变化。确定了模型的结构和参数，然后采用二进制的遗传编码表示进行优化搜索，最终获得需要确定的时序分析遗传进化模型。

2. 适应值的确定

根据遗传算法的基本理论，通常采用适应值评价个体的优劣，从而驱动遗传算法不断优化。对于适应值的计算，一般是基于模型预测输出和期望或实测输出之间的误差计算获得。根据已观测序列，按式（4.1）构造输入输出对，即学习样本，计算预测序列，由预测输出和观测值之间的误差计算适应值，这里采用预测和实测误差的平方和平方根的平均值，如下式：

$$F=\frac{1}{n}\sqrt{\sum_{i=1}^{n}(u_i-\overline{u}_i)^2} \tag{4.4}$$

式中：n为样本个数；u_i和$\overline{u}_i$分别为模型预测输出和实际观测值。

在学习的过程中，通常也需要检验模型的推广预测能力，从而达到最优的预测模型。因此，将学习样本分为两部分：一部分用于计算适应值，主要反映模型对样本的拟合能力，可称之为适应样本或拟合样本；另一部分用来测试模型的预测能力，称作测试样本。一般情况下，拟合样本的数量应大于测试样本，并将测试结果以一定比例加入适应值中去。

3. 进化过程描述

由于该问题中同时涉及模型结构参数和模型参数的识别，这种进化过程通常不能同步进行。为此，设计一种实现对该问题求解的二级进化算法，其基本思想如图 4.1 所示，将复杂结构和参数的混合空间搜索问题简化为两个相对简单的“纯”模型结构进化过程和“纯”参数进化过程。

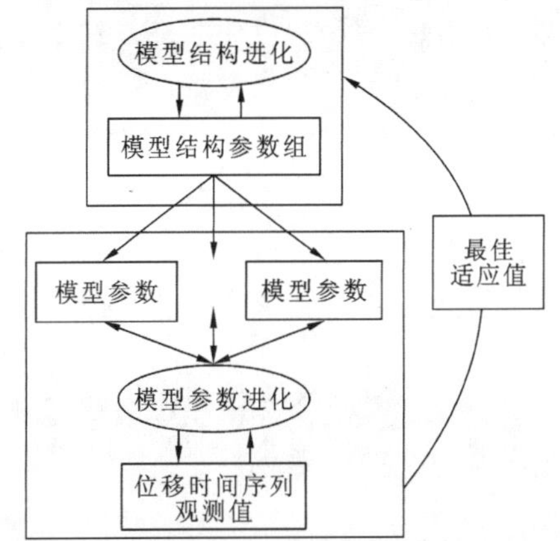

图 4.1　边坡位移时序分析遗传进化模型流程图

1）模型结构的进化

模型结构的进化过程只对模型结构参数进行操作，完全不用考虑模型参数的影响。从一组在一定范围内随机给定的模型结构参数个体开始，按优胜劣汰规则，执行复制、杂交、变异等遗传进化操作。不同的是，由于现阶段得到的模型只是一个表达式框架结构，计算结果不能准确反映当前模型结构的好坏，不能直接计算得到模型结构个体的适应值，否则可能因为参数选择不当而淘汰好的模型结构参数。因此，需要进行模型参数的优化识别，故把适应值的计算放到模型参数进化过程中完成。

2）模型参数的进化

模型结构进化中产生的每一个模型结构个体，其模型参数个数已定，只是参数的大小有待进一步的确定。这样一来问题就转化为确定结构下的参数优化问题。从一组在一定范围内随机给定的模型参数个体开始执行遗传进化操作循环，直到满足终止条件。此时得到的最佳模型参数个体的适应值，它反映了当前模型结构对问题的适应程度，用它作为当前模型结构个体的适应值指导模型结构的进化过程。

4. 算法的主要步骤

边坡变形位移时序分析预测模型的进化识别算法，是在高一级的模型结构进化循环内嵌入一系列低一级的模型参数进化，循环实现模型结构和模型参数的共同识别。其基本步骤描述如下。

步骤 1：根据已观测位移时间序列按式（4.1）构造学习样本，并分为适应样本和测试样本两部分。

步骤 2：随机产生 M 组模型结构参数作为初始模型结构群体。

步骤 3：对每一个模型结构个体，按下列子步计算适应值。

（1）根据结构参数计算模型参数个数等信息：

①随机产生 N 组模型参数作为初始模型参数群体；

②按式（4.4）计算当前模型结构下各模型参数组个体的适应值；

③如果满足参数进化的终止条件，选择最佳适应值及其对应的模型参数作为计算当前模型结构个体适应值的中间结果，跳出模型参数进化循环，转至步骤（2）；

④按适应值选择模型参数组个体依概率进行复制、杂交、变异等遗传进化操作，形成新一代模型参数组个体，转至步骤②。

（2）将参数进化得到的模型参数代入到当前模型结构个体中对测试样本进行预测分析，根据预测结果和参数进化得到的最佳适应值，按一定比例计算当前模型结构个体适应值。

步骤 4：如果满足结构进化终止条件，结束算法并选择具有最佳适应值和预测能力的个体为最终解。

步骤 5：按适应值选择模型结构参数组个体依概率进行复制、杂交、变异等遗传进化操作，形成新一代模型结构参数组个体，转步骤 3。

5. 算例

选取福宁高速公路八尺门滑坡 3#滑坡区 ZK08 深部位移监测孔，滑动面（−15.5 m）处 2001 年 7 月 15 日～2003 年 6 月 29 日的 A 向位移时间序列，如表 4.1 所示，位移预测结果如表 4.2 和图 4.2 所示。

表 4.1　八尺门 3#滑坡区 ZK08 滑动面 A 向位移时间序列

时间序列	位移/mm	时间序列	位移/mm	时间序列	位移/mm	时间序列	位移/mm
1	0.26	13	16.58	25	19.64	37	22.83
2	2.38	14	16.49	26	19.84	38	22.43
3	5.94	15	17.00	27	20.60	39	21.28
4	7.67	16	17.53	28	21.30	40	21.68
5	8.36	17	17.08	29	22.33	41	21.85
6	10.56	18	17.65	30	22.33	42	22.38
7	13.86	19	17.44	31	22.68	43	23.79
8	15.08	20	17.42	32	22.78	44	23.78
9	15.79	21	17.96	33	22.68	45	24.74
10	16.02	22	18.51	34	22.78	46	24.58
11	16.29	23	19.22	35	22.81	47	25.08
12	16.28	24	19.54	36	23.23	48	27.14

表 4.2　八尺门 3#滑坡 ZK08 滑动面 A 向位移时间序列预测结果

参数设置		预测结果				
		$p=9$，$q=1$； $c_{ij}=0.015\ 625$，0.000 366 211，0.031 25，0，0，0，0，0.000 976 563，0.980 591				
		观测日期	监测值/mm	预测值/mm	绝对误差/mm	相对误差/%
位移式步数 p	[1，10]	2003 年 4 月 22 日	23.78	24.43	−0.65	2.73
q	[1，4]	2003 年 5 月 6 日	24.74	25.05	−0.31	1.25
c_{ij}	[0，1]	2003 年 5 月 20 日	24.58	25.62	−1.04	4.22
预测时步数 N	5	2003 年 6 月 15 日	25.08	26.18	−1.10	4.39

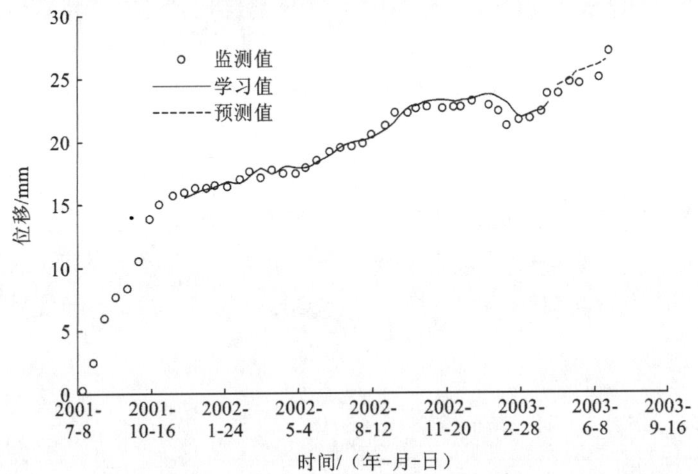

图 4.2　八尺门 3#滑坡 ZK08 滑动面 A 向位移时间序列预测结果对比图

4.1.3　进化神经网络模型

1. 进化反向传播网络建模

如 4.1.2 小节所述，式（4.1）描述的位移时序函数关系 f 在许多情况下都是高度非线性的，有时很难用精确的函数关系进行描述；人工神经网络则善于描述非线性问题，因此，可以采用神经网络描述这种位移与时序之间的非线性关系。大量实践表明，神经网络模型的好坏在很大程度上取决于神经网络隐含层的结构，因此神经网络隐含层层数及其节点数的确定是至关重要的。于是，引入进化神经网络的思想，采用遗传算法对隐含层结构及 p 值在全局范围内进行搜索，以减少人为选择 p 值和网络结构的盲目性，增强网络的学习效果和位移演化的推广预测能力，具体算法如下。

（1）初始化遗传算法与反向传播（back-propagation，BP）网络参数，初始化隐含层结构及 p 值的搜索范围；

（2）随机产生一个规模为 N 的初始群体作为父代，令子代 $i_g=0$，其中每个个体代表一个网络模型结构（p 与隐含层及其节点数的组合），令 $n=0$，进行步骤（3）；

（3）在 i_g 代内，顺序选取一个个体，令 $n=n+1$，若 $n>N$，则进行步骤（4）；否则调用神经网络，计算 i_g 代内每个个体的适应值 f 为

$$f = \frac{1}{m}\sqrt{\sum_{i=1}^{m}(x_i^{\mathrm{M}} - x_i^{\mathrm{C}})^2} \tag{4.5}$$

式中：m 为网络预测的时步数；x_i^{C} 为第 i 时步的位移预测值；x_i^{M} 为第 i 时步的实测位移，外推预测是利用上次预测结果作为此次预测的输入而递推进行。

（4）通过竞争选择选取两个适应值较好（预测误差较小）的个体，进行杂交、变异等遗传操作，产生新一代可能的网络结构（子代群体），进行步骤（5）；

（5）重复步骤（4）操作过程，直至生成 N 个新网络结构个体，并将上代群体中适应值最好的网络结构个体随机地替换子代群体中的一个网络结构个体，并将其转换为父代，进行步骤（6）；

（6）令 $i_g = i_g + 1$，若 i_g 等于 N_g，结束；否则跳转步骤（3）。

2. 算例

选取龙滩水电站左岸高边坡的外观点 600-06 进行预测分析，用上述进化神经网络算法建立神经网络预测模型，如图 4.3 所示，图中 n、m 为中间层、隐含层的节点数，p 为预测时所需的位移时步数。该监测点 2001 年 12 月 10 日～2003 年 11 月 12 日的现场监测合成平面位移数据序列见表 4.3。

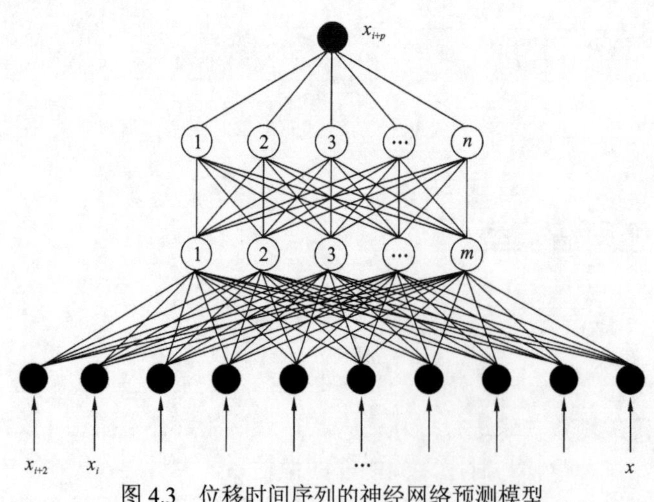

图 4.3　位移时间序列的神经网络预测模型

表 4.3　龙滩水电站左岸进水口高边坡外观点 600-06 位移时间序列

时间序列	位移/mm	时间序列	位移/mm	时间序列	位移/mm
1	0	4	22.59	7	42.45
2	8.16	5	28.76	8	53.8
3	8.21	6	36.31	9	58.32

续表

时间序列	位移/mm	时间序列	位移/mm	时间序列	位移/mm
10	67.36	16	66.97	22	71.66
11	65.95	17	67.88	23	71.42
12	70.98	18	68.7	24	78.57
13	68.59	19	70.31	25	68.33
14	68.33	20	70.5	26	63.54
15	63.54	21	69.43		

遗传算法搜索到的描述时序与位移关系的网络结构为 15-36-3-1，即图 4.3 中 $p=15$，$m=36$，$n=3$，此网络经过 30463 次迭代，建立了遗传神经网络预测模型，预测结果如图 4.4 所示。

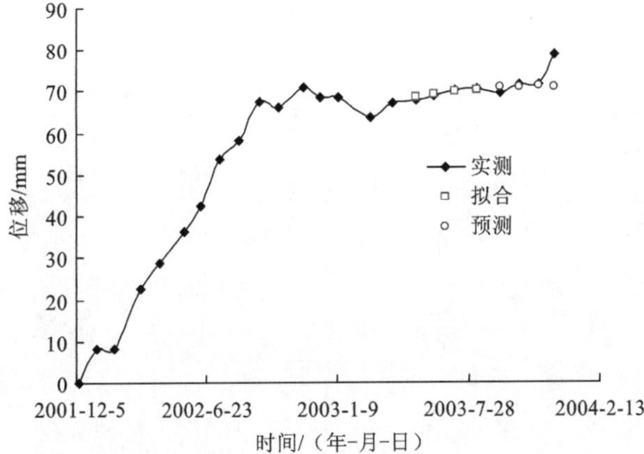

图 4.4　龙滩左岸高边坡 600-06 外观点进化神经网络模型预测结果对比图

4.1.4　进化支持向量机模型

1. 位移时序分析的支持向量机表达

根据支持向量机（support vector machine，SVM）的基本理论，由边坡变形的非线性位移时间序列表达式（4.1）的非线性函数 f，可以用 SVM 对 n 个实测位移的学习来获得，也就是通过对 $n-p$ 个位移时间序列 $X_i,X_{i+1},\cdots,X_{i+p-1}$，$i=1,\cdots,n-p$ 的学习，来获得位移时间序列之间的非线性关系，即

$$f(X_{n+m})=\sum_{i=1}^{n-p}(\alpha_i-\alpha_i^*)K(X_{n+m},X_i)+b \tag{4.6}$$

式中：$f(X_{n+m})$ 为第 $n+m$ 时刻的位移值；X_{n+m} 为 $n+m$ 时刻前 p 个时刻的位移值，$X_{n+m}=(x_{n+m-p}, x_{n+m-p+1},\cdots,x_{n+m-1})$；$X_i$ 为第 $p+i$ 时刻前 p 个时刻的位移值，$X_i=（x_i, x_{i+1},\cdots, x_{i+p-1}）$；$K$ 为核函数；α，α^* 和 b 通过解如下的二次规划问题获得

$$\begin{cases}\text{Max:}W(\alpha,\alpha^*)=-\dfrac{1}{2}\sum\limits_{i,j=1}^{n-p}(\alpha_i-\alpha_i^*)(\alpha_j-\alpha_j^*)K(X_i\cdot X_j)+\sum\limits_{i=1}^{k}X_{i+p}(\alpha_i-\alpha_i^*)-\varepsilon\sum\limits_{i=1}^{n-p}(\alpha_i+\alpha_i^*)\\ \text{s.t.}\begin{cases}\sum\limits_{i=1}^{n-p}(\alpha_i-\alpha_i^*)=0\\ 0\leqslant\alpha_i,\ \alpha_i^*\leqslant C,\ i=1,2,\cdots,n-p\end{cases}\end{cases} \tag{4.7}$$

按上述方法将变形表示为时间序列后，采用进化 SVM 方法求出最优的 SVM，就可确定式（4.6）表示的岩土体非线性变形时间序列分析的 SVM。

2. 算例

仍选取龙滩水电站左岸高边坡的外观点 600-06 进行预测分析，其监测数据如表 4.3 所示。取预测时步 N=7，用遗传算法搜索核函数和惩罚因子 C，搜索空间：C 为 1～1000，核函数为采用径向基函数（radial basis function，RBF）核函数形式。获得的 SVM 模型为：RBF 核函数 σ=130，惩罚因子 C=815，b=25.9，获得的 SVM 及其对应的 α 、α^* 的值见表 4.4，实测值和预测值的对比见表 4.5、图 4.5。

表 4.4　龙滩水电站左岸进水口高边坡外观点 600-06 位移时间序列

样本序号	α	α^*	样本序号	α	α^*
1	0	110.27	9	815.00	0
2	672.37	0	10	0	675.83
3	0	815.00	11	549.55	0
4	0	815.00	12	0	815.00
5	815.00	0	13	0	815.00
6	0	72.42	14	639.72	0
7	815.00	0	15	626.87	0
8	0	815.00			

表 4.5　龙滩左岸高边坡的 600-06 外观点进化支持向量机模型实测和预测结果比较

观测日期/（年-月-日）	监测值/mm	预测值/mm	绝对误差/mm	相对误差/%
2003-6-11	68.70	68.88	−0.18	0.25
2003-7-6	70.31	68.88	1.43	2.04
2003-8-10	70.50	69.18	1.31	1.86
2003-9-14	69.43	68.92	0.51	0.73
2003-10-13	71.66	69.28	2.39	3.33
2003-11-12	71.42	69.28	2.14	3.00
2003-12-12	78.571 1	68.947 537	9.623 5	12.248 18

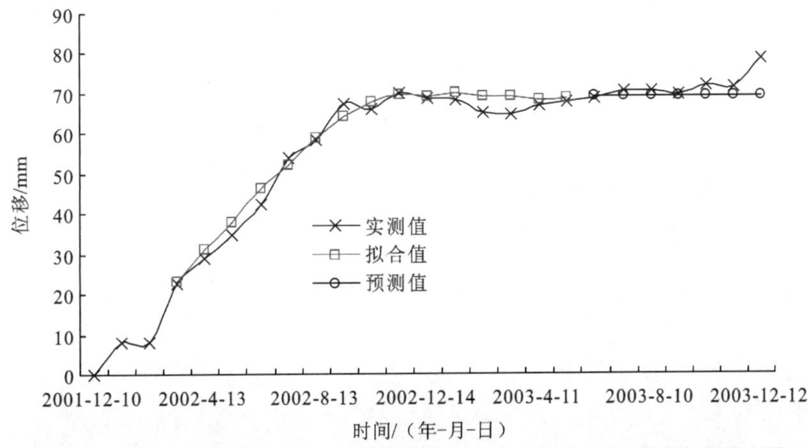

图 4.5　龙滩左岸高边坡 600-06 外观点进化支持向量机模型预测结果对比图

4.2　边坡危险性分区的进化动态聚类分析

边坡的危险性分区在地质灾害的评价、预测中有着广泛的应用，一些多山和多灾害国家及地区对边坡危险性分区研究较早，如日本、美国等借用一些商用软件平台（MapInfo、ArcView 等），并在此基础上直接或二次开发后，对边坡（斜坡）进行大范围的危险性评估，生成危险性地图，主要目的是为政府部门提供灾害预测、减灾措施等。国内的研究从 20 世纪 80 年代开始，从发表的一些文献来看，主要采用统计灾害发生的频率、网格评估等方法，在比较大的范围内宏观地绘制出危险性地图。到目前为止，国内外在该领域尚没有比较统一、通用的方法。为此，针对具体的边坡工程，尝试采用动态聚类分析和进化支持向量机相结合的基本思想，基于现场监测数据，对边坡的危险性分区进行相应的探讨，下面将详细介绍分区算法。

4.2.1　动态聚类分析概述

聚类分析[80]是通过无监督训练将样本按相似性分类，把相似性大的样本归为一类，占据特征空间的一个局部区域，而每个局部区域的聚合中心又起着相应类型的代表作用。聚类分析一方面可以作为一种有效的信息压缩与提取手段，另一方面又往往是其他模式识别的基础，它最早在地学和工程领域有着广泛的应用[81-84]。

常见的聚类分析有系统聚类方法、动态聚类方法、分裂方法、最优分割方法、模糊聚类方法、图论聚类方法、聚类预报方法等。而动态聚类分析是较普遍采用的方法，现有的各种动态聚类分析都是先根据一定的经验准则选取某些聚类参数，诸如希望的聚类数、最小标准差、初始聚类中心、聚类中心间的最小距离等，然后根据距离最近的原则对各样本依次进行训练调节，直至目标函数即各样本到相应聚类中心距离平方和收敛到最小为止。

动态聚类分析先粗糙地进行预分类，然后再逐步调整，直到满意为止，实际上是一个多次迭代的过程，相对于系统聚类方法它的计算工作量小、占用计算机内存少、方法简单，因而在样品数量很大时采用动态聚类分析是比较有利的。为了粗略地做初始分类，首先选一批有代表性的样品点当凝聚点，然后让样品按某种原则向凝聚点汇聚，从而得到初始分类。下一步的任务是判断初始分类是否合理，如果不合理，就修改分类，直到合理为止。

初始分类方法过程如下。

（1）凭经验选择凝聚点；

（2）将全部数据按要求分为 K 类；

（3）用密度法选择凝聚点；

（4）令距离 $d>0$，选样品均值作为第一凝聚点坐标，依次将样品输入，如样品与已知凝聚点距离大于 d，就认定新的凝聚点，否则取消。

一般初始分类不见得是合理的分类，因此需要一个进行修改和调整的原则，“K-means”[85]方法作为逐个修改法中最重要的一种方法，经过不断改进得到了较广泛的应用，其步骤如下。

（1）人为地定出分类数目 K，取前 K 个样品作为凝聚点；

（2）将剩下的 $n-K$ 个样品逐个地归入与其距离最近的凝聚点的那一类，随即计算该类重心，并用重心代替原凝聚点；

（3）将 n 个样品重新按步骤（2）逐个归类，如果 n 个样品此时所属的类与原来的归类完全一样，则过程停止，否则重复步骤（3）。

在采用动态聚类分析进行分类时，实质是根据样品间亲疏远近的程度进行分类。为了使分类合理，必须描述样品之间的亲疏程度。衡量这种亲疏程度的指标有两种，即距离和相似系数。距离是将每个样品看成是 n 个变量对应的 m 维空间中的一个点，然后在该空间中所定义的距离越近，则亲密程度越高。

常见的距离有以下三种：

欧氏距离

$$d_{ij}=\sqrt{\sum_{t=1}^{p}(x_{it}-x_{jt})^2},\quad i,j=1,2,\cdots,n \tag{4.8}$$

切比雪夫距离

$$d_{ij}(\infty)=\max|x_{ik}-x_{jk}|,\quad i,j=1,2,\cdots,n \tag{4.9}$$

闵可夫斯基距离

$$d_{ij}(q)=\left[\sum_{k=1}^{m}|x_{ik}-x_{jk}|^q\right]^{1/q},\quad i,j=1,2,\cdots,n \tag{4.10}$$

4.2.2 边坡危险性分区指标的选用

1. 分区指标

影响边坡变形的因素很多，如边坡的地形地貌、地质条件、地下水、大气降雨、地震、施工开挖、人类工程活动等。由于不同的边坡通常处于不同的地质条件，即使同一地区非常邻近的两个边坡，其赋存的地质条件也可能差别很大，所以，对边坡进行安全性评估，在选取其评价指标时，基本上无法量化边坡变形的影响因素，这些因子的影响程度通常都是模糊和难以确定的。

然而，现场的监测数据无疑是一切外在因素影响的综合体现，它们可以真实地反映边坡处于何种危险状态，因此，选用现场的监测数据作为评价指标是合理有效的。在监测数据中通常取外观点变形数据和深部位移监测数据（测斜孔数据），更为确切地表达外观点的变形速率、深部滑体滑动面的变形速率及深部位移面积变化率。在这里，提出深部位移面积变化率的概念，它是指在一段时间范围内测斜曲线与基准线所围的面积大小改变量，较之地表位移变化率，它能更为准确地反映滑体在深部的变形状态，如图 4.6 所示。

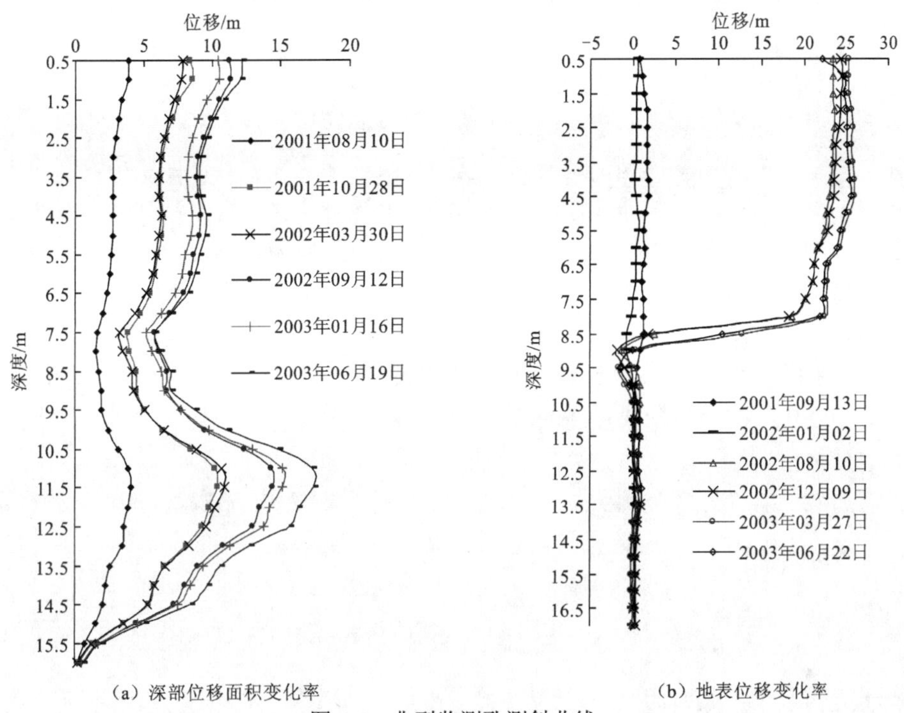

（a）深部位移面积变化率　　（b）地表位移变化率

图 4.6　典型监测孔测斜曲线

由于边坡岩土体的地质分层、不连续、各向异性等特征，边坡深部变形通常呈现出复杂的变形状态，地表变形和深部变形不一致是一种普遍的现象，对滑坡来讲，深部变形是危险性评估更为敏感的因素。为解决这一问题，采用深部位移面积变化率来作为危险性分区指标，同时也综合地表位移变化率的影响。

2. 分级指数

在分区指标确定以后，由于经过动态聚类分析得到的是样本数据的类，为具体地衡量边坡的危险程度，即对边坡的危险性进行分级，提出量化的分级指数（classification index，CI），其计算公式为

$$\mathrm{CI}=\sum_{i=1}^{n} m_i x_i \tag{4.11}$$

式中：x_i 为第 i 个聚类变量的聚类中心；m_i 为第 i 个聚类变量的权重系数。

因此，根据由动态聚类分析确定的聚类中心，分别计算每一类 CI，并按从小到大的顺序排列，即可相应地划定边坡危险性的级数。

4.2.3 基于动态聚类分析的进化支持向量机危险性分区方法

依上述，基于现场监测获得的地表和滑体深部位移数据，通过动态聚类分析方法，可以实现对边坡在某一特定时段的危险性分区。然而，根据已有的分区成果，推广预测未来某个时候可能发生的危险性，并了解单元区域的变形动态演化特征，为设计和施工的安全性评估提供科学的依据，毫无疑问这才是一项具有重要意义的研究任务。

1. SVM 建模

通过历史数据建模，实现对未来的预测这一热点问题已有众多的研究方法和模型，如传统的统计学模型、神经网络模型、遗传算法模型、灰色系统模型等，并取得较好的成果。但在某些特殊条件下，如高维、非线性、小样本等，上述方法存在着本身难以克服的困难，达不到很好的预测效果。而 SVM 作为一种结构风险最小化原理基础上的新算法，在处理诸如有限样本的情况下，有它特殊的优越性。并且由于它是一个凸二次优化算法，能够保证得到的极值解是全局最优解。

为此，设计利用进化支持向量机对历史的动态聚类分区进行学习，建立地表位移变化率、深部位移面积变化率和边坡危险度之间的非线性关系，实现对未来某一时间各测点的危险度评价的推广预测。

假设有边坡危险性分区实例(x_i,y_i) $(i=1,2,\cdots,k)$，$x_i\in \boldsymbol{R}^n$ 为边坡危险性的评价指标，$y_i\in \boldsymbol{R}$ 为边坡危险度。SVM 对边坡危险性分区建模，就是寻找 x_i、y_i 之间的关系，也就是寻求如下的表达式：

$$f(x)=\sum_{i=1}^{k}(\alpha_i-\alpha_i^*)K(x,x_i)+b \tag{4.12}$$

式中：x 为要预测的边坡危险度；x_i 为 k 个样本中第 i 个样本；$K(x,x_i)$为核函数。

根据 SVM 理论，式（4.12）中的α_i、α_i^*、b 可以通过求解一个二次规划问题获得。

2. 分区三维空间可视化

通过预测模型得到边坡各测点的危险度以后，利用空间曲面生成的插值算法，将同一危险级别的离散测点通过插值形成一个封闭的三维多边形区域，空间曲面的三维可视化在本书开发的集成系统的三维分析模块中实现，从而最终完成边坡危险性分区。在空间曲面插值算法中，通常有距离倒数插值、样条函数插值、趋势面分析法等，这些算法对影响插值效果的一些敏感性问题没有很好地解决，插值方法的权重对结果影响很大。可以采用空间自协方差最佳插值方法即克里金插值方法，它是一个精确的插值模型，在插值过程中根据某种优化准则函数动态地决定变量的数值，内插值或最佳局部均值与数据点上的值一致。

3. 危险性分区算法综合

危险性分区的基本算法描述如下。

（1）获取现场监测数据，分离边坡危险性分区指标（地表位移速率、深部位移面积变化率）；

（2）根据工程要求确定分类数 K；

（3）采用“K-means”方法对测点进行历史动态聚类分析，得到学习样本；

（4）利用进化支持向量机建立危险性分区的推广预测模型，获得各测点未来时段的危险度分类，计算分级指数 CI；

算法流程如图 4.7 所示。

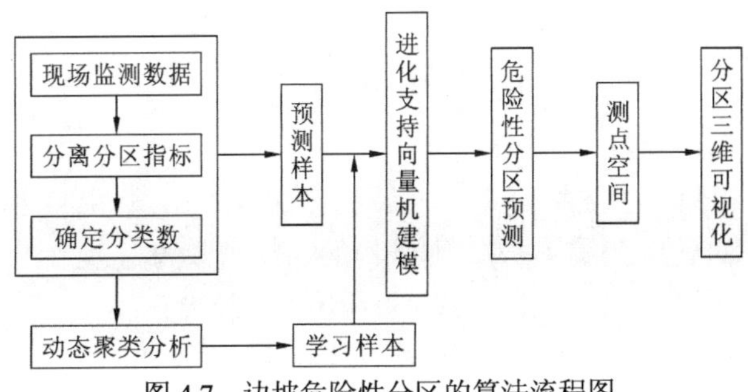

图 4.7　边坡危险性分区的算法流程图

（5）提取相同危险级别的测点，在三维分析模块中利用克里金插值算法生成测点的危险性分区空间曲面，进行三维可视化表达。

4.3　基于 SVM 的边坡工程可靠性分析与岩体力学参数的不确定分析

4.3.1　可靠性理论与 SVM

1. 可靠性的基本概念

传统的确定性稳定分析、设计和控制方法没有考虑工程结构中广泛存在的不确定性，使得以不确定性为主要研究内容的可靠性理论得到工程结构研究者的广泛关注。结构可靠性是指结构在规定的时间内，在规定的条件下，完成预定功能的能力。结构的可靠性包括安全性、适用性和耐久性。可见可靠性比安全性的含义更为广泛，但安全性是可靠性中最重要的内容。结构的可靠性是用可靠指标、失效概率和可靠度来度量的，可靠度定义为结构在规定的时间内、在规定的条件下完成预定功能的概率。

按照结构可靠度的定义和概率统计的基本原理，视影响结构的变量为随机变量，并组成随机向量 $\boldsymbol{X}=(X_1,X_2,\cdots,X_n)$，相应的联合概率密度函数为 $f(x)$，由此随机向量表示的函数模型为

$$Z=g(\boldsymbol{X})=g(X_1,X_2,X_3,\cdots,X_k) \tag{4.13}$$

式中：$g(\boldsymbol{X})$反映工程的状态或性能，可称为状态函数或功能函数。工程结构的状态是以安全极限状态作为衡量它是否破坏的评判准则，于是由式（4.13）可得极限状态方程

$$Z=g(X_1,X_2,X_3,\cdots,X_k)=0 \tag{4.14}$$

工程结构有以下工作状态

$$\begin{cases} Z=g(\boldsymbol{X})>0, & \text{安全状态} \\ Z=g(\boldsymbol{X})=0, & \text{极限状态} \\ Z=g(\boldsymbol{X})<0, & \text{破坏状态} \end{cases}$$

工程结构可靠性的度量参数一般有三种：失效概率 P_{f}、可靠度 P_{s} 和可靠指标 β。

结构的失效概率表示为

$$P_{\mathrm{f}}=P(Z<0)=\int_F f(x)\mathrm{d}x \tag{4.15}$$

式中：$F=\{x|g(x)<0\}$ 表示结构的失效域。

若结构有两个互相独立的随机变量抗力 R 和荷载效应 S，其相应的概率密度函数为 $f_R(r)$ 和 $f_S(s)$，概率分布函数为 $F_R(r)$ 和 $F_S(s)$，则结构的功能函数为

$$Z=g(R,S)=R-S \tag{4.16}$$

当 $R>S$ 时，结构处于可靠状态；当 $R=S$ 时，结构处于极限状态；当 $R<S$ 时，结构处于失效状态。结构状态如图 4.8 所示，$R=S$ 表示极限状态，$R>S$ 表示构件可靠的区域，称为可靠域，$R<S$ 表示构件失效的区域，称为失效域。

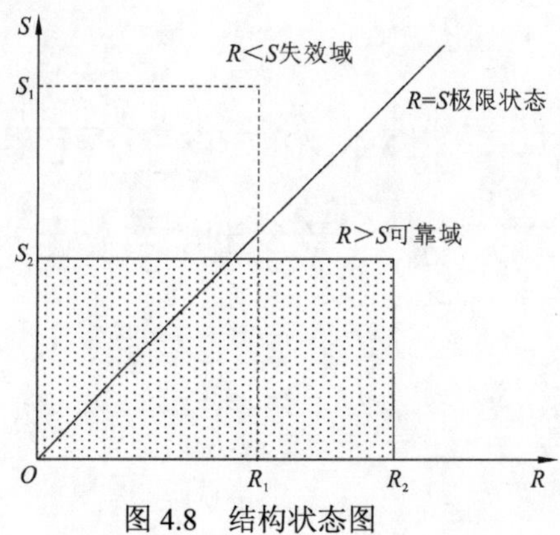

图 4.8　结构状态图

结构的失效概率为

$$P_{\mathrm{f}}=P(Z<0)=\int_{-\infty}^{+\infty}\left[\int_{-\infty}^{S} f_R(r)\mathrm{d}r\right]f_S(s)\mathrm{d}S=\int_{-\infty}^{+\infty}F_R(r)f_S(s)\mathrm{d}S \tag{4.17}$$

或

$$\begin{aligned} P_{\mathrm{f}}=P(Z<0)&=\int_{-\infty}^{+\infty}\left[\int_{r}^{+\infty} f_S(s)\mathrm{d}S\right]f_R(r)\mathrm{d}r=\int_{-\infty}^{+\infty}\left[1-\int_{r-\infty}^{r} f_S(s)\mathrm{d}S\right]f_R(r)\mathrm{d}r \\ &=\int_{-\infty}^{+\infty}[1-F_S(s)]f_R(r)\mathrm{d}r \end{aligned} \tag{4.18}$$

理论上，根据式（4.17）或式（4.18）完全可以求出失效概率 P_{f} 和可靠度 P_{s}。

$$P_{\mathrm{f}}+P_{\mathrm{s}}=1 \tag{4.19}$$

在标准正态空间，失效概率 P_{f} 和可靠指标 β 存在数值上的对应关系：

$$\beta=\frac{\mu_{\mathrm{z}}}{\sigma_{\mathrm{z}}} \tag{4.20}$$

$$P_{\mathrm{f}}=1-\varphi(\beta)=\varphi(-\beta) \tag{4.21}$$

式中：φ 为标准正态分布函数；μ_{z}、σ_{z} 分别为正态分布函数的均值和方差。

式（4.17）和式（4.18）是求结构失效概率的精确表达式，无论功能函数是线性的还是非线性的，基本变量是相关的还是不相关的，均可通过式（4.1.7）、式（4.18）求得结构失效概率 P_{f} 或可靠度 P_{s}。这必须要求功能函数中的随机变量为独立变量，且在关于各随机变量的概率分布密度函数可以获得的前提下，用精确表达式计算结构可靠性才是可能的。但在实际工程中，这些要求常常难以满足。现实的选择是利用随机变量的数字特征来近似计算结构失效概率。其中，利用随机变量的一阶、二阶矩计算结构失效概率的方法称为二阶矩法；而利用高阶矩通过近似计算功能函数概率密度函数 $f(X)$ 来计算结构失效概率的方法称为高阶矩法。在二阶矩法中，将非线性功能函数经泰勒级数展开近似为线性功能函数的算法称为一次二阶矩法（first-order second-moment method，FOSM），包括中心点法和验算点法，最为常用。因这些方法计算可靠指标只需要随机变量的一阶矩和二阶矩，而且只需要考虑功能函数泰勒级数展开式的一次项。

2. 可靠性分析方法

1）一阶二次矩方法

在边坡可靠性分析的一阶二次矩法中，极限状态方程可以表示为如下形式：

$$Z = g(X_1, X_2, X_3, \cdots, X_k) = F(X_1, X_2, X_3, \cdots, X_k) - 1 \tag{4.22}$$

式中：$X_i(i=1,2,\cdots,k)$为影响边坡稳定性的随机变量；$g(X_1, X_2, X_3, \cdots, X_k)$为极限状态函数，若 $Z>0$ 表示边坡是稳定的，若 $Z<0$ 表示边坡不稳定，若 $Z=0$ 表示边坡处于临界状态；$F(X_1, X_2, X_3, \cdots, X_k)$为边坡的安全系数函数。

根据一阶二次矩法可得到极限状态函数的均值 μ_{z} 和方差 σ_{z}^2 为

$$\mu_{\mathrm{z}} = g(\mu_{X_1}, \mu_{X_2}, \mu_{X_3}, \cdots, \mu_{X_k}) \tag{4.23}$$

$$\sigma_{\mathrm{z}}^2 = \sum_{i=1}^{k}\sum_{j=1}^{k}\frac{\partial g}{\partial X_i}\frac{\partial g}{\partial X_j}\mathrm{cov}(X_i, X_j) \tag{4.24}$$

式中：$\mathrm{cov}(X_i, X_j)$为 X_i、X_j 的协方差，若 X_i、X_j 是非相关的，则

$$\sigma_{\mathrm{z}}^2 = \sum_{i=1}^{k}\left(\frac{\partial g}{\partial X_i}\right)^2 \mathrm{Var}(X_i) \tag{4.25}$$

式中：$\mathrm{Var}(X_i)$为 X_i 的方差，由式（4.23）可得

$$\mu_{\mathrm{z}} = \mu_F - 1 \tag{4.26}$$

$$\sigma_{\mathrm{z}} = \sigma_F \tag{4.27}$$

式中：μ_F、σ_F 分别为安全系数 F 的均值和方差。

因此可得边坡的可靠指标 β 为

$$\beta = \frac{\mu_{\mathrm{z}}}{\sigma_{\mathrm{z}}} = \frac{\mu_F - 1}{\sigma_F} \tag{4.28}$$

为了计算边坡的可靠指标，须获得安全系数的均值 μ_F 和方差 σ_F。由式（4.25）～式（4.27）可知，须知道安全系数 F 与随机向量 $(X_1, X_2, X_3, \cdots, X_k)$ 之间的函数关系 $F(X_1, X_2, X_3, \cdots, X_k)$ 及对各随机向量的偏导数；但是对于大多数边坡稳定性分析方法[如毕肖普（Bishop）法，斯宾塞（Spencer）法等]，$F(X_1, X_2, X_3, \cdots, X_k)$ 是无法显式表达的，这样就给偏导数的计算带来了困难。为了解决 $F(X_1, X_2, X_3, \cdots, X_k)$ 的问题，提出采用 SVM 方

法来建立 $F(X_1,X_2,X_3,\cdots,X_k)$，这样 $F(X_1,X_2,X_3,\cdots,X_k)$ 将采用显式形式表达，对于偏导数的计算比较方便。

2）蒙特卡罗方法

蒙特卡罗法又称统计试验法或随机抽样法。它适用于随机变量的概率密度分布形式已知或符合假定的情况，在目前的可靠度计算中，是一种相对精确的方法。在边坡工程可靠性分析中，可建立如式（4.22）的功能函数。随机从变量 $(X_1,X_2,X_3,\cdots,X_k)$ 中抽取一组变量，计算出对应的功能函数值 Z，重复 n 次，即可获得 z_1，z_2，z_3，…，z_n n 个功能函数值，当 n 足够大时，便可由 z_1，z_2，z_3，…，z_n n 个值计算出其均值和方差：

$$\mu_z = \frac{1}{n}\sum_{i=1}^{n} z_i \tag{4.29}$$

$$\sigma_z = \frac{1}{n-1}\sum_{i=1}^{n}(z_i - \mu_z)^2 \tag{4.30}$$

根据可靠度理论可获得可靠度指标的计算公式同式（4.20）。

采用 SVM 方法，功能函数 Z 可以用 SVM 表达，这样 n 次的数值计算可以通过 SVM 获得 z_1，z_2，z_3，…，z_n n 个功能函数值，也就是式（4.29）、式（4.30）中的 z_i 可以通过 SVM 获得，这将显著提高可靠性分析的效率。

3. 位移反分析

位移反分析是根据岩土工程开挖或其他原因引起的岩、土体位移的实测值，确定工程设计所需要的计算参数的一种分析方法，如图 4.9 所示。反分析是相对于通常使用的从已知计算参数出发，分析未知的岩土工程位移的分析而言的。

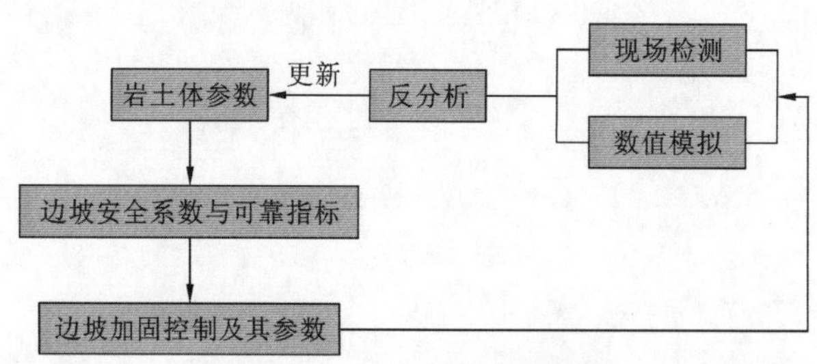

图 4.9　位移反分析示意图

对于岩土工程设计来说，关键问题之一就是如何预先确定计算参数，包括有关岩、土体力学性质的力学参数和对工程岩、土体稳定性影响较大的地应力分量等。而这些参数通常是通过某些常规的现场试验（如量测岩体弹性模量的压板试验和量测地应力的应力解除技术）确定的。但由于地质条件和地形等多变，需要大量地进行各种试验，且完成这些现场试验又需要较长时间、较多劳力和大量经费，以至于一般工程难以实现。

弹性、均质岩体的位移反分析法发展得最快。这种方法分为三个步骤：首先，根据选定的位置和其他条件布置位移测量仪器，测定开挖后的位移；再在弹性和均质假定的条件下，借助于有限单元法或其他方法，计算有关位移；然后，通过实测位移同相应的计算位移的对比，对预先选定的计算参数进行分析。具体的分析方法，有力法反分析、优选法反分析、回归法反分析和图解法反分析等。值得一提的是数值法图谱-位移反分析系列方法，这种方法是通过对问题的标准化，引用图谱概念而形成的。这种系列方法可以节省大量分析时间和经费。当利用掌子面做空间问题位移反分析时，其优点更加显著。

弹塑性问题位移反分析、黏弹性问题位移反分析及其在理论和实际应用等方面，正在探索。位移反分析法比常规现场试验简便和经济，是一种很有发展前景的方法。

4. SVM

1）基本思想

SVM 是统计学习理论中最“年轻”的内容，也是最实用的部分，其核心内容是 1992～1995 年提出的，目前仍处在不断发展阶段。SVM 是从线性可分情况下的最优分类面发展而来的，基本思想可用图 4.10 的两维情况说明。图 4.10 中，实心点和空心点代表两类样本，H 为分类线，H_1、H_2 分别为过各类中离分类线最近的样本且平行于分类线的直线，它们之间的距离称为分类间隔（margin）。所谓最优分类线就是要求分类线不但能将两类正确分开（训练错误率为 0），而且使分类间隔最大。分类线方程为 $x \cdot w + b = 0$ 。可以对它进行归一化，使得对线性可分的样本集 $(x_i, y_i), i = 1, 2, \cdots, n, x \in \boldsymbol{R}^d, y \in \{+1, -1\}$ ，满足

$$y_i[(w \cdot x_i) + b] - 1 \geqslant 0, \quad i = 1, 2, \cdots, n \tag{4.31}$$

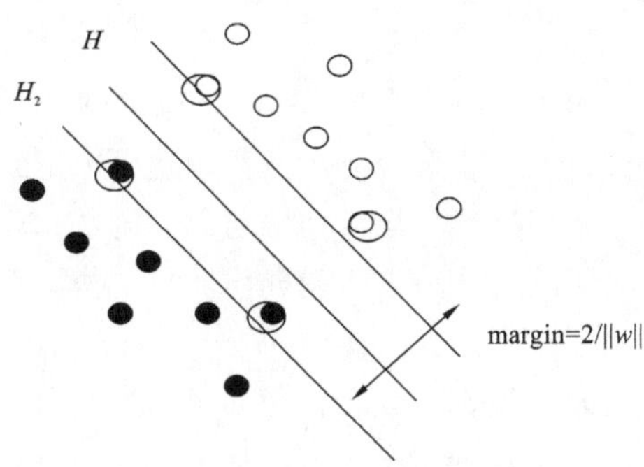

图 4.10　线性可分情况下的最优分类线

此时分类间隔等于 $2/\|w\|$ ，使间隔最大等价于使 $\|w\|^2$ 最小，满足式（4.31）且使 $\|w\|^2/2$ 最小的分类面称为最优分类面，H_1、H_2 上的训练样本点就称作支持向量。

使分类间隔最大实际上就是对推广能力的控制，这是 SVM 方法的核心思想之一，统计学理论指出，在 N 维空间中，设样本分布在一个半径为 R 的超球范围内，则满足条件 $\|w\| \leqslant A$ 的正则超平面构成的指示函数集 $f(x, w, b) = \mathrm{sgn}\{(w \cdot x) + b\}$ 的 VC 维（Vapnik-Chervonenkis dimension）满足下面的界

$$h \leqslant \min([R^2 A^2], N) + 1 \tag{4.32}$$

因此使 $\|w\|^2$ 最小就是使 VC 维的上界最小，从而实现结构风险最小化准则中对函数复杂性的选择。

利用拉格朗日优化方法可以把上述最优分类面问题转化为其对偶问题，即在约束条件

$$\sum_{i=1}^{n} y_i \alpha_i = 0 \tag{4.33}$$

$$\alpha_i \geqslant 0,\ \ i=1,2,\cdots,n \tag{4.34}$$

对 α_i 求解下列函数的最大值

$$Q(\alpha)=\sum_{i=1}^{n}\alpha_i-\frac{1}{2}\sum_{i,i=1}^{n}\alpha_i\alpha_j y_i y_j(x_i\cdot x_j) \tag{4.35}$$

式中：α_i 为与每个样本对应的拉格朗日乘子，这是一个不等式约束下二次函数寻优的问题，存在唯一解。容易证明，解中将只有一部分（通常是少部分）α_i 不为零，对应的样本就是支持向量，解得上述问题后得到的最优分类函数就为

$$f(x)=\mathrm{sgn}\{(w\cdot x)-b\}=\mathrm{sgn}\left[\sum_{i=1}^{n}\alpha_i^* y_i(x_i\cdot x)-b^*\right] \tag{4.36}$$

式中的求和实际上只对支持向量进行，b^*为分类阈值，可以用任一个支持向量[满足式（4.31）中的等号]求得，或通过两类中任意一对支持向量取中值求得。

在线性不可分的情况下，可以在式（4.32）中增加松弛因子 $\xi_i \geqslant 0$，成为

$$y_i[(w\cdot x_i)+b]-1+\xi_i \geqslant 0,\ \ i=1,2,\cdots,n \tag{4.37}$$

将目标改为求 $(w,\xi)=\frac{1}{2}\|w\|^2+C\sum_{i=1}^{n}\xi_i$ 最小值，即折中考虑最少错分样本和最大分类间隔，就得到广义最优分类面，其中，$C>0$ 是一个常数，它控制对错分样本惩罚的程度。广义最优分类面的对偶问题与线性可分情况下几乎完全相同，只是式（4.34）变为

$$0 \leqslant \alpha_i \leqslant C,\ \ i=1,2,\cdots,n \tag{4.38}$$

对于 N 维空间中的线性函数，其 VC 维为 $N+1$，但根据前文的结论，在$\|w\| \leqslant A$ 的约束下其 VC 维可能大大减小，即使在十分高维的空间中也可以得到较小 VC 维的函数集，以保证有较好的推广性。同时，通过把原问题转化为对偶问题，计算的复杂度不再取决于空间维数，而是取决于样本数，尤其是样本中的支持向量数，这些特点使有效地解决高维问题成为可能。

对非线性问题，可以通过非线性变换转化为某个高维空间中的线性问题，在变换空间求最优分类面（图 4.11）。这种变换可能比较复杂，因此这种思路在一般情况下不易实现。注意到，在上面的对偶问题中，不论是寻优函数还是分类函数都只涉及训练样本之间的内积运算(x_i,x_j)。这样，在高维空间实际上只需进行内积运算，而这种内积运算是可以用原空间中的函数实现的，没有必要知道变换的形式。根据泛函的有关理论，只要一种核函数 $K(x_i,x_j)$满足 Mercer 条件，它就对应某一变换空间中的内积。

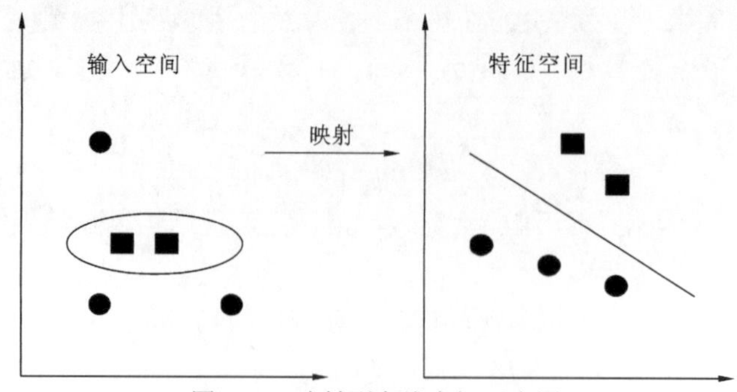

图 4.11　映射到高维空间示意图

因此，在最优分类面中采用适当的内积函数 $K(x_i,x_j)$就可以实现某一非线性变换后的线性分类，而计算复杂度却没有增加，此时目标函数式（4.35）变为

$$Q(\alpha)=\sum_{i=1}^{n}\alpha_i-\frac{1}{2}\sum_{i,j=1}^{n}\alpha_i\alpha_j y_i y_j K(x_i,x_j) \tag{4.39}$$

而相应的分类函数也变为

$$f(x)=\mathrm{sgn}\left[\sum_{i=1}^{n}\alpha_i^* y_i K(x_i,x_j)+b^*\right] \tag{4.40}$$

这就是 SVM。

概括地说，SVM 就是首先通过用内积函数定义的非线性变换将输入空间变换到一个高维空间，在这个空间中求（广义）最优分类面。SVM 分类函数形式上类似于一个神经网络，输出是中间节点的线性组合，每个中间节点对应一个支持向量，如图 4.12 所示。

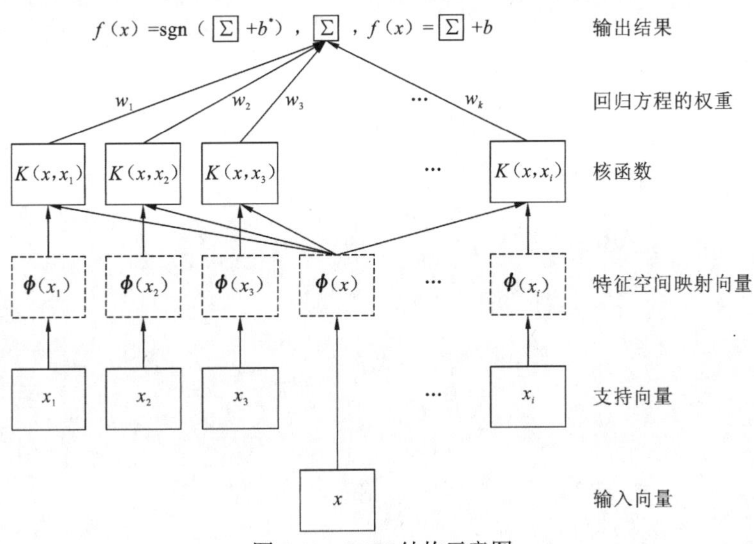

图 4.12 SVM 结构示意图

2）核函数

SVM 中不同的内积核函数将形成不同的算法，目前研究最多的核函数主要有两类。

一是多项式核函数

$$K(x,x_i)=[(x\cdot x_i)+1]^q \tag{4.41}$$

所得到的是 q 阶多项式分类器。

二是 RBF

$$K(x,x_i)=\exp\left\{-\frac{|x-x_i|^2}{\sigma^2}\right\} \tag{4.42}$$

所得分类器与传统 RBF 方法的重要区别是，这里每个基函数中心对应一个支持向量，它们及输出权重都是由算法自动确定，也可以采用 Sigmoid 函数作为内积，即

$$K(x,x_i)=\tanh[v(x,x_i)+c] \tag{4.43}$$

这时 SVM 实现的就是包含一个隐含层的多层感知器，隐含层节点数是由算法自动确定

的，而且算法不存在困扰神经网络方法的局部极小点问题。

3）用于函数拟合的 SVM

SVM 方法也可以很好地应用于函数拟合问题，其思路与在模式识别中十分相似。首先考虑用线性回归函数 $f(x)=w\cdot x+b$ 拟合数据 $\{x_i, y_i\}\ (i=1,2,\cdots,n, x_i\in \boldsymbol{R}^d, y_i\in \boldsymbol{R})$ 的问题，并假设所有训练数据都可以在精度 ε 下无误差地用线性函数拟合，即

$$\begin{cases} y_i - w\cdot x_i - b \leqslant \varepsilon, \\ w\cdot x_i + b - y_i \leqslant \varepsilon, \end{cases} \quad i=1,2,\cdots,n \tag{4.44}$$

与最优分类面中最大化分类间隔相似，这里控制函数复杂性的方法是使回归函数最平坦，它等价于最小化 $\frac{1}{2}\|w\|^2$。考虑到允许拟合误差的情况，引入松弛因子 $\xi_i\geqslant 0$ 和 $\xi_i^*\geqslant 0$，则式（4.44）变成

$$\begin{cases} y_i - w\cdot x_i - b \leqslant \varepsilon + \xi_i, \\ w\cdot x_i + b - y_i \leqslant \varepsilon + \xi_i^*, \end{cases} \quad i=1,2,\cdots,n \tag{4.45}$$

优化目标变成最小化 $\frac{1}{2}\|w\|^2 + C\sum_{i=1}^{n}(\xi_i+\xi_i^*)$，常数 $C>0$ 控制对超出误差 ε 的样本的惩罚程度，采用同样的优化方法可以得到其对偶问题

$$\sum_{i=1}^{n}(\alpha_i-\alpha_i^*)=0,\quad 0\leqslant \alpha_i,\ \alpha_i^*\leqslant C,\ i=1,2,\cdots,n \tag{4.46}$$

对拉格朗日乘子 α_i、α_i^* 最大化目标函数

$$W(\alpha,\alpha^*) = -\varepsilon\sum_{i=1}^{n}(\alpha_i^*+\alpha_i) + \sum_{i=1}^{n}y_i(\alpha_i^*-\alpha_i) - \frac{1}{2}\sum_{i,j=1}^{n}(\alpha_i^*-\alpha_i)(\alpha_j^*-\alpha_j)(x_i\cdot x_j) \tag{4.47}$$

得回归函数为

$$f(x)=(w\cdot x)+b=\sum_{i=1}^{n}(\alpha_i^*-\alpha_i)(x_i\cdot x)+b^* \tag{4.48}$$

与模式识别中的 SVM 方法一样，这里 α_i、α_i^* 也将只有小部分不为 0，它们对应的样本就是支持向量，一般是在函数变化比较剧烈的位置上的样本，而且这里也是只涉及内积运算，只要用核函数 $K(x_i,x_j)$ 替代式（4.47）、式（4.48）中的内积运算就可以实现非线性函数拟合。

4）SVM 的学习算法

由于 SVM 算法较好的理论基础和它在一些领域应用中表现出来的优秀的推广性能，近年来，许多关于 SVM 算法的研究，包括算法本身的改进和算法的实际应用，都陆续提了出来。尽管 SVM 算法的性能在许多实际问题的应用中得到了验证，但是该算法在计算上存在着一些问题，包括训练算法速度慢、算法复杂而难以实现及检测阶段运算量大等。传统的利用标准二次型优化技术解决对偶问题的方法可能是训练算法慢的主要原因。首先，SVM 算法需要计算和存储核函数矩阵，当样本点数目较大时，需要很大的内存；其次，SVM 算法在二次型寻优过程中要进行大量的矩阵运算，多数情况下，寻优算法是占用算法时间的主要部分。SVM 算法的训练运算速度是限制它的应用的主要方面，近年来人们针对方法本身的特点提出了许多算法来解决对偶寻优问题。大多数算法的一个共同的思想就是循环迭代：将原问题分解成为若干子问题，按照某种迭代策略，通过反复求解子问题，最终使结果收敛到原问题的

最优解。根据子问题的划分和迭代策略的不同，又可以大致分为两类，一类是块（chunking）算法，另一类是固定样本数方法。固定工作样本集的方法和块算法的主要区别在于：块算法的目标函数中仅包含当前工作样本集中的样本，而固定工作样本集方法虽然优化变量仅包含工作样本，其目标函数却包含整个训练样本集。而且固定工作样本集方法还涉及一个确定换出样本的问题。

为了能在实际问题中应用 SVM 算法，需要有更有效的学习算法，近年来许多研究者（其中 AT&T、微软等公司）在这方面做了大量的工作，使 SVM 成为一项能在实际问题中应用的技术。

（1）chunking 算法。

Vapnik[86]首先提出了一种解决 SVM 训练存储空间问题的方法，称为 chunking 算法。对于 SVM 的二次优化问题，如果去掉与零拉格朗日乘子对应的行与列，其值不变。因此可将求解 SVM 的二次规划问题分解为一系列较小的二次规划问题，求解这些较小的二次规划问题的最终目标是确定所有的非零拉格朗日乘子，并去除所有的零拉格朗日乘子。chunking 算法的主要步骤如下。

步骤 1：取训练样本集合的任意一个子集作为工作集 $\boldsymbol{B}$；

步骤 2：用二次规划方法对 $\boldsymbol{B}$ 求解最优化问题，得到支持向量并构成一个分类器；

步骤 3：用该分类器测试集合 $\boldsymbol{N}$ 中的样本，将其中不满足最优化条件者按其偏离最优的程度顺序排列为候补工作集 $\boldsymbol{C}$，若 $\boldsymbol{C}$ 中所有样本均满足最优化条件或 $\boldsymbol{C}$ 为空集则结束程序，否则继续；

步骤 4：剔除 $\boldsymbol{B}$ 中的非支持向量样本，添加 $\boldsymbol{C}$ 中排列在前面的若干个样本构成新的工作集 $\boldsymbol{B}$，返回步骤 2。

在 chunking 算法中，矩阵大小由 l^2 降低为 s^2（s 为支持向量的数目），从而大大降低了对内存的需求，在支持向量很少时能获得很好的结果。但是若所求解的问题中大部分拉格朗日乘子不为零，则对存储空间的需求仍会很大，难以求解。

（2）分解算法。

Osuna 等[87]提出的分解算法也是将求解 SVM 的二次规划问题分解为一系列较小的二次规划问题，但是其工作集的大小保持不变，对内存的需求从与 s 呈平方关系变为线性关系，因而能克服 Chunking 算法存在的问题，可以轻松地处理样本点多达 11 万个、支持向量超过 10 万个的问题。分解算法的主要步骤如下。

步骤 1：从训练样本集中取出 q 个样本构成工作集 $\boldsymbol{B}$，将其余 $1-q$ 个样本组成集合记为 $\boldsymbol{N}$；

步骤 2：用二次规划方法对 $\boldsymbol{B}$ 求解最优化问题，得到支持向量并构成一个分类器；

步骤 3：用该分类器测试集合 $\boldsymbol{N}$ 中的样本，若 $\boldsymbol{N}$ 中所有样本均满足最优化条件或 $\boldsymbol{N}$ 为空集则结束程序，否则继续；

步骤 4：将 $\boldsymbol{N}$ 中至少一个不满足最优化条件的样本放入 $\boldsymbol{B}$，同时从 $\boldsymbol{B}$ 中取出同样数目的样本，返回步骤 2。

分解算法的缺点是运算速度较慢。

（3）SMO 算法。

在上述两种算法中都包含对分解后的子系统求解二次规划问题的内循环，虽然所求解的是比原问题规模较小的二次规划问题，但一般仍必须用数值法求解，这往往会在计算精度和计算复杂性方面带来一些问题。Platt[88]提出的序列最小优化（sequential minimal optimization，SMO）算法也是一种分解算法，但是其工作空间只包含两个样本，即在每一步迭代中都只对两个拉格朗日乘子进行优化，由于对拉格朗日乘子的线性等式约束，这是可能达到的最小优化问题，可以求出二次规划问题的解析解。因此 SMO 算法中只需一段简单的程序代码就可以解决二次规划问题，而不必在每一步迭代中都调用一次数值求解二次规划问题的复杂函数。这样，尽管在 SMO 算法中二次规划子问题增多了，但是总的计算速度反而大大提高。此外，这种算法完全不需要处理大矩阵，因而对存储空间没有额外的要求，很大的 SVM 训练问题也能用个人计算机进行运算。由于这些优点，SMO 算法是目前在实际问题中应用最为广泛的一种方法。本节的 SVM 算法就采用 SMO 算法。

（4）最近点快速迭代算法。

上述各种算法均是针对 SVM 的对偶问题而提出的数值求解方法。Keerthi 等[89]回到 SVM 原始的优化问题，并将其转化为一个等价的求两个凸壳之间的最近点的问题，然后综合两种已有的求最近点算法，经过改进得到最近点算法（nearest point algorithm，NPA）。经过一些标准数据库的测试，NPA 的性能与 SMO 算法相近，但它适用于模式识别中的两类划分问题。

SVM 的训练方法对 SVM 的推广应用具有很大的影响，上述三种 SVM 训练方法比较如图 4.13 所示。除上面介绍的方法外，还有很多的方法，如：内点算法、近邻算法、最小二乘法 SVM（least square support vector machine，LS-SVM）、几何方法及代价敏感的 SVM（cost-sensitive support vector machines，CSVM）。

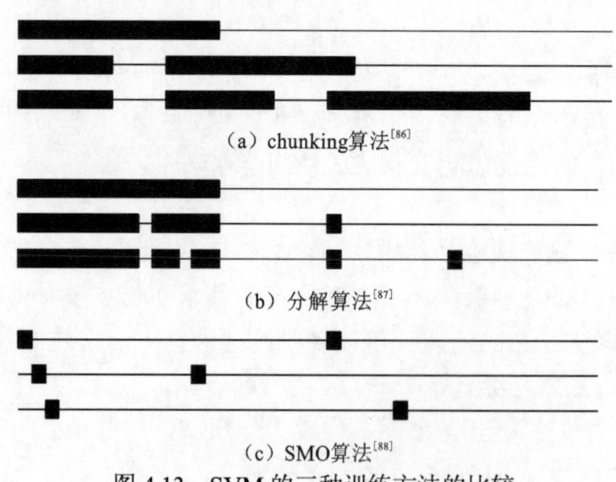

（a）chunking算法[86]

（b）分解算法[87]

（c）SMO算法[88]

图 4.13 SVM 的三种训练方法的比较

（5）SVM 学习算法的步骤。

SVM 应用的重要方面是其算法的具体实施与应用，下面给出其算法的具体步骤。

步骤 1：获取学习样本 (x_i, y_i), $i=1,2,\cdots,n$；

步骤 2：选择进行非线性变换的核函数及对错分（误差）进行惩罚的惩罚因子 C；

步骤 3：形成二次优化问题；

步骤 4：用优化方法（如 Chunking 算法、内点算法、SMO 算法）求解获得的优化问题，本次采用的优化方法为 SMO 算法；

步骤 5：获得（α、α^*）及 b 的值，获得分类或函数拟合的 SVM；

步骤 6：需预测或分类的数据代入 SVM 模型中获得结果。

5）SMO 算法

SMO 算法是一种简单的算法，它能快速地求解 SVM 的二次规划问题。按照 Osuna 等[87]的理论，在保证收敛的情况下，把 SVM 的二次规划问题分解成一系列子问题来解决。和其他的算法相比，SMO 算法在每一步选择一个最小的优化问题来解。对标准的 SVM 优化问题来说，最小的优化问题就是只有两个拉格朗日乘子的优化问题。在每一步，SMO 算法选择两个拉格朗日乘子进行优化，然后再更新拉格朗日乘子以反映新的优化值。

SMO 算法的优点在于，优化问题只有两个拉格朗日乘子，它用解析的方法即可解出，从而完全避免了复杂的数值解法。另外，它根本不需要巨大的矩阵存储，这样，即使是很大的 SVM 学习问题，也可在 PC 上实现。

SMO 算法包括两个步骤：一是求两个拉格朗日乘子优化问题的解，二是选择待优化的拉格朗日乘子的策略。

（1）求两个拉格朗日乘子优化问题的解。

为了求解只有两个乘子的优化问题，SMO 算法首先计算它的约束，然后再解带有约束的最小化问题。为了方便，下标 1 表示第一个乘子，下标 2 表示第二个乘子。因为只有两个乘子，在二维情况下的约束很容易表示出来。图 4.14 中边界约束使得乘子在方框内，而线性等式约束使得乘子在对角线上。

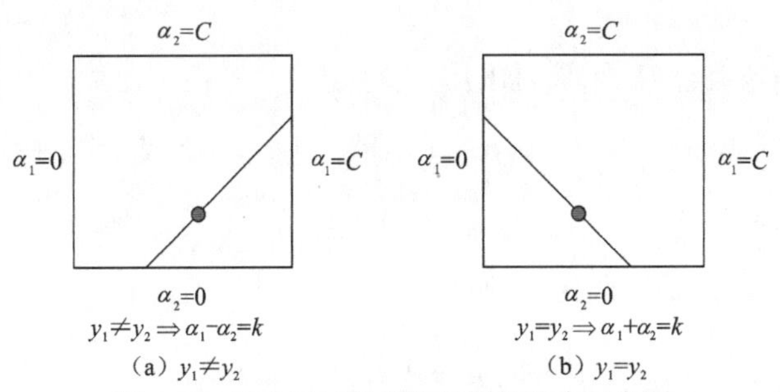

图 4.14 两个乘子的优化问题的约束示意图

SVM 中的二次优化问题，考虑只有两个乘子的情况，即(i,j)。定义辅助变量 $s=y_iy_j$，对于模式识别问题来说 $y_i\in\{1,-1\}$。对于函数拟合问题，必须区分 4 种不同的情况：(α_i,α_j)，(α_i,α_j^*)，(α_i^*,α_j)，(α_i^*,α_j^*)。(α_i,α_j) 和 (α_i^*,α_j^*) 两种情况下，令 $s=1$，另外两种情况下，令 $s=-1$。这样，对于模式识别问题，可以得到如下的约束 γ：

$$s\alpha_i+\alpha_j=s\alpha_i^{\text{old}}+\alpha_j^{\text{old}}=\gamma \tag{4.49}$$

对于函数拟合问题，约束为

$$(\alpha_i-\alpha_i^*)+(\alpha_j-\alpha_j^*)=(\alpha_i^{\text{old}}-\alpha_i^{*\text{old}})+(\alpha_j^{\text{old}}-\alpha_j^{*\text{old}})=\gamma \tag{4.50}$$

利用 $\alpha_j^{(*)}\in[0,C_j^*]$（$C_j^*$ 为常数），可以得到 $\alpha_i^{(*)}\in[L,H]$，其中，L、H 由表 4.6 和表 4.7 定义。

表 4.6　模式识别下的可行解边界

参数	$y_i=y_j$	$y_i \neq y_j$
α_i	$L=\max(0,\gamma-C_j),\quad H=\min(C_i,\gamma)$	$L=\max(0,\gamma),\quad H=\min(C_i,\gamma+C_j)$

表 4.7　函数拟合下的可行解边界

参数	α_j	α_j^*
α_i	$L=\max(0,\gamma-C_j),\quad H=\min(C_i,\gamma)$	$L=\max(0,\gamma),\quad H=\min(C_i,\gamma+C_j^*)$
α_i^*	$L=\max(0,\gamma),\quad H=\min(C_i^*,-\gamma+C_j)$	$L=\max(0,-\gamma-C_j^*),\quad H=\min(C_i^*,-\gamma)$

接下来，可以用分析的方法解只有两个样本的优化问题，对函数拟合的 SVM 其实有 4 个变量(α_i，α_j，α_i^*，α_j^*)。定义：

$$v_i=y_i-\sum_{\alpha\neq i,j}(\alpha_a-\alpha_a^*)K_{ia}+b=\varphi_i+(\alpha_i^{\text{old}}-\alpha_i^{*\text{old}})K_{ii}+(\alpha_j^{\text{old}}-\alpha_j^{*\text{old}})K_{ij} \tag{4.51}$$

所以$v_i-v_j-\gamma(K_{ij}-K_{jj})=\varphi_i-\varphi_j+(\alpha_i^{\text{old}}-\alpha_i^{*\text{old}})(K_{ii}+K_{jj}-2K_{ij})$。

因此只有两个样本(i,j)可优化问题可表示为下面的形式：

$$\begin{cases}\max\left[-\dfrac{1}{2}\begin{pmatrix}\alpha_i-\alpha_i^*\\ \alpha_j-\alpha_j^*\end{pmatrix}^{\mathrm{T}}\begin{pmatrix}K_{ii} & K_{ij}\\ K_{ji} & K_{jj}\end{pmatrix}\begin{pmatrix}\alpha_i-\alpha_i^*\\ \alpha_j-\alpha_j^*\end{pmatrix}+v_i(\alpha_i-\alpha_i^*)+v_j(\alpha_j-\alpha_j^*)-\varepsilon(\alpha_i+\alpha_i^*+\alpha_j+\alpha_j^*)\right]\\ \text{s.t.}\begin{cases}(\alpha_i-\alpha_i^*)+(\alpha_j-\alpha_j^*)=\gamma\\ \alpha_i,\alpha_i^*,\alpha_j,\alpha_j^*\in[0,C]\end{cases}\end{cases} \tag{4.52}$$

通过利用前面的约束，可得到下面的优化问题

$$\begin{cases}\max\left\{-\dfrac{1}{2}(\alpha_i-\alpha_i^*)^2(K_{ii}+K_{jj}-2K_{ij})-\varepsilon(\alpha_i+\alpha_i^*)(1-s)+(\alpha_i-\alpha_i^*)[v_i-v_j-\gamma(K_{ii}-K_{jj})]\right\}\\ \text{s.t. }\alpha_i^*\in[L^*,H^*]\end{cases} \tag{4.53}$$

对于上面的关于α_i，α_i^*的优化问题，由表 4.8 可以解出。

表 4.8　非约束最大化问题的解

参数	解
α_i,α_j	$\dfrac{v_i-v_j-\gamma(K_{ij}-K_{jj})}{\eta}=\alpha_i^{\text{old}}+\dfrac{\varphi_i-\varphi_j}{\eta}$
α_i,α_j^*	$\dfrac{v_i-v_j-\gamma(K_{ij}-K_{jj})-2\varepsilon}{\eta}=\alpha_i^{\text{old}}+\dfrac{\varphi_i-\varphi_j-2\varepsilon}{\eta}$
α_i^*,α_j	$\dfrac{v_j-v_i+\gamma(K_{ij}-K_{jj})-2\varepsilon}{\eta}=\alpha_i^{*\text{old}}-\dfrac{\varphi_i-\varphi_j+2\varepsilon}{\eta}$
α_i^*,α_j^*	$\dfrac{v_j-v_i+\gamma(K_{ij}-K_{jj})}{\eta}=\alpha_i^{*\text{old}}-\dfrac{\varphi_i-\varphi_j}{\eta}$

注：$\eta=K_{ii}+K_{jj}-2K_{ij}$，如果$\eta$=0，则$\alpha_i=L$或$\alpha_i=H$，$\varepsilon$为误差。

（2）选择拉格朗日乘子的策略。

SMO 算法解出只有两个乘子的问题后，在每一步更新拉格朗日乘子。为了加快收敛，SMO 算法用如下的策略选择拉格朗日乘子。

对两个拉格朗日乘子分别采用不同的策略，第一个乘子的选择，在 SMO 算法中通过外层的一个循环实现。外层循环在整个训练集上搜索，决定是否每一个样本都不满足 KKT（Karush-Kuhn-Tucker）条件，如果有一个不满足 KKT 条件，那它就被选择进行优化。训练集中的样本都满足上述条件后，再检查训练集中的所有位于边界的样本是否满足 KKT 条件，若有不满足的，即被选择进行优化。重复进行，直到所有的样本都满足 KKT 条件。接下来进行第二个乘子的选择，SMO 算法选择是将目标函数值最小的乘子作为第二个乘子进行优化。如果这种方法失败，那么 SMO 算法在所有的非边界样本上进行搜索，寻找使目标函数值最小的乘子；若失败，则在整个训练集上搜索，寻找使目标函数值最小的乘子。

（3）SMO 算法的具体步骤。

SMO 算法对于 SVM 的二次优化问题具有较好的效率，是目前在 SVM 算法中广泛采用的一种二次优化方法，其具体的步骤如下。

步骤 1：根据 SVM 算法构造对应的二次优化问题；

步骤 2：对所有的拉格朗日乘子赋初值；

步骤 3：判断所有的拉格朗日乘子是否满足 KKT 条件，若都满足，则此时的拉格朗日乘子及 b 值就是二次优化问题的解，结束，否则，转步骤 4；选择第一个拉格朗日乘子，并判断其是否满足 KKT 条件，若满足则重新选择，否则选为第一个乘子；

步骤 4：选择第二个拉格朗日乘子，并解只有两组乘子构成的二次优化问题，由表 4.8 获得对应的拉格朗日乘子；

步骤 5：更新拉格朗日乘子及 b 值，转 C。

4.3.2　基于 SVM 的边坡可靠性分析

本节将 SVM 与 FOSM 和蒙特卡罗方法结合，提出了边坡可靠性分析的 SVM 算法（图 4.15），利用极限平衡分析构造学习样本，通过 SVM 学习，建立安全系数与随机变量之间映射关系的 SVM 表达，进而实现边坡极限状态函数及其偏导数的显式表达，从而计算边坡的可靠性指标，该方法克服了传统可靠性分析的缺点，计算效率高，结果可靠，对含有大量随机变量的复杂岩土工程可靠性分析具有很大的潜力，具有广泛的应用前景和工程价值。

1. 边坡可靠性分析的 SVM 模型

边坡工程可靠性分析是边坡稳定性分析的重要组成部分。长期以来，边坡工程中通常用取定值的方法研究其稳定性，但是岩土边坡是一种复杂的地质体，其稳定性取决于岩土的物理力学性质、破坏模式，为了考虑这些不确定性，从 20 世纪 70 年代中后期开始，国外学者把概率统计原理引入边坡工程可靠性分析中，可靠度理论考虑了岩土参数的随机变异性，是在概率论基础上发展起来的理论体系，能更加客观地分析边坡的失稳现象。可靠性概率分析理论自应用于边坡工程以来，所采用的概率分析方法以随机事件和随机过程为研究对象，在边坡工程中得到了广泛的应用和重视；但因涉及较深的数学理论，且在数据的收集处理及可靠度指标的计算等方面都较为麻烦，以至于可靠性方法在边坡工程实践中不能广泛推广应用。

本小节提出基于 SVM 与 FOSM 的可靠性分析方法（图 4.15），通过 SVM 建立随机变量与安全系数之间的映射关系，并且该关系可显式表达，在此关系的基础上，基于 FOSM 进行可靠性分析，算例分析表明，该方法可行，具有很好的应用前景，为边坡可靠性分析提供了一新的途径。

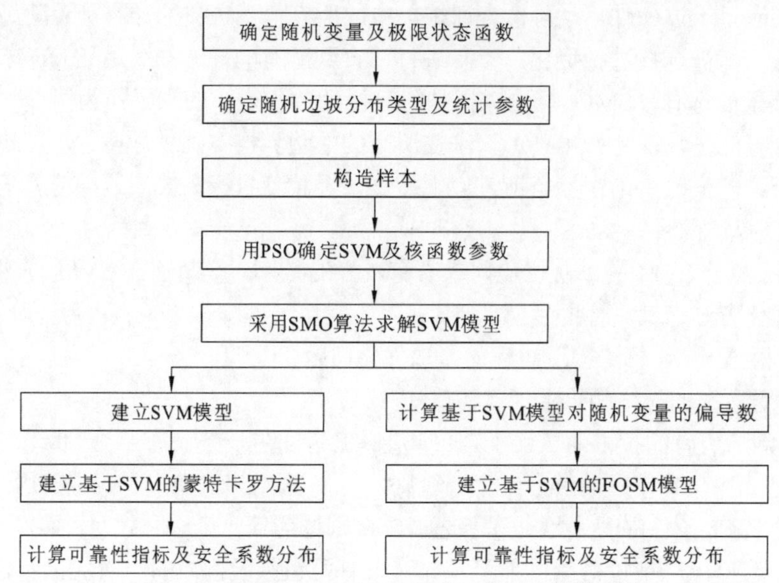

图 4.15　基于 SVM 与 FOSM 的可靠性分析流程图

PSO 为粒子群算法（particle swarm optimization）

1）极限状态方程的 SVM 显式表达

由于岩土边坡的复杂性，当采用 Bishop 法等稳定性分析方法时，边坡安全系数与其影响因素（如岩土介质力学参数等）之间的函数关系很难表达，并且这种关系具有高度非线性。SVM 是一种新的通用机器学习方法，对于处理高维、非线性问题具有很好的适应性。因此一般边坡工程可采用 SVM 来描述边坡安全系数与其影响因素之间的映射关系，即

$$F(X)=\mathrm{SVM}(X) \tag{4.54}$$

由 SVM 理论可得

$$F(X)=\sum_{i=1}^{n}(\alpha_i-\alpha_i^*)K(X,X_i)+b \tag{4.55}$$

式中：$F(X)$为对应随机变量 X 的安全系数；$X=(X_1,X_2,\cdots,X_k)$为影响安全系数的因素，如内聚力 c 和内摩擦角 φ 等；n 为学习样本的个数；$K(X,X_i)$为核函数；α、α^*、b 分别为 SVM 模型的参数，可通过 SVM 算法获得，见 SMO 算法。为了建立这种映射关系，需要有一组样本供 SVM 学习，用以学习的样本可以通过数值计算或物理模型试验的方法获得，该方法中，采用极限平衡分析结合试验设计技术构造学习样本。另外，SVM 的有关参数，如 C、d、σ 等直接影响到支持向量机的推广预测能力，为此结合 PSO 进行 SVM 参数优化选择。

2）基于 SVM 的可靠度指标

由式（4.23）可得

$$\mu_F = F(\mu_{X_1}, \mu_{X_2}, \mu_{X_3}, \cdots, \mu_{X_k}) \tag{4.56}$$

将式（4.56）代入式（4.55）即可获得安全系数的均值。

由式（4.55）可得

$$\frac{\partial F}{\partial x_j} = \sum_{i=1}^{n} (\alpha_i - \alpha_i^*) \frac{\partial K}{\partial x_j} \tag{4.57}$$

式中：x_j 为随机变量 X 中的第 j 个分量。

由式（4.25）可知：

$$\sigma_F^2 = \sum_{j=1}^{k} \left(\frac{\partial F}{\partial x_j} \right)^2 \cdot \mathrm{Var}(x_j) \tag{4.58}$$

将式（4.57）代入式（4.58）可得

$$\sigma_F^2 = \sum_{j=1}^{k} \left[\sum_{i=1}^{n} (\alpha_i - \alpha_i^*) \frac{\partial K}{\partial x_j} \right]^2 \cdot \mathrm{Var}(x_j) \tag{4.59}$$

由式（4.58）可以看出，一旦获得了 SVM 模型，核函数 $K(X,X_i)$ 就是确定的，可得 $\frac{\partial K}{\partial x_j}$，从而根据式（4.58）解得方差 σ_F^2；若核函数为 RBF 核函数，则

$$K(X, X_i) = \exp\left(-\frac{|X - X_i|^2}{2\sigma^2} \right) \tag{4.60}$$

所以

$$\frac{\partial K}{\partial x_j} = -\frac{x_j - X_{ij}}{\sigma^2} \exp\left(-\frac{|X - X_i|^2}{2\sigma^2} \right) \tag{4.61}$$

将式（4.57）代入式（4.59）得

$$\sigma_F^2 = \sum_{j=1}^{k} \left[\frac{1}{\sigma^2} \sum_{i=1}^{n} (\alpha_i - \alpha_i^*)(x_j - X_{ij}) \cdot \exp\left(-\frac{|X - X_i|}{2\sigma^2} \right) \right]^2 \cdot \mathrm{Var}(x_j) \tag{4.62}$$

将式（4.56）和式（4.59）或式（4.56）和式（4.62）代入式（4.28）即可获得边坡的可靠指标 β。

为了验证基于 SVM 的模型及其偏导数的准确性，式（4.63）表示的非线性函数用来测试 SVM 模型。

$$y = -0.03x_1^3 - 0.25x_2^2 + 29.16 \tag{4.63}$$

式中：$5 \leqslant x_1 \leqslant 7$，$6.25 \leqslant x_2 \leqslant 7.75$。

表 4.9 中的数据作为样本建立 SVM 模型，SVM 模型计算值及其偏导数与式（4.63）计算结果比较见表 4.10。计算结果表明：SVM 可以很好地表示复杂非线性函数并计算其偏导数。

表 4.9　SVM 样本及其参数

	x_1	x_2	$g(x_1, x_2)$		相对误差/%	α
			实际	SVM 算法		
训练数据	5.0	6.25	15.644 38	15.654 88	0.067 162	284.230 5
	5.0	6.625	14.437 34	14.466 19	0.199 803	−346.798
	5.0	7.00	13.16	13.170 51	0.079 84	101.822 9
	5.0	7.375	11.812 34	11.790 06	0.188 631	−207.887
	5.0	7.75	10.394 38	10.348 87	0.437 785	22.631 52
	5.5	6.25	14.403 13	14.412 99	0.068 464	−69.493 3
	5.5	6.625	13.196 09	13.206 6	0.079 632	100.410 7
	5.5	7.00	11.918 75	11.898 77	0.167 601	37.830 17
	5.5	7.375	10.571 09	10.511 93	0.559 694	30.806 67
	5.5	7.75	9.1531 25	9.070 2	0.905 975	17.156 5
	6.0	6.25	12.914 38	12.872 68	0.322 896	−23.875
	6.0	6.625	11.707 34	11.658 13	0.420 358	31.147 4
	6.0	7.00	10.43	10.349 66	0.770 259	33.289 29
	6.0	7.375	9.082 344	8.969 692	1.240 338	42.289 71
	6.0	7.75	7.664 375	7.542 251	1.593 398	30.636 09
	6.5	6.25	11.155 63	11.078 68	0.689 751	−46.381 7
	6.5	6.625	9.948 594	9.865 71	0.833 12	24.529 22
	6.5	7.00	8.671 25	8.568 09	1.189 679	51.318 39
	6.5	7.375	7.323 594	7.208 044	1.577 774	44.558 88
	6.5	7.75	5.905 625	5.809 268	1.631 614	110.350 7
	7.0	6.25	9.104 375	9.087 766	0.182 429	−95.573 4
	7.0	6.625	7.897 344	7.886 094	0.142 45	23.795 33
	7.0	7.00	6.62	6.610 505	0.143 429	45.627 22
	7.0	7.375	5.272 344	5.282 835	0.198 986	104.375 8
	7.0	7.75	3.854 375	3.926 228	1.864 193	−346.798

续表

	x_1	x_2	$g(x_1, x_2)$		相对误差/%	α
			实际	SVM 算法		
试验数据	5.0	6.25	15.644 38	15.654 86	0.067 04	
	5.2	6.40	14.701 76	14.731 39	0.201 52	
	5.4	6.55	13.710 46	13.732 43	0.160 265	
	5.6	6.70	12.669 02	12.664 3	0.037 288	
	5.8	6.85	11.576 02	11.534 09	0.362 171	
	6.0	7.00	10.43	10.349 64	0.770 431	
	6.2	7.15	9.229 535	9.119 416	1.193 115	
	6.4	7.30	7.973 18	7.852 399	1.514 841	
	6.6	7.45	6.659 495	6.558 015	1.523 839	
	6.8	7.60	5.287 04	5.245 981	0.776 597	
	7.0	7.75	3.854 375	3.926 212	1.863 778	

表 4.10　基于 SVM 偏导数与实际值的比较

	x_1	x_2	$\frac{\partial g(x_1,x_2)}{\partial x_1}$		$\frac{\partial g(x_1,x_2)}{\partial x_2}$	
			实际值	LS-SVM 算法	实际值	LS-SVM 算法
训练数据	5.0	6.25	−2.25	−2.162 5	−3.125	−3.008 96
	5.0	6.625	−2.25	−2.207 18	−3.3125	−3.321 89
	5.0	7.00	−2.25	−2.242 83	−3.5	−3.578 51
	5.0	7.375	−2.25	−2.268 88	−3.687 5	−3.773 16
	5.0	7.75	−2.25	−2.284 84	−3.875	−3.902 01
	5.5	6.25	−2.722 5	−2.794 87	−3.125	−3.063 32
	5.5	6.625	−2.722 5	−2.820 82	−3.3125	−3.361 78
	5.5	7.00	−2.722 5	−2.833 65	−3.5	−3.603 31
	5.5	7.375	−2.722 5	−2.833 16	−3.6875	−3.782 45
	5.5	7.75	−2.722 5	−2.819 34	−3.875	−3.895 56
	6.0	6.25	−3.24	−3.351 4	−3.125	−3.095 04
	6.0	6.625	−3.24	−3.358 01	−3.3125	−3.373 54
	6.0	7.00	−3.24	−3.347 75	−3.5	−3.594 97
	6.0	7.375	−3.24	−3.320 81	−3.687 5	−3.754 16

续表

	x_1	x_2	$\frac{\partial g(x_1,x_2)}{\partial x_1}$		$\frac{\partial g(x_1,x_2)}{\partial x_2}$	
			实际值	LS-SVM 算法	实际值	LS-SVM 算法
训练数据	6.0	7.75	−3.24	−3.277 64	−3.875	−3.847 74
	6.5	6.25	−3.802 5	−3.805 56	−3.125	−3.103 29
	6.5	6.625	−3.802 5	−3.792 65	−3.3125	−3.356 92
	6.5	7.00	−3.802 5	−3.759 62	−3.5	−3.553 82
	6.5	7.375	−3.802 5	−3.707 06	−3.687 5	−3.689 2
	6.5	7.75	−3.802 5	−3.635 87	−3.875	−3.760 03
	7.0	6.25	−4.41	−4.136 02	−3.125	−3.087 71
	7.0	6.625	−4.41	−4.103 82	−3.312 5	−3.312 34
	7.0	7.00	−4.41	−4.048 93	−3.5	−3.481 06
	7.0	7.375	−4.41	−3.972 29	−3.687 5	−3.589 52
	7.0	7.75	−4.41	−3.875 23	−3.875	−3.635 11
试验数据	5.0	6.25	−2.25	−2.162 5	−3.125	−3.008 96
	5.2	6.4	−2.433 6	−2.438 85	−3.2	−3.162 85
	5.4	6.55	−2.624 4	−2.698 32	−3.275	−3.300 02
	5.6	6.7	−2.822 4	−2.938 03	−3.35	−3.418 74
	5.8	6.85	−3.027 6	−3.155 31	−3.425	−3.517 49
	6.0	7.00	−3.24	−3.347 75	−3.5	−3.594 97
	6.2	7.15	−3.459 6	−3.513 23	−3.575	−3.650 1
	6.4	7.3	−3.686 4	−3.649 95	−3.65	−3.682 07
	6.6	7.45	−3.920 4	−3.756 49	−3.725	−3.690 35
	6.8	7.6	−4.161 6	−3.831 8	−3.8	−3.674 68
	7.0	7.75	−4.41	−3.875 23	−3.875	−3.635 11

3）基于 SVM 的可靠性分析的步骤

基于 SVM 的可靠性分析就是采用 SVM 表示安全系数与影响因素之间复杂的非线性关系，从而采用 SVM 表达边坡的极限状态方程；由于采用 SVM 的极限状态方程是显式表达的，从而可以很方便地计算出极限状态函数的均值和方差，进而根据边坡可靠性分析的统计方法计算出可靠度指标，其具体步骤如下。

步骤 1：依据边坡的实际问题，确定影响边坡稳定性的影响因素，即随机变量 $(X_1,X_2,X_3,\cdots,X_k)$，并依据试验设计原理构造计算方案。

步骤 2：采用边坡稳定性分析方法对每一方案进行计算，获得每个方案（一组随机变量）对应的安全系数，并将每个计算方案与对应的安全系数构成一个学习样本。

步骤 3：通过 SVM 学习建立安全系数与随机变量之间的映射关系。

步骤 4：在 SVM 模型的基础上，解得边坡极限状态函数的均值 μ_z 和方差 σ_z^2，代入式(4.28)获得边坡的可靠指标。

由上述步骤可以看出，该方法既利用了 SVM 处理高维、非线性映射的优良特性，又利用传统边坡可靠性分析的优点，即不需要随机变量的分布形式，又避免了蒙特卡罗分析中的大量计算，并实现了复杂问题的极限状态函数的显式表达，因此，基于 SVM 的边坡可靠性分析具有较高的工程价值和实际意义。

4）算例

有一均质土坡，其稳定性主要受土的黏聚力 c、内摩擦角 φ 和容重 γ 的影响，且 c、φ 和 γ 是随机变量，具有一定的不确定性，边坡的几何性质和 c、φ 和 γ 的均值见图 4.16，假设 c、φ 和 γ 的变异系数均为 5%，采用 SVM 算法对该边坡的可靠性进行分析，稳定性分析方法分别采用了 Bishop 法和 Spencer 法，首先构造学习样本（表 4.11），利用学习样本，根据 SVM 算法，通过学习建立了 c、φ 和 γ 和安全系数 F 之间的映射关系，SVM 学习参数见表 4.12，获得的 SVM 模型及其对应的 α、α^* 见表 4.13，利用获得的 SVM 模型对安全系数进行预测，预测效果见图 4.17，由图 4.17 可以看出，SVM 很好地表达了安全系数与随机变量 c、φ 和 γ 之间的映射关系；根据式（4.28）、式（4.56）、式（4.62）利用表 4.12、表 4.13 中的数据即可计算出边坡的可靠指标 β，采用 Visual C++编制相关程序，通过计算边坡的可靠性指标见表 4.14、表 4.15，由结果可以看出，基于 SVM 的边坡可靠性分析方法是可行的，预测的可靠指标与采用验算点法的结果基本一致，如图 4.18 所示；同时，发现两种方法获得的安全系数的均值（μ_z）与方差（σ_z^2）也是一致的，这一方面表明 SVM 很好地表达了安全系数与随机变量之间的映射关系，另一方面也说明基于 SVM 关系各随机变量偏导数的计算是正确的，即提出的可靠度指标计算方法是科学可行的。

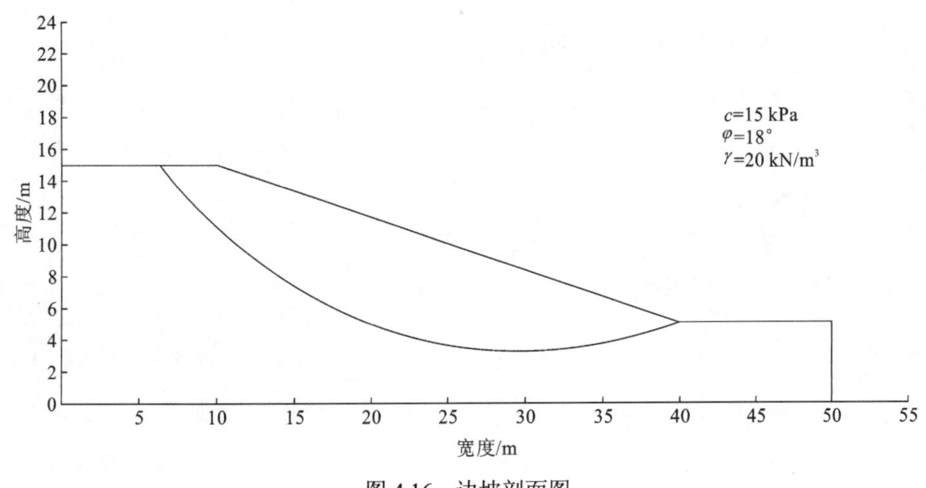

图 4.16　边坡剖面图

表 4.11　学习样本

样本序号	c/kPa	φ/（°）	γ/（kN/m³）	F	
				Bishop 法	Spencer 法
1	13	16	18	1.734	1.733
2	13	18	20	1.813	1.811
3	13	20	22	1.907	1.905
4	15	16	20	1.76	1.758
5	15	18	22	1.842	1.84
6	15	20	18	2.126	2.124
7	17	16	22	1.78	1.778
8	17	18	18	2.079	2.077
9	17	20	20	2.141	2.139
10	15	18	20	1.904	1.902

表 4.12　SVM 学习参数

算法	C	σ	b
Bishop 法	1 000.000 0	120.876 5	0.948 6
Spencer 法	8 669.387 7	125.980 0	0.907 3

表 4.13　SVM 的 α、α^*值

样本序号	Bishop 法		Spencer 法	
	α	α^*	α	α^*
1	0	120.876 5	0	125.981 6
2	0	10 000.0	0	6 466.778 2
3	239.113 7	0	362.500 6	0
4	7 879.601 4	0	4 031.625 4	0
5	9 237.517 1	0	3 353.530 6	0
6	0	6 213.924 6	37.288 1	0
7	368.909 1	0	397.194 3	0
8	0	1 549.583 0	0	1 726.353 9
9	10 000.0	0	8 669.387 7	0
10	0	10 000.0	0	8 669.387 7

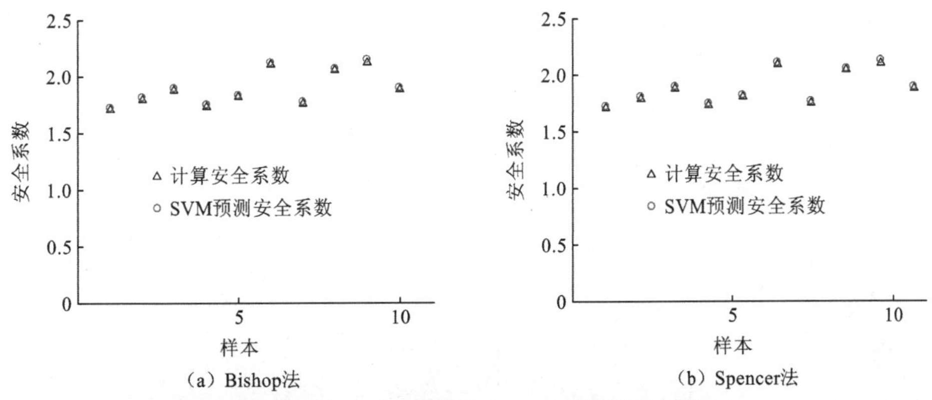

（a）Bishop法　　（b）Spencer法

图 4.17　边坡安全系数计算值与 SVM 预测值的比较

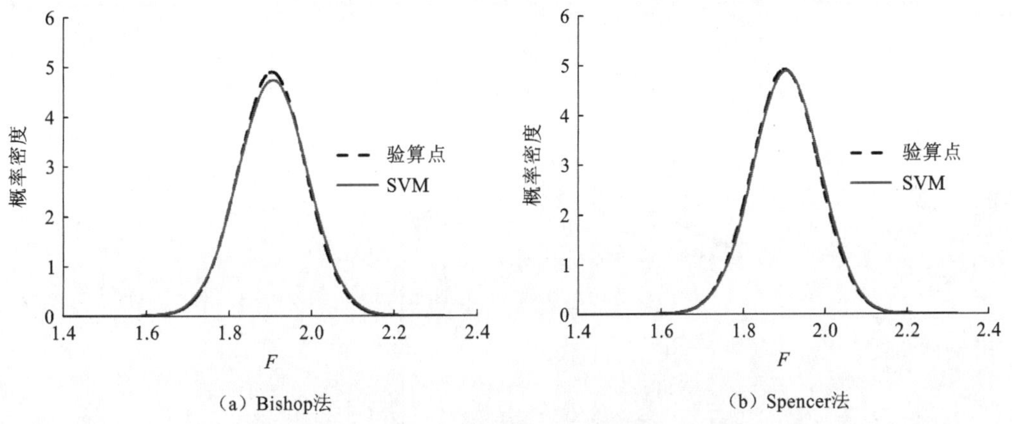

（a）Bishop法　　（b）Spencer法

图 4.18　不同方法下边坡安全系数概率分布比较

表 4.14　可靠性分析结果与比较（Bishop 法）

变异系数	PEM		FOSM		SVM+FOSM	
	β	σ_F	β	σ_F	β	σ_F
5%	11.116 9	0.081 5	10.816 9	0.083 6	10.740 0	0.084 2
10%	5.592 0	0.163 1	5.408 5	0.167 1	5.370 1	0.168 3
15%	3.749 4	0.245 9	3.605 6	0.250 7	3.580 1	0.252 5
20%	2.831 1	0.331 1	2.704 2	0.334 3	2.685 0	0.336 7
25%	2.286 4	0.418 7	2.163 4	0.417 9	2.148 0	0.420 9
30%	1.926 9	0.510 1	1.802 8	0.501 4	1.790 0	0.505 0

注：PEM 为点估计法（point estimation method）。

表 4.15　可靠性分析结果与比较（Spencer 法）

变异系数	PEM		FOSM		SVM+FOSM	
	β	σ_F	β	σ_F	β	σ_F
5%	11.116 1	0.081 3	10.946 7	0.082 4	11.034 2	0.081 9
10%	5.586 2	0.162 9	5.473 4	0.164 8	5.517 1	0.163 9
15%	3.730 5	0.246 5	3.648 9	0.247 2	3.678 1	0.245 8
20%	2.684 8	0.326 0	2.736 7	0.329 6	2.758 5	0.327 7
25%	2.284 7	0.418 1	2.189 3	0.412 0	2.206 8	0.409 6
30%	1.924 6	0.509 5	1.824 5	0.494 4	1.839 0	0.491 6

可靠指标和安全系数与φ、c 及γ的关系见图 4.19～图 4.21，不同变异系数下的可靠指标见图 4.22～图 4.25，与其他方法的比较表明，提出的方法具有较高的精度。

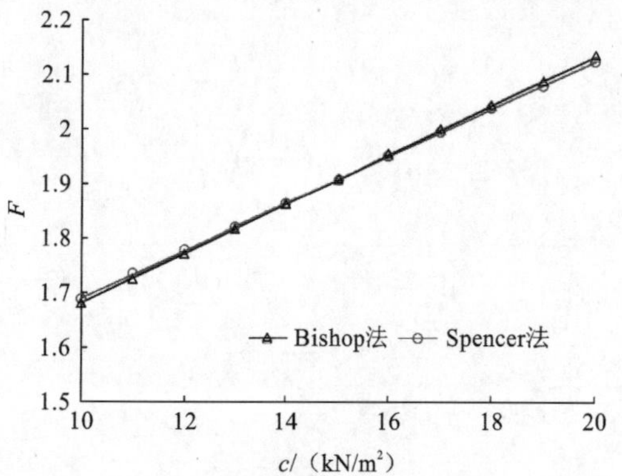

图 4.19　安全系数与黏聚力的关系（其他变量为中值）

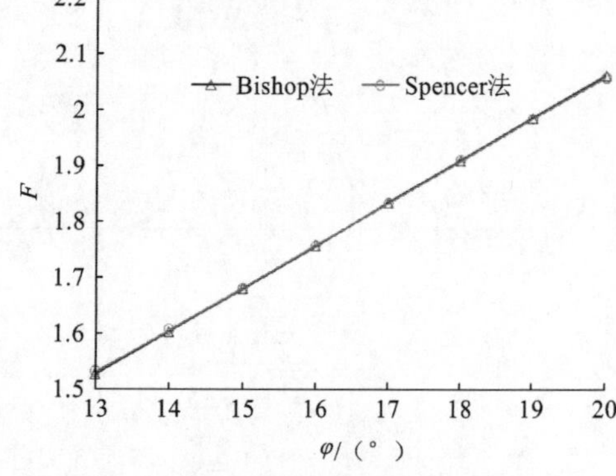

图 4.20　安全系数与摩擦角的关系（其他变量为中值）

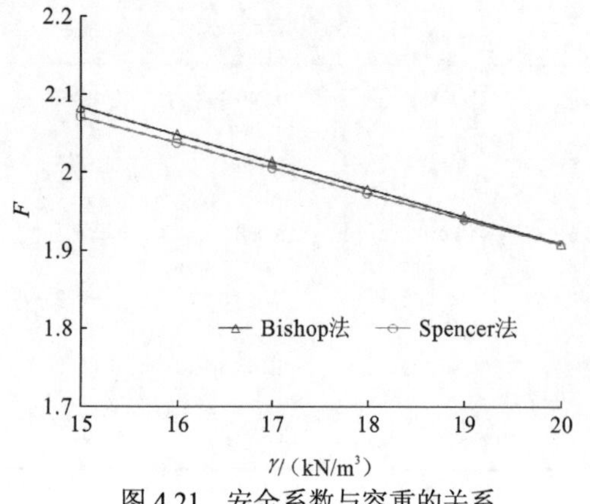

图 4.21　安全系数与容重的关系（其他变量为中值）

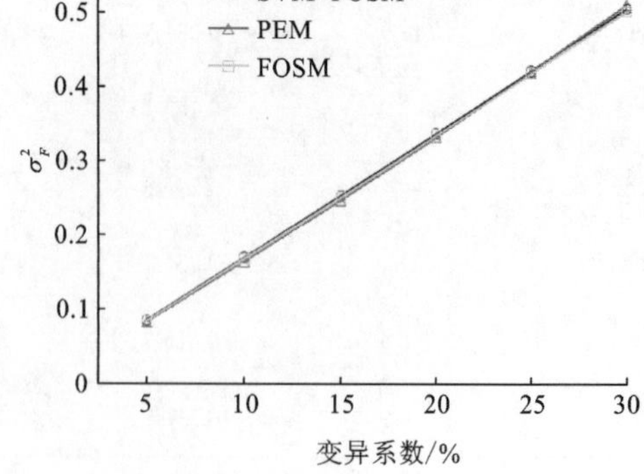

图 4.22　不同变异系数下安全系数的标准偏差（Bishop 法）

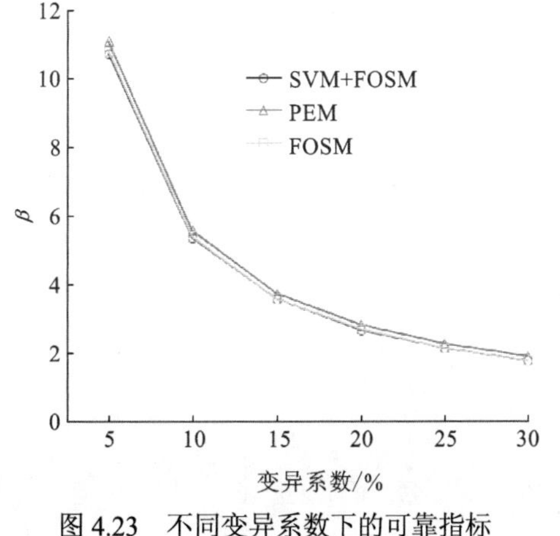

图 4.23　不同变异系数下的可靠指标（Bishop 法）

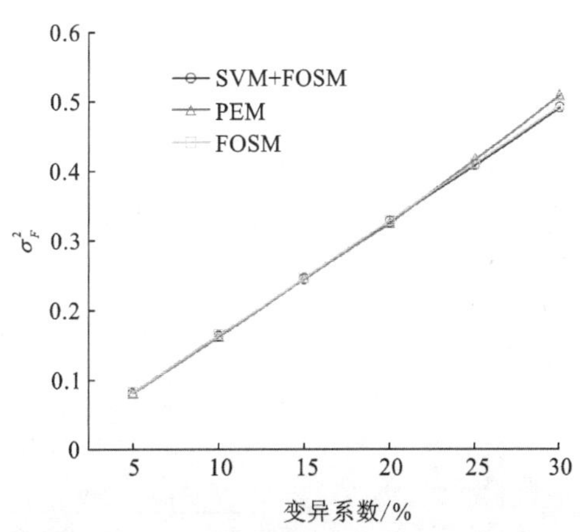

图 4.24　不同变异系数下安全系数的标准偏差（Spencer 法）

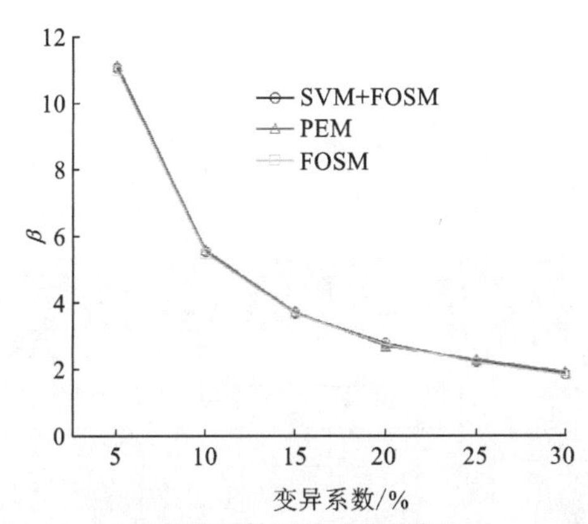

图 4.25　不同变异系数下的可靠指标（Spencer 法）

将 SVM 与 FOSM 方法结合进行边坡可靠性分析，既利用了传统可靠性分析方法的优点，又避免了极限状态函数不能显式表达的缺点，充分利用了支持向量在处理非线性、小样本、高维数方面的优点，尤其是当随机变量增加时，采用验算点法将进行大量的数值分析（2^n 次），而采用 SVM 方法结合试验设计可大大提高可靠性分析的效率，因此基于 SVM 的可靠性分析方法具有一定的优点，是一种科学可行的可靠性分析方法。

2. 边坡可靠性分析的 MCS-SVM 方法

蒙特卡罗模拟（Monte Carlo simulation，MCS）方法，又称统计试验法或随机抽样方法。它适用于随机变量的概率密度分布形式已知或符合假定的情况，在目前的可靠度计算中，是一种相对精确的方法。但是，由于边坡工程的复杂性，基于蒙特卡罗的可靠性分析方法需要大量的边坡稳定性分析，计算极其耗时，针对该问题该项目提出了边坡可靠性分析的蒙特卡罗模拟-支持向量机（Monte Carlo simulation-support vector machine，MCS-SVM）方法。

可靠性分析的 MCS-SVM 方法就是在蒙特卡罗可靠性分析的基础上，用 SVM 模型代替边坡稳定性分析方法，从而减少边坡稳定性计算次数，提高蒙特卡罗可靠性分析的效率，使该方法更具有实用价值，该方法的具体思路见图 4.26。

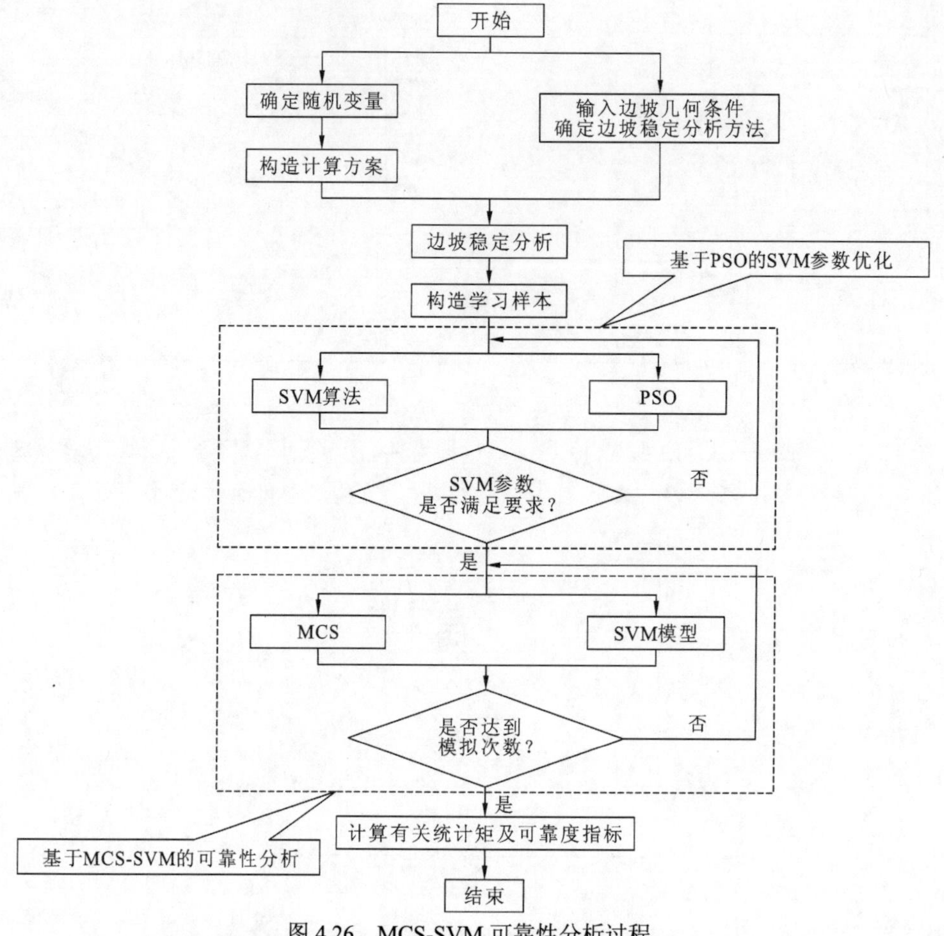

图 4.26　MCS-SVM 可靠性分析过程

（1）依据边坡工程的实际问题，确定影响边坡工程稳定性的影响因素，即随机变量，并依据试验设计原理构造计算方案；

（2）采用极限平衡方法对每一方案进行计算，获得每个方案（一组随机变量）对应的安全系数，并将每个计算方案与对应的安全系数构成一个学习样本；

（3）通过 SVM 学习建立安全系数与随机变量之间的映射关系；

（4）在 SVM 基础上，采用蒙特卡罗方法获得边坡工程的可靠度指标。

由上述步骤可以看出，该方法既利用了 SVM 处理高维、非线性映射的优良特性，实现了边坡安全系数的快速计算，又利用极限平衡分析技术在边坡工程分析中的优势，避免了蒙特卡罗分析中的多次重复调用极限平衡程序，提高了可靠性分析的效率，因此，边坡可靠性分析的 MCS-SVM 方法具有较高的工程价值和实际意义。

为了验证该方法，对一边坡的可靠性进行分析，该边坡剖面见图 4.27，该边坡由三层土层构成，以各土层参数作为随机变量，各个参数的均值和标准差见表 4.16。按照该方法的具体步骤，首先构造计算方案，计算方案采用正交设计法构造（表 4.17），假定滑动面为圆弧形，对每个计算方案分别采用 Bishop 法和 Spencer 法计算安全系数，从而构造出 SVM 的学习样本（见表 4.18），然后采用 PSO 搜索 SVM，PSO 的群体规模为 50，$c_1=c_2=2$，w 初值为 1，以后线性递减到 0.4，支持 SVM 的搜索范围为 0～10000，通过优化获得 SVM 模型，收敛过程见图 4.28，获得的支持向量见表 4.19，获得的 SVM 模型参数见表 4.18，在此参数的基础上建立了安全系数与随机变量之间的非线性映射关系，SVM 模型与边坡稳定分析方法计算的安全系数比较见图 4.29～图 4.30；最后采用 MCS 技术进行可靠性分析，结果见表 4.20，MCS 次数与可靠指标及统计矩的关系见表 4.21。

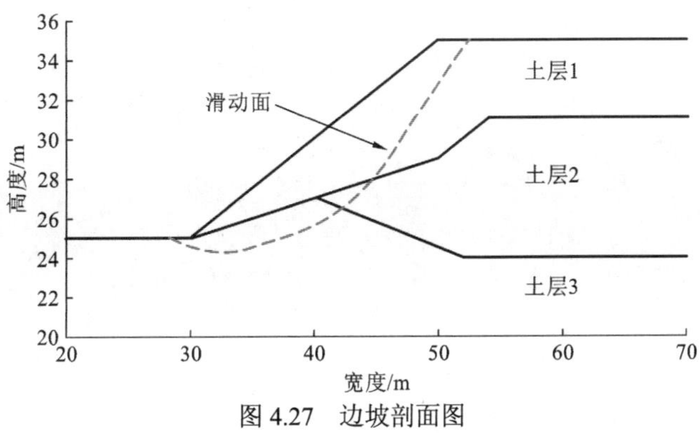

图 4.27　边坡剖面图

表 4.16　随机变量的均值和标准差

土层	c/（kN/m²）		φ/（°）		γ/（kN/m³）
	均值	标准差	均值	标准差	
1	0	0	38	4	19.5
2	5.3	0.7	23	3	19.5
3	7.2	0.2	20	3	19.5

表 4.17　SVM 学习参数

方法	C	σ	b
Bishop 法	10 000.000 0	468.258 3	0.597 3
Spencer 法	10 000.000 0	566.140 1	0.529 3

表 4.18　学习样本

序号	土层参数					F	
	土层 1	土层 2		土层 3			
	φ/（°）	c/（kN/m²）	φ/（°）	c/（kN/m²）	φ/（°）	Bishop 法	Spencer 法
1	33	3.3	18	5.2	15	1.063	1.039
2	33	5.3	23	7.2	20	1.339	1.31
3	33	7.3	28	9.2	25	1.602	1.575
4	38	3.3	18	7.2	20	1.336	1.314

续表

序号	土层参数					安全系数	
	土层 1	土层 2		土层 3			
	φ/（°）	c/（kN/m²）	φ/（°）	c/（kN/m²）	φ/（°）	Bishop 法	Spencer 法
5	38	5.3	23	9.2	25	1.626	1.598
6	38	7.3	28	5.2	15	1.232	1.199
7	43	3.3	23	5.2	25	1.572	1.548
8	43	5.3	28	7.2	15	1.332	1.293
9	43	7.3	18	9.2	20	1.468	1.446
10	33	3.3	28	9.2	20	1.429	1.395
11	33	5.3	18	5.2	25	1.396	1.384
12	33	7.3	23	7.2	15	1.196	1.162
13	38	3.3	23	8.2	15	1.274	1.238
14	38	5.3	28	5.2	20	1.392	1.357
15	38	7.3	18	7.2	25	1.532	1.514
16	43	3.3	28	7.2	25	1.683	1.647
17	43	5.3	18	9.2	15	1.269	1.243
18	43	7.3	23	5.2	20	1.418	1.386
19	38	5.3	23	7.2	20	1.405	1.374

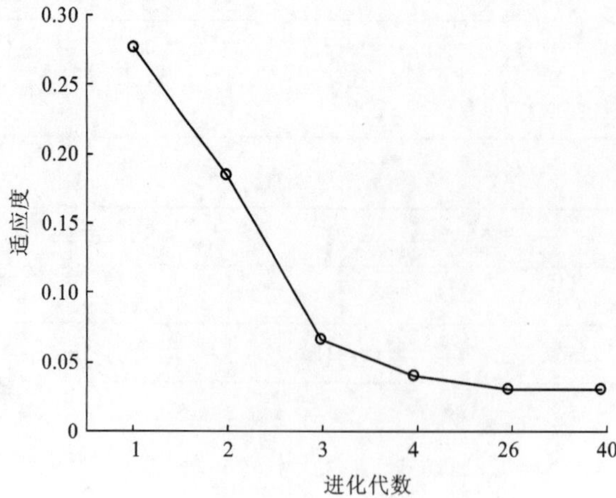

图 4.28　PSO 搜索 SVM 参数的收敛过程

表 4.19　SVM 及 α、α^*值

样本序号	Bishop 法		Spencer 法	
	α	α^*	α	α^*
1	0	0	0	4 624.914 5
2	1 121.605 1	0	116.102 9	0
3	4 103.634 2	0	0	5 182.508 6
4	327.903 1	0	1 878.246 2	0
5	0	4 509.159 5	2 968.172 2	0
6	0	7 113.119 5	0	836.831 5
7	5 680.241 7	0	2 476.804 5	0
8	428.724 2	0	0	717.272 1
9	493.588 6	0	0	0
10	0	6 109.497 5	791.325 9	0
11	0	7 617.700 9	0	3 711.506 5
12	10 000.000 0	0	10 000.000 0	0
13	10 000.000 0	0	7 760.146 9	0
14	0	7 100.312 5	0	8 690.746 4
15	3 864.321 1	0	4 314.626 7	0
16	3 283.423 8	0	3 019.493 5	0
17	0	10 000.000 0	0	10 000.000 0
18	2 183.961 7	0	3 457.209 2	0
19	962.386 4	0	0	3 018.348 3

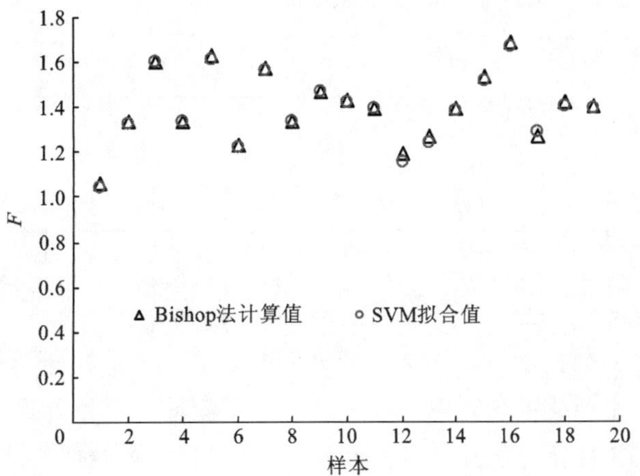

图 4.29　边坡安全系数计算值与 SVM 预测值的比较（Bishop 法）

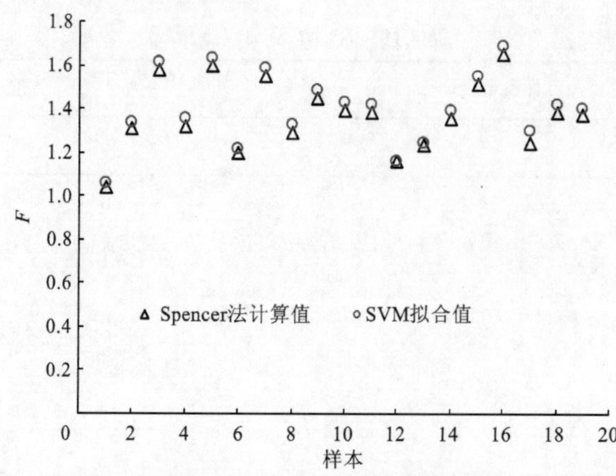

图 4.30　边坡安全系数计算值与 SVM 预测值的比较（Spencer 法）

表 4.20　蒙特卡罗模拟次数与可靠性指标的关系

模拟次数	μ_F	σ_F^2	β
500	1.403 93	0.012 38	3.630 20
1 000	1.403 69	0.012 38	3.628 33
2 000	1.403 60	0.012 39	3.625 89
5 000	1.403 15	0.012 38	3.623 13
10 000	1.403 13	0.012 38	3.622 95
20 000	1.403 19	0.012 38	3.623 49
30 000	1.403 20	0.012 38	3.623 57
40 000	1.403 20	0.012 38	3.623 83
50 000	1.403 20	0.012 38	3.623 69
100 000	1.403 19	0.012 38	3.623 58

表 4.21　可靠性分析结果与比较

分析方法	可靠性及统计指标	Rosenbleuth 法	MCS-SVM
Bishop 法	μ_F	1.400 5	1.388 4
	σ_F^2	0.013 7	0.012 1
	β	3.421 8	3.532 5
Spencer 法	μ_F	1.370 4	1.403 2
	σ_F^2	0.013 8	0.012 4
	β	3.152 3	3.623 1

由图 4.28 可以看出基于 PSO 的 SVM 参数搜索方法具有很好的收敛性，并且 PSO 方法实现简单，算法需要确定的参数比较少；由图 4.29～图 4.30 可以看出，SVM 模型很好地表达了安全系数与对应的随机变量之间的非线性映射关系，可以代替边坡稳定性分析方法，显著提高蒙特卡罗可靠性分析的效率，扩展了蒙特卡罗可靠性分析的适用范围。表 4.21 说明该方法的计算的可靠性指标虽然与 Rosenbleuth 方法有一定差别，但差别不大，表明提出的方法是可行的。从表 4.20 可以看出，采用蒙特卡罗可靠性分析时，可靠性分析的效率很

高，模拟的次数达到 500 次时就基本可以满足需要，当次数达到 5 000 时基本上结果就稳定下来，这与很多学者的研究结论基本一致。不同分布下变异系数与可靠指标的关系见图 4.31～图 4.32，不同分布下安全系数的概率密度分布曲线见图 4.33～图 4.34，这表明提出的方法具有很好的效果。总之，提出的方法是可行的，可以进行边坡的可靠性分析。

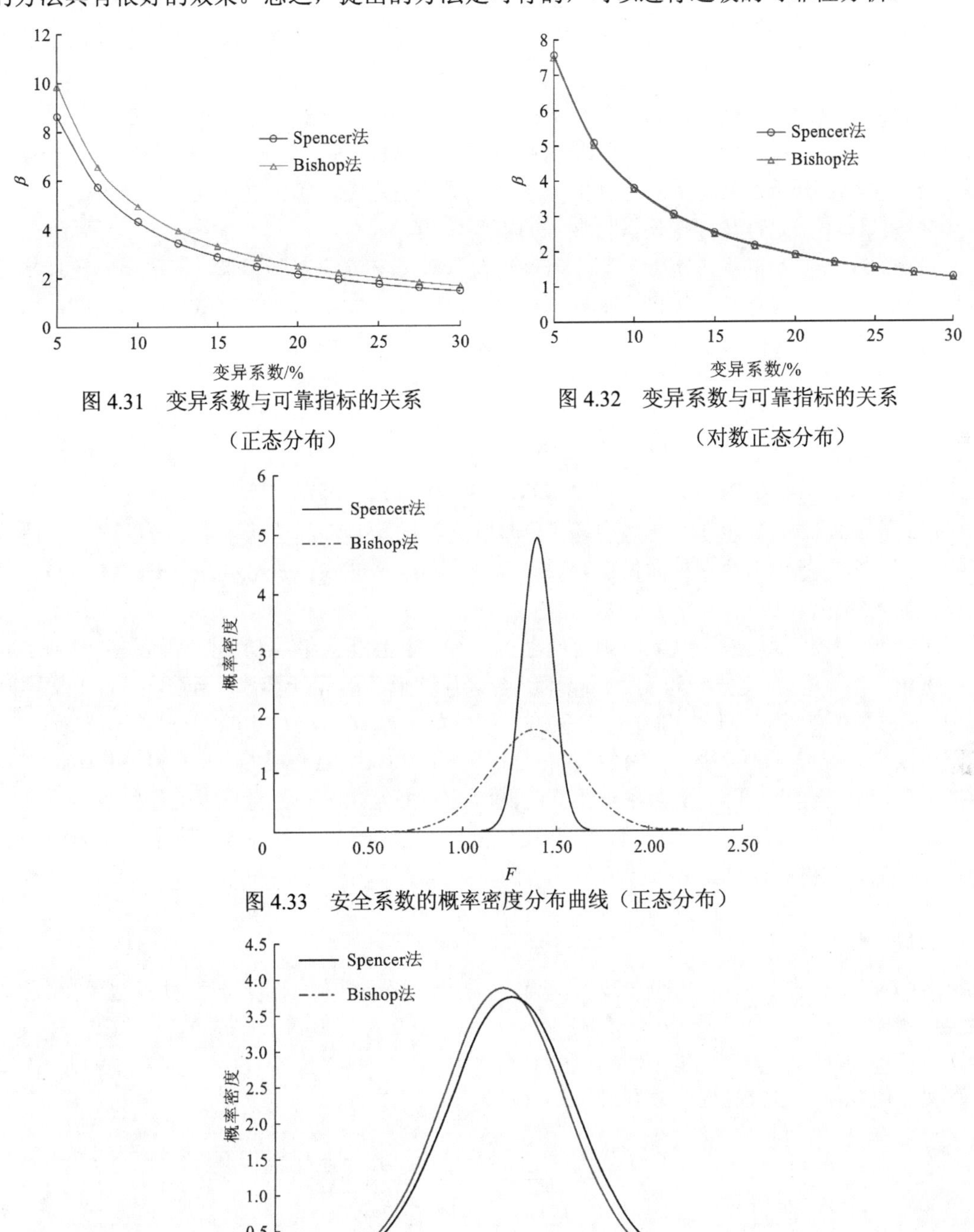

图 4.31　变异系数与可靠指标的关系（正态分布）

图 4.32　变异系数与可靠指标的关系（对数正态分布）

图 4.33　安全系数的概率密度分布曲线（正态分布）

图 4.34　安全系数的概率密度分布曲线（对数正态分布）

4.3.3 水电边坡岩体力学参数的不确定分析

1. 岩土体参数的不确定性分析现状

岩土体材料自身的各向异性、非均质性及非连续性特征使其在实际工程中表现出明显的不确定性。不确定性是影响工程稳定性的重要因素，它贯穿了工程项目从勘察、设计到施工等整个过程。因此，如何评价岩土体参数的不确定性成为岩土工程最具挑战性的任务之一。为了获得较为合理的岩土体参数，以现场测试数据为基础的参数反分析技术得到了广泛推广。而传统的参数反分析所获得的岩土体的力学参数都是确定的，确定性的反分析技术没有考虑岩土体参数的不确定性是传统反分析技术的主要弊端。

考虑岩土体参数的不确定性，基于概率的反分析方法逐渐发展起来。概率反分析技术为融合多元信息分析岩体参数提供了很好的思路，但因其以大量的统计数据分析为基础，所以实施起来比传统的反分析技术更有难度。无论是确定性分析还是概率反分析，数据分析工作量极大，尤其是对大型的工程项目，为了提高反分析技术的效率，例如人工神经网络、SVM等机器学习算法已成功地应用于表达岩体参数与位移之间关系。然而不管是人工神经网络方法，还是 SVM 法，在应用上都有一定的局限性。SVM 的标准公式只能解决单变量输出问题，对于复杂的、多变量输出的岩土工程问题的适应性较差，这种局限性不仅需要耗费更多的时间在机器运算上，而且由于没有考虑多变量参数之间的相关性而引入了不必要的误差，值得庆幸的是，多变量输出的支持向量机算法（multi-output support vector machine，MSVM）可以克服上述局限性。

贝叶斯分析技术被成功引入不确定性分析系统，并且在大量的岩土工程问题中得到了应用。Dilip 等[90]将可靠度分析与反分析技术结合来识别道路的设计参数。但是，在岩土工程问题中，位移数据是可以获得的确定性信息的，所以基于位移的反分析方法得到了广泛的采用。根据对以往研究成果的调研，鲜有研究将贝叶斯方法（Bayesian method）原理与基于位移的参数反分析方法结合。因而诞生了一种新的概率反分析方法用来评价岩土工程参数的不确定性。该方法将 MSVM、贝叶斯方法及位移反分析技术相结合，并且在龙滩水电站左岸坝基高边坡开挖工程实例中得到了验证。

2. 多输出支持向量机方法

MSVM 方法是在前人的研究成果上基于单输出 SVM 发展而来的。假设有 N 组观测数据，如果观测输出是一个含有 Q 个待预测变量的向量，且 $y \in \boldsymbol{R}^Q$，则需要解决一个多维回归问题，在这个过程中必须找到对应每一个输出的权向量 $\boldsymbol{W}^j$ 和 $\boldsymbol{b}^j\ (j=1,2,\cdots,Q)$。直接将单输出 SVM 模型概化用来解决多维的情况，则最小化问题为

$$L_{\mathrm{p}}(\boldsymbol{W},\boldsymbol{b})=\frac{1}{2}\sum_{j=1}^{Q}\left\|\boldsymbol{W}^j\right\|^2+C\sum_{i=1}^{N}L(u_i) \tag{4.64}$$

式中

$$u_i=\left\|\boldsymbol{e}_i\right\|=\sqrt{(\boldsymbol{e}_i^{\mathrm{T}}\boldsymbol{e}_i)}$$

$$\boldsymbol{e}_i^{\mathrm{T}}=\boldsymbol{y}_i^{\mathrm{T}}-\varphi(x_i)\boldsymbol{W}-\boldsymbol{b}^{\mathrm{T}}$$

$$\boldsymbol{W}=[W^1\ \ W^2\ \ \cdots\ \ W^Q]$$

$$\boldsymbol{b}=[b^1\ \ b^2\ \ \cdots\ \ b^Q]$$

$L_{\mathrm{p}}(\boldsymbol{W},\boldsymbol{b})$为与 $\boldsymbol{W}$ 和 $\boldsymbol{b}$ 相关的函数；y_i为第 i 次观测输出；N 为观测数组的数量；$\varphi(x)$为到高维特征空间的非线性转换函数；常数 C 为控制正则化与减少误差之间权重的参数，表示对超出误差 ε 的样本的惩罚程度；$L(u)$为有关 ε 的二次函数，由下式定义：

$$L(u)=\begin{cases}0, & u<\varepsilon \\ u^2-2u\varepsilon+\varepsilon^2, & u\geqslant\varepsilon\end{cases} \tag{4.65}$$

当 $\varepsilon\neq0$ 时，可以考虑所有的输出量，以此来构造对每一个个体的回归，并且能够获得更为稳定可靠的预测。它会对所有的维度产生单个的支持向量集，然后可以通过迭代调整权值的最小二乘法解决优化问题，该优化迭代算法是基于前一次迭代的 W^{t-1} 和 b^{t-1} 。

为了构建迭代调整权值的最小二乘算法程序，对 $L(u)$进行一阶泰勒展开来近似估计式，则

$$\begin{cases}L'_{\mathrm{p}}(\boldsymbol{W},\boldsymbol{b})=\dfrac{1}{2}\sum\limits_{j=1}^{Q}\left\|\boldsymbol{W}^j\right\|^2+\dfrac{1}{2}\sum\limits_{i=1}^{N}a_iu_i^2+\tau \\ a_i=\begin{cases}0, & u_i^t<\varepsilon \\ 2C(u_i^t-\varepsilon)u_i^t, & u_i^t\geqslant\varepsilon\end{cases}\end{cases} \tag{4.66}$$

式中：τ 为与 $\boldsymbol{W}$ 和 $\boldsymbol{b}$ 无关的常数项的和，也代表 $\boldsymbol{W}=\boldsymbol{W}^t$ 及 $\boldsymbol{b}=\boldsymbol{b}^t$ 时与 $L_{\mathrm{p}}(\boldsymbol{W},\boldsymbol{b})$相同的数值和维度，上标 t 表示第 t 次迭代，对式（4.66）的优化是一个加权最小二乘问题，其权值取决于前面的优化方案及 y 值已有的信息，一旦获得了 $\boldsymbol{W}^t$ 和 $\boldsymbol{b}^t$，相应于 $L_{\mathrm{p}}(\boldsymbol{W},\boldsymbol{b})$的优化问题就可以转化成搜索 $L_{\mathrm{p}}(\boldsymbol{W},\boldsymbol{b})$最优解问题。根据 SVM 原理可得

$$\begin{bmatrix}\boldsymbol{K}+\boldsymbol{D}_a^{-1} & \boldsymbol{I} \\ \boldsymbol{a}^{\mathrm{T}}\boldsymbol{K} & \boldsymbol{I}^{\mathrm{T}}\end{bmatrix}\begin{bmatrix}\boldsymbol{\beta}^j \\ \boldsymbol{b}^j\end{bmatrix}=\begin{bmatrix}\boldsymbol{y}^j \\ \boldsymbol{a}^{\mathrm{T}}\boldsymbol{y}^j\end{bmatrix},\quad j=1,2,\cdots,Q \tag{4.67}$$

式中：$\boldsymbol{K}$ 为核函数矩阵；$(\boldsymbol{D}_a)_{ij}=a_i\,\delta(i-j)$；$\boldsymbol{y}_j=[y_{ij},\cdots,yN_j]$；$\boldsymbol{I}$ 为单位列向量。

$\boldsymbol{W}^s$ 和 $\boldsymbol{b}^s$ 可以通过式（4.67）获得，要进一步得到 $\boldsymbol{W}^{t+1}$ 和 $\boldsymbol{b}^{t+1}$，构建矩阵 $\boldsymbol{P}^t$

$$\boldsymbol{P}^t=\begin{bmatrix}W^s-W^t \\ (\boldsymbol{b}^s-\boldsymbol{b}^t)^{\mathrm{T}}\end{bmatrix} \tag{4.68}$$

在下一步中，通过式（4.69）获得 $\boldsymbol{W}^{t+1}$ 和 $\boldsymbol{b}^{t+1}$：

$$\begin{bmatrix}\boldsymbol{W}^{t+1} \\ (\boldsymbol{b}^{t+1})^{\mathrm{T}}\end{bmatrix}=\begin{bmatrix}\boldsymbol{W}^t \\ (\boldsymbol{b}^t)^{\mathrm{T}}\end{bmatrix}+\boldsymbol{\eta}^t\boldsymbol{P}^t \tag{4.69}$$

式中：$\boldsymbol{\eta}^t$ 是用回溯算法初始化 $\boldsymbol{\eta}^t=1$ 时计算得

$$\boldsymbol{\eta}^{t+1}=\xi\boldsymbol{\eta}^t \tag{4.70}$$

式中：ξ 为小于 1 的常数。

3. 基于 B-MSVM 的概率反分析方法

计算模型和优化方法是位移反分析最重要的两个部分，对于一个大型工程项目，建立数值模型是非常耗时间的，并且很难用固定的力学模型全面而准确地描述岩土体的力学行为，所以建立监测数据与岩土体内在参数的非线性映射关系，获取岩土体在给定性状下的参数值，可以大大减少计算时间。而参数的不确定性又是直接影响工程设计及安全性评价可靠性的重要因素，采用 MSVM 建立监测位移与岩体参数之间的关系，然后采用贝叶斯方法来体现岩

土力学参数不确定性的概率分布规律，即形成 B-MSVM 概率反分析法。

采用 MSVM 反映岩土力学参数（弹性模量、黏聚力、侧压力系数等）与监测位移之间的非线性映射关系时，MSVM($\boldsymbol{X}$)定义如下：

$$\mathrm{MSVM}(\boldsymbol{X}):\boldsymbol{R}^N\to\boldsymbol{R}^Q \tag{4.71}$$

$$\boldsymbol{Y}=\mathrm{MSVM}(\boldsymbol{X}) \tag{4.72}$$

式中：$\boldsymbol{X}=(x_1,x_2,\cdots,x_N)$，$x_i(i=1,2,\cdots,N)$为岩土力学参数（如弹性模量、摩擦角、侧压力系数等）组成的向量；$\boldsymbol{Y}=(y_1,y_2,\cdots,y_Q)$为位移的 Q 维向量。在参数反分析中，位移 $\boldsymbol{Y}$ 为观测输出量，相应地，Q 为观测输出量的个数。

为了建立 MSVM（$\boldsymbol{X}$）这种映射关系，需要有一组已知样本作为 SVM 的训练样本，用以训练的样本可以通过数值分析和模型计算获得，试验的目的是根据给定的一组岩土力学参数获得岩体相应的位移。拉丁超立方取样方法可以用来构建样本，并且将岩土力学参数定义为 MSVM 的输入，位移定义为 MSVM 的输出。

将基于 MSVM 的贝叶斯反分析应用在岩土工程中，考虑不同监测点的岩土力学参数和监测位移（用 $Y_{\mathrm{mon}1},Y_{\mathrm{mon}2},\cdots,Y_{\mathrm{mon}\,k}$ 表示），监测点的预测位移（$y_1,y_2,\cdots,y_k$）与相应的监测位移相等的可能性是 θ 的一个条件概率密度函数，即

$$\begin{aligned}&L(\theta\mid y_1=Y_{\mathrm{mon}1},y_2=Y_{\mathrm{mon}2},\cdots,y_k=Y_{\mathrm{mon}\,k})\\&=N_k[Y_{\mathrm{mon}1}/\delta_1(\theta),Y_{\mathrm{mon}2}/\delta_2(\theta),\cdots,Y_{\mathrm{mon}\,k}/\delta_k(\theta)]\end{aligned} \tag{4.73}$$

式中：θ 代表了确定的岩土力学参数，并服从多元正态分布，$\delta_1(\theta),\delta_2(\theta),\cdots,\delta_k(\theta)$，是不同的监测点基于 MSVM 方法的预测值，$N_k$ 是一个符合多元正态分布的条件概率密度函数，其平均向量为 $\boldsymbol{\mu}_\theta=[\mu_1\ \mu_2\ \cdots\ \mu_k]$。协方差矩阵为

$$\boldsymbol{C}_\theta=\begin{bmatrix}\sigma_{11}^2 & \sigma_{12}^2 & \cdots & \sigma_{1k}^2\\ \sigma_{21}^2 & \sigma_{22}^2 & \cdots & \sigma_{2k}^2\\ \vdots & \vdots & & \vdots\\ \sigma_{k1}^2 & \sigma_{k2}^2 & \cdots & \sigma_{kk}^2\end{bmatrix} \tag{4.74}$$

式中：$\sigma^2k_1k_2=\rho_\theta\mu_{k1}\mu_{k2}$，其中 ρ_θ 为两个模型偏差因素 θ_{k1} 和 θ_{k2} 的相关系数。θ 的后验概率密度函数可随着监测位移更新，可通过下式获得

$$\begin{aligned}&f(\theta\mid y_1=Y_{\mathrm{mon}1},y_2=Y_{\mathrm{mon}2},\cdots,y_k=Y_{\mathrm{mon}\,k})\\&=m_kN_k[Y_{\mathrm{mon}1}/\delta_1(\theta),Y_{\mathrm{mon}2}/\delta_2(\theta),\cdots,Y_{\mathrm{mon}\,k}/\delta_k(\theta)]\cdot f(\theta)\end{aligned} \tag{4.75}$$

式中：m_k 为确保累积概率在 θ 全部范围内取值时统一的标准化因子。式（4.75）中的其他因素定义如下：

$$f(\theta)=\frac{\exp\left[-\dfrac{1}{2}(\theta-\boldsymbol{\mu}_\theta)\boldsymbol{C}_\theta^{-1}(\theta-\boldsymbol{\mu}_\theta)^{\mathrm{T}}\right]}{(2\pi)^{\frac{k}{2}}\sqrt{\det(\boldsymbol{C}_\theta)}} \tag{4.76}$$

$$N_k(y)=\frac{\exp\left[-\dfrac{1}{2}\left(\dfrac{y}{\boldsymbol{\mu}_{\mathrm{d}}}-1\right)\boldsymbol{C}_\theta^{-1}\left(\dfrac{y}{\boldsymbol{\mu}_{\mathrm{d}}}-1\right)^{\mathrm{T}}\right]}{(2\pi)^{\frac{k}{2}}\sqrt{\det(\boldsymbol{C}_y)}} \tag{4.77}$$

$$C_y = \begin{bmatrix} \mu_{y11}^2 & \mu_{y12}^2 & \cdots & \mu_{y1k}^2 \\ \mu_{y21}^2 & \mu_{y22}^2 & \cdots & \mu_{y2k}^2 \\ \vdots & \vdots & & \vdots \\ \mu_{yk1}^2 & \mu_{yk2}^2 & \cdots & \mu_{ykk}^2 \end{bmatrix} \tag{4.78}$$

式中：k 为监测点的数量；y 为预测位移；$\boldsymbol{\mu}_\theta$ 为岩土体参数向量的均向量；$\boldsymbol{\mu}_{\mathrm{d}}$ 为观测点的平均位移；$\boldsymbol{C}_y$ 为不同测点的观测位移的协方差矩阵，且 $\mu_{yk_1k_2}^2 = \rho_y \mu_{yk_1} \mu_{yk_2}$。

后验分布可以通过优化或者抽样方法获取。本例中采用基于 Microsoft Excel Solver 的优化工具。在获取了后验均值后，后验标准方差可通过式（4.79）～式（4.81）获得：

$$\sigma_\theta = \sqrt{\mathrm{diag}(\boldsymbol{C}_{\theta|\mathrm{d}})} \tag{4.79}$$

$$\boldsymbol{C}_{\theta|\mathrm{d}} = (\boldsymbol{G}^{\mathrm{T}} \boldsymbol{C}_y^{-1} \boldsymbol{G} + \boldsymbol{C}_\theta^{-1})^{-1} \tag{4.80}$$

$$\boldsymbol{G} = \frac{\partial^2 \mathrm{MSVM}(\theta)}{\partial \theta_j \partial \theta_k} \tag{4.81}$$

根据 MSVM 算法，MSVM 模型 MSVM(θ)的一阶偏导数可由下式计算：

$$\frac{\partial \mathrm{MSVM}(\theta)}{\partial \theta_j} = W \frac{\partial K}{\partial \theta_j} \tag{4.82}$$

式中：θ_j 为 θ 的第 j 部分；K 为 MSVM 的核函数，$\frac{\partial K}{\partial \theta_j}$ 为核函数矩阵的一阶偏导。当核函数已知时，MSVM 模型的一阶偏导数可以很容易地计算出来。如果核函数是一个径向基函数，那么核函数的一阶偏导数可以通过下式计算：

$$\frac{\partial K}{\partial \theta_j} = -\frac{\theta_j - \theta_{ij}}{\sigma^2} \exp\left(-\frac{|\theta - \theta_i|^2}{2\sigma^2}\right) \tag{4.83}$$

式中：θ_j 为 θ 的第 j 部分，θ_{ij} 是 θ_i 的第 j 部分。

根据式（4.82）和式（4.83），MSVM 模型及其核函数的二阶偏导数就可以通过下式计算：

$$\frac{\partial^2 \mathrm{MSVM}(\theta)}{\partial \theta_j \partial \theta_k} = W \frac{\partial^2 K}{\partial \theta_j \partial \theta_k} \tag{4.84}$$

$$\frac{\partial^2 K}{\partial \theta_j \partial \theta_k} = \frac{(\theta_j - \theta_{ij})(\theta_k - \theta_{ik})}{\sigma^4} \exp\left(-\frac{|\theta - \theta_i|^2}{2\sigma^2}\right) \tag{4.85}$$

B-MSVM 采用贝叶斯的算法来更新岩土力学参数，考虑了岩体内在的不确定性。位移与岩土力学参数的对应关系对更新算法至关重要。采用 MSVM 来取代传统的数值分析或模型计算方法，其分析过程如图 4.35 所示。

步骤 1：收集工程信息，如地质条件、项目规模、监测面的分布、原位地应力等；并使用连续或非连续有限元软件建立数值模型，如 Phase2、FLAC、DEM。

步骤 2：根据第一步中收集的信息，确定用于识别的训练组参数的范围，并建立训练样本。

步骤 3：计算每个样本的位移。

步骤 4：建立 MSVM 模型。基于实验数据可以初步设计构建岩土力学参数组合，每个样本集的位移在事先由有限元法或其他数值方法确定，并用于定义 MSVM 模型。样本集由采样点及其对应的位移组成，基于建立的样本集，MSVM 模型可由求解式（4.71）获得。

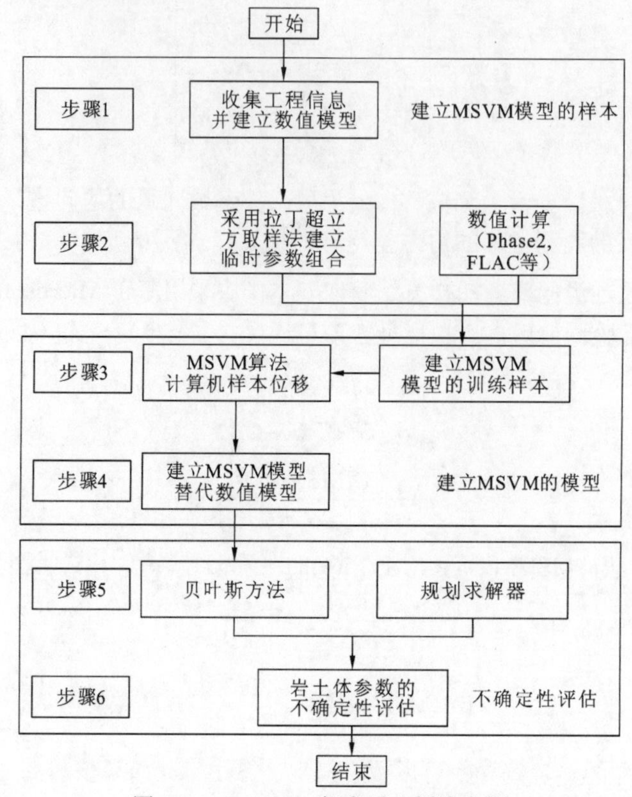

图 4.35　B-MSVM 概率反分析法步骤

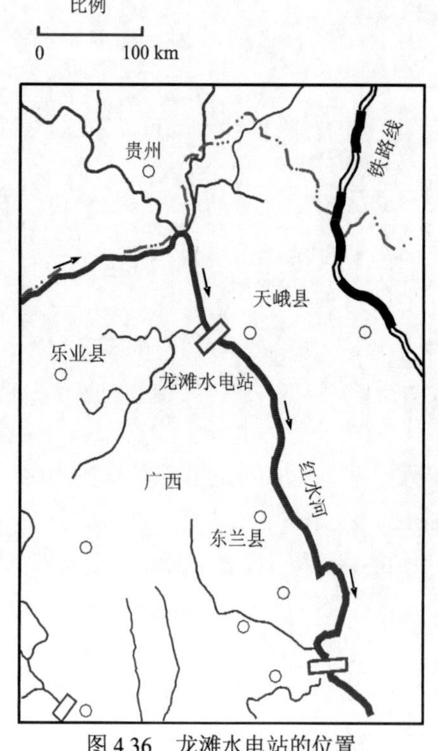

图 4.36　龙滩水电站的位置

步骤 5：根据式（4.75）建立贝叶斯更新模型，激活 Excel 解算器进行后续识别参数均值的计算。

步骤 6：根据式（4.79）计算后验的标准差，获取岩土力学参数及其不确定性。

4. 水电站高边坡实例分析

龙滩水电站位于广西天峨县城上游约 15 km 处（图 4.36）。龙滩水电站左坝肩的岩石裸露岩性主要是三叠系下三叠统罗楼组 T_1l 和三叠系中三叠统板纳组 T_2b，均为轻微变质的浅海深水相碎屑岩组（图 4.37）。边坡主要由砂岩、泥岩、灰岩、凝灰岩组成。裸露的岩石主要有 6 类：①泥岩、石灰岩互层；②泥岩、石灰岩混合层；③层状凝灰岩；④砂岩；⑤砂岩、泥岩互层；⑥泥岩。典型的地层断面图如图 4.37 所示，岩层单位厚度及岩性如表 4.22 所示。

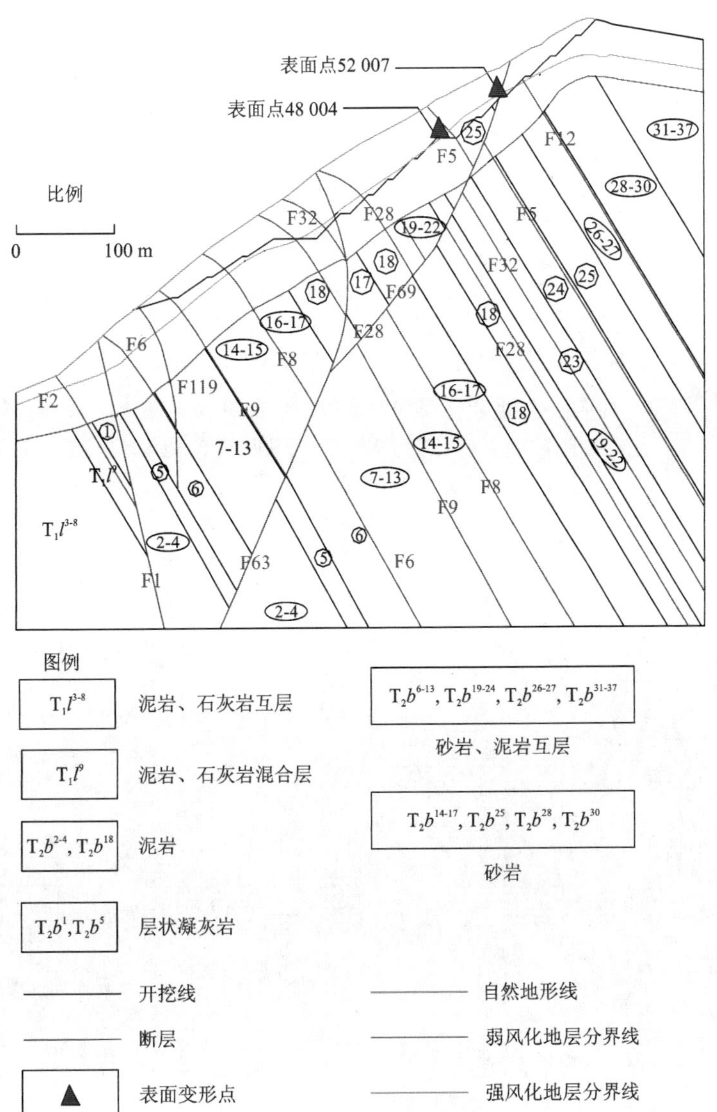

图 4.37 龙滩水电站地层断面图

表 4.22 典型岩组的厚度及岩性构成

岩石类型		厚度/m	地层符号	岩性构成/%			
				砂岩	粉砂岩	泥岩	石灰岩
1	泥岩、石灰岩互层	116.05	$T_1l^{3\sim8}$		10.5	44.4	45.1
2	泥岩、石灰岩混合层	143.14	$T_1l^{1\sim2}$，T_1l^9	10.3		83.3	6.4
3	层状凝灰岩	31.35	T_2b^1，T_2b^5	99.5		0.5	
4	砂岩	639.42	$T_2b^{14\sim17}$，T_2b^{25}，$T_2b^{28\sim30}$，$T_2b^{38\sim47}$，T_2b^{49}，T_2b^{51}	60.9	21.2	17.3	0.6

续表

	岩石类型	厚度/m	地层符号	岩性构成/%			
				砂岩	粉砂岩	泥岩	石灰岩
5	砂岩、泥岩互层	390.10	$T_2b^{6\sim13}$，$T_2b^{19\sim24}$，$T_2b^{26\sim27}$，$T_2b^{31\sim37}$，T_2b^{48}，T_2b^{50}	20.5	40.5	38.4	0.6
6	泥岩	158.22	$T_2b^{2\sim4}$，T_2b^{18}，T_2b^{52}	16.5	6.5	72.9	4.1

左坝肩属陡峭的反倾岩质边坡（图 4.37），开挖高度从 635 m 降到 215 m，高差达 420 m，开挖切角的范围为 35° ～65°（图 4.38），分布约 14 个 15 m～20 m 高的长椅状台阶（表 4.23）。边坡上存在 50 多个大大小小的断层，较大的断层对边坡的稳定性有很大影响。

图 4.38　龙滩水电站左岸坝基边坡实景

表 4.23　龙滩水电站左岸坝基边坡开挖设计

开挖平台编号	开挖高程/m	开挖平台编号	开挖高程/m	开挖平台编号	开挖高程/m
1	580～597	6	480～500	11	382～406.5
2	560～580	7	460～480	12	365～382
3	540～560	8	440～460	13	345～365
4	520～540	9	425～440	14	311～325
5	500～520	10	406.5～425		

为记录开挖期间及开挖完成之后边坡的变形，共选取了 13 条监测剖面，位置分布如图 4.39。监测表面位移和深部变形的仪器均在边坡上沿着监测剖面布置，这些仪器可以监测整个水电站的变形情况，并收集了通过多点伸长计记录的变形数据。

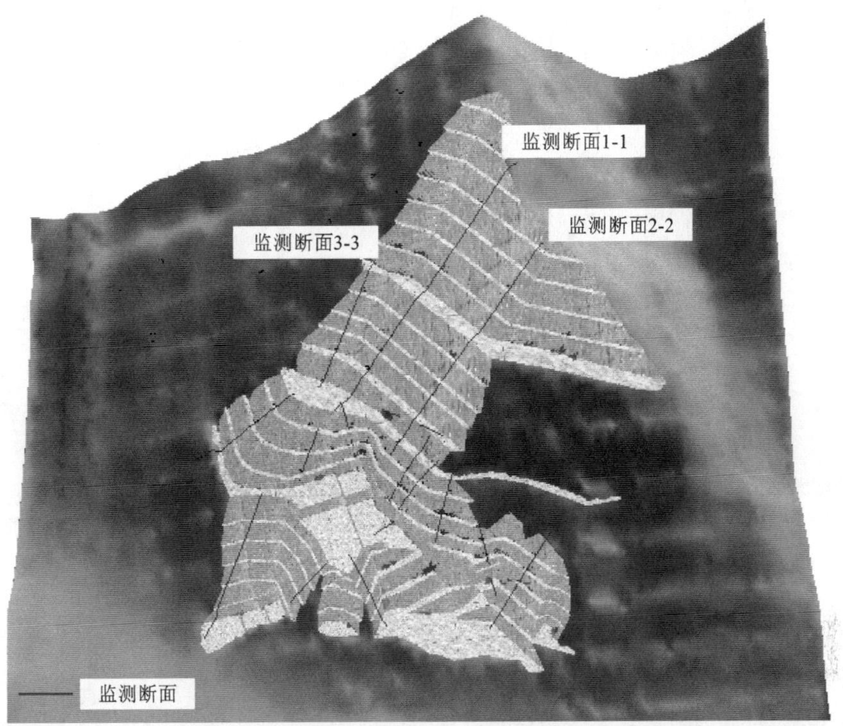

图 4.39　边坡典型监测断面位置三维可视化分布图

选取典型的监测断面 1-1 来反演边坡岩土体的力学参数，沿着监测断面 1-1 地质剖面的岩床由砂岩、砂岩泥岩互层、泥岩等。此外，考虑了 12 个重要的断层。由 Phase 2 软件建立数值分析模型如图 4.40 所示。为了尽量避免边界效应，所建立的模型在 x 方向 1 300 m 长，y 方向 630 m 高。左、右边界和底部边界均采用固定边界。基于前期数据，破坏准则采用莫尔-库仑准则，断层采用节理单元模拟。

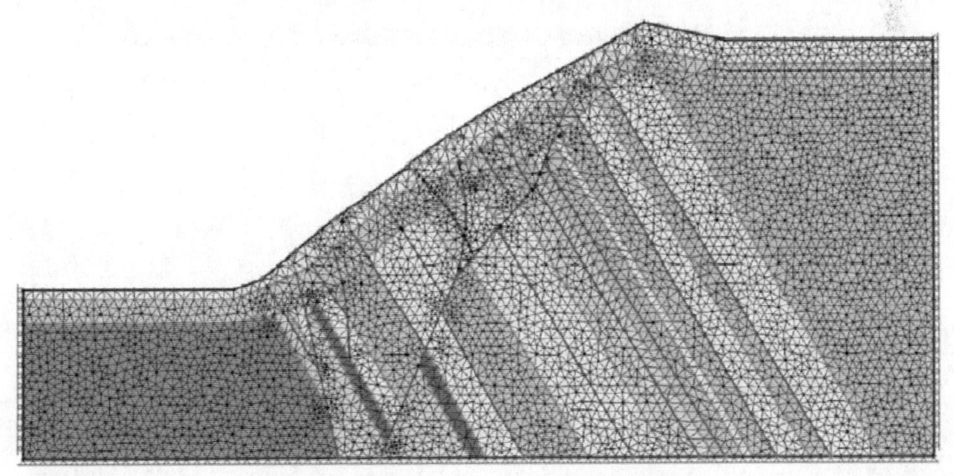

图 4.40　监测断面 1-1 的 Phase2 数值模型

根据原位应力测试的结果，采用如下公式模拟计算原岩应力。

全风化和强风化的岩体：

$$\begin{cases}\sigma_y = -\gamma h \\ \sigma_x = \sigma_z = \dfrac{\mu}{1-\mu}\gamma h\end{cases} \tag{4.86}$$

式中：σ_x，σ_z 为 x 和 z 轴在水平方向的原岩应力；σ_y 为垂直方向的应力；γ 为岩石的密度；μ 为泊松比；h 为岩石上覆层的厚度。

弱风化和无扰动的岩体：

$$\begin{cases}\sigma_y = -\gamma h \\ \sigma_x = K_x \sigma_y \\ \sigma_z = K_z \sigma_y\end{cases} \tag{4.87}$$

式中：K_x、K_z 为原岩应力在水平方向的侧压力系数。

监测断面上两个表面点 52007 和 48004 的监测数据被用于反演岩土体的参数。表 4.23 展示了边坡的 14 个模拟开挖步。边坡从 382 m 开挖到 311 m 过程中，两个监测点得到的边坡水平位移的增量和累积位移量如表 4.24 所示。

表 4.24　表层监测点在不同开挖不步时的水平监测位移

测点编号	位移增量/mm				累积位移量/mm
	▽382	▽365	▽345	▽311	
52007	0	3.4	3.6	4.0	11.0
48004	—	0	3.0	5.7	8.7

注：▽表示高程，单位为 m。

通过数值模型计算得到的复合岩体的主要物理力学参数和现场或者室内岩样测试得到的参数如表 4.25 所示。

表 4.25　数值模拟和现场或室内试验确定的复合岩体主要物理力学参数

参数	弱风化岩体	砂岩	砂岩、泥岩互层	泥岩	泥岩、石灰岩混合层	层状凝灰岩	泥岩、石灰岩互层
容重 γ/（kN/m^3）	26.8	27.3	27.3	27.0	27.0	27.0	27.0
内摩擦角 φ/（°）	38.0	56.3	53.5	47.7	47.7	46.7	43.7
黏聚力 c /MPa	0.69	2.45	1.96	1.48	1.18	1.48	1.18
泊松比 μ	0.33	0.24	0.25	0.26	0.27	0.26	0.27
抗拉强度 R_t /MPa	0.4	1.2	0.9	0.7	0.5	0.5	0.7

根据给定的边坡稳定性要求，反分析计算出符合正态分布的 9 个岩土力学参数：7 个弹性模量（1 个弱风化岩体的弹性模量、6 种岩体的弹性模量）、弱风化岩体和无扰动岩体的原位应力测试的侧压力系数。

利用拉丁超立方体取样方法建立一个总数为 50 的样本组，基于前文的数值模型，采用 Phase2 软件计算每个样本参数对应的位移值，生成 50 组含有不同岩土力学参数和位移的训练样本（表 4.26）。然后，采用 MSVM 算法建立这些位移和岩土力学参数间的关系。再用相

表 4.26　含不同岩体参数和位移的训练样本

样本数	弹性模量 E/GPa							侧压力系数 K_x		表面点的水平位移增量/mm				
										52007			48004	
	弱风化岩体	砂岩	砂岩、泥岩互层	泥岩	泥岩、石灰岩混合层	层状凝灰岩	泥岩、石灰岩互层	弱风化岩石	无扰动岩体	▽365	▽345	▽311	▽345	▽311
1	5.43	21.19	23.85	18.00	13.19	16.63	14.34	1.4	1.7	2.56	2.72	2.86	8.75	8.85
2	5.36	18.92	27.78	20.28	22.46	16.17	14.95	1.7	1.5	3.45	3.56	3.64	5.03	5.11
3	5.28	17.27	23.63	17.60	11.26	18.37	12.50	1.5	1.6	2.7	2.84	2.93	5.54	5.63
4	4.71	18.69	29.56	19.79	16.95	19.12	16.71	1.3	2.0	1.58	1.74	1.84	5.52	5.59
5	4.36	27.13	22.40	17.20	18.43	17.82	15.59	1.4	1.5	3.94	4.07	4.16	6.83	6.92
6	8.38	26.35	21.44	19.62	15.87	19.32	8.17	1.6	1.6	3.49	3.64	3.73	4.7	4.79
7	7.31	19.34	20.64	13.60	19.21	13.22	24.68	1.5	1.7	1.97	2.17	2.31	5.58	5.65
8	6.60	21.69	18.74	21.83	16.59	16.51	16.99	1.7	1.7	3.73	3.91	4.05	3.66	3.7
9	3.14	24.41	20.90	15.78	25.19	15.75	20.33	1.5	2.0	4.42	4.58	4.77	8.66	8.75
10	7.98	26.18	21.40	15.48	13.02	15.45	19.27	1.4	1.7	2.62	2.77	2.93	5.41	5.48
11	1.21	17.81	17.45	18.40	12.57	13.81	11.12	1.2	1.8	3.87	4.03	4.18	17.2	17.4
12	3.40	2.43	22.55	20.95	15.01	20.98	15.17	1.4	2.2	2.83	3.04	3.19	6.47	6.58
13	4.95	33.97	26.80	17.08	8.73	19.79	14.03	1.4	1.8	3.95	4.06	4.14	7.27	7.37
14	6.42	23.20	24.27	25.30	17.03	15.96	14.43	1.5	1.4	3.41	3.55	3.63	3.77	3.84
15	3.26	25.89	25.06	12.13	17.40	20.45	15.90	1.6	1.9	4.78	4.95	5.05	10.4	10.5
16	7.11	24.00	15.22	14.85	11.79	15.85	13.49	1.6	1.5	3.99	4.18	4.31	5.12	5.2
17	6.67	29.48	22.89	13.92	20.73	17.61	21.32	1.4	1.6	3.39	3.52	3.63	6.7	6.81
18	6.84	24.85	13.18	16.21	16.03	17.02	10.50	1.7	1.4	5.11	5.31	5.45	4.69	4.77
19	2.70	22.81	26.29	15.11	14.48	11.60	7.15	1.4	1.7	4.28	4.39	4.45	10.5	10.7
20	5.19	25.15	25.68	17.34	15.68	12.14	11.98	1.3	1.9	2.65	2.79	2.9	6.32	6.43
21	5.80	25.43	25.98	16.84	17.54	14.06	18.50	1.2	1.8	2.25	2.38	2.48	5.94	6.03
22	7.12	16.98	18.20	15.27	15.25	14.27	19.73	1.3	1.8	0.06	0.12	0.25	4.04	4.1
23	4.20	31.07	23.33	10.71	13.73	17.15	11.35	1.3	1.8	4.34	4.44	4.53	10	10.2
24	9.18	19.68	20.32	11.73	23.94	18.24	18.15	1.5	1.5	2.08	2.28	2.39	5.92	6.03
25	5.55	26.75	21.88	14.60	14.72	16.87	17.18	1.5	1.4	3.58	3.72	3.82	6.56	6.68

续表

样本数	弹性模量 E/GPa							侧压力系数 K_x		表面点的水平位移增量/mm				
										52007			48004	
	弱风化岩体	砂岩	砂岩、泥岩互层	泥岩	泥岩、石灰岩混合层	层状凝灰岩	泥岩、石灰岩互层	弱风化岩石	无扰动岩体	▽365	▽345	▽311	▽345	▽311
26	4.78	27.41	23.29	19.02	18.70	12.89	16.32	1.6	1.7	4.36	4.51	4.62	6.05	6.14
27	6.54	24.06	20.00	16.35	17.99	22.27	17.57	1.5	1.8	2.97	3.14	3.26	5.32	5.39
28	4.54	28.76	29.18	18.14	20.43	16.26	13.11	1.5	1.7	3.99	4.13	4.22	7.07	7.17
29	3.73	22.53	20.55	22.78	21.33	14.78	20.16	1.6	1.6	4.48	4.64	4.74	5.76	5.82
30	4.53	27.83	14.49	21.35	13.96	18.83	14.66	1.3	1.6	4.29	4.47	4.6	5.36	5.45
31	5.12	20.91	21.64	18.45	19.94	15.17	19.55	1.4	1.3	3.18	3.31	3.38	5.32	5.4
32	3.98	30.57	16.50	20.08	9.22	18.96	21.08	1.5	1.5	5.05	5.23	5.35	6.04	6.11
33	5.86	12.54	12.33	17.75	12.84	17.99	13.67	1.1	1.7	1.76	1.61	1.52	2.77	2.84
34	6.15	18.16	24.55	19.38	11.54	18.66	16.04	1.3	1.7	1.5	1.67	1.78	4.5	4.55
35	5.64	32.17	24.89	15.73	16.77	16.81	23.86	1.3	1.5	3.38	3.5	3.59	6.5	6.6
36	5.25	16.06	22.07	20.67	15.46	14.62	17.74	1.4	1.4	2.68	2.83	2.93	4.66	4.71
37	4.05	28.37	22.74	16.98	18.11	13.67	19.05	1.5	1.1	3.11	3.19	3.26	6.16	6.28
38	6.25	14.63	19.35	16.70	16.24	14.96	9.85	1.3	1.4	1.57	1.73	1.84	4.89	4.98
39	6.02	21.97	19.72	13.15	3.52	17.37	13.41	1.4	1.9	1.64	1.82	1.94	6.3	6.46
40	7.75	29.20	17.80	14.23	14.15	10.09	17.29	1.4	1.6	3.31	3.49	3.64	5.7	5.79
41	6.95	15.51	18.98	15.01	18.88	15.28	12.90	1.2	1.6	0.06	0.17	0.27	4.3	4.43
42	7.46	21.41	19.84	13.21	20.29	21.63	16.51	1.6	1.5	3.16	3.32	3.43	5.95	6.05
43	5.88	13.47	18.07	18.86	10.82	18.53	15.67	1.5	1.7	0.82	1.05	1.19	3.26	3.31
44	4.28	23.36	15.91	14.41	12.20	24.37	18.06	1.2	1.6	2.98	3.18	3.3	6.75	6.86
45	6.31	23.74	18.64	19.28	14.93	17.72	18.76	1.7	1.3	3.95	4.11	4.22	4.16	4.24
46	5.69	20.35	16.92	18.58	17.74	20.79	21.68	1.6	1.9	2.71	2.94	3.1	4.18	4.23
47	6.05	24.56	15.42	16.40	19.60	20.11	9.73	1.5	1.6	3.99	4.18	4.31	5.35	5.46
48	5.00	20.56	19.47	12.69	10.38	22.10	22.59	1.5	1.6	3.25	3.42	3.54	7.15	7.25
49	3.79	19.92	21.05	15.99	13.49	19.59	15.21	1.8	1.9	4.12	4.31	4.42	7.22	7.32
50	4.80	22.06	17.05	17.77	22.05	12.37	12.13	1.4	1.8	2.98	3.17	3.32	5.35	5.43

同的方法建立 20 个用于检验 MSVM 模型测试样本。如图 4.41 为计算位移和 MSVM 预测位移的对比图，经过计算位移和 MSVM 预测位移的对比，结果显示通过 Phase 2 计算和 MSVM 预测两种方法得到的值具有很好的一致性，对比结果表明 MSVM 方法可在概率反分析中代替数值模型。

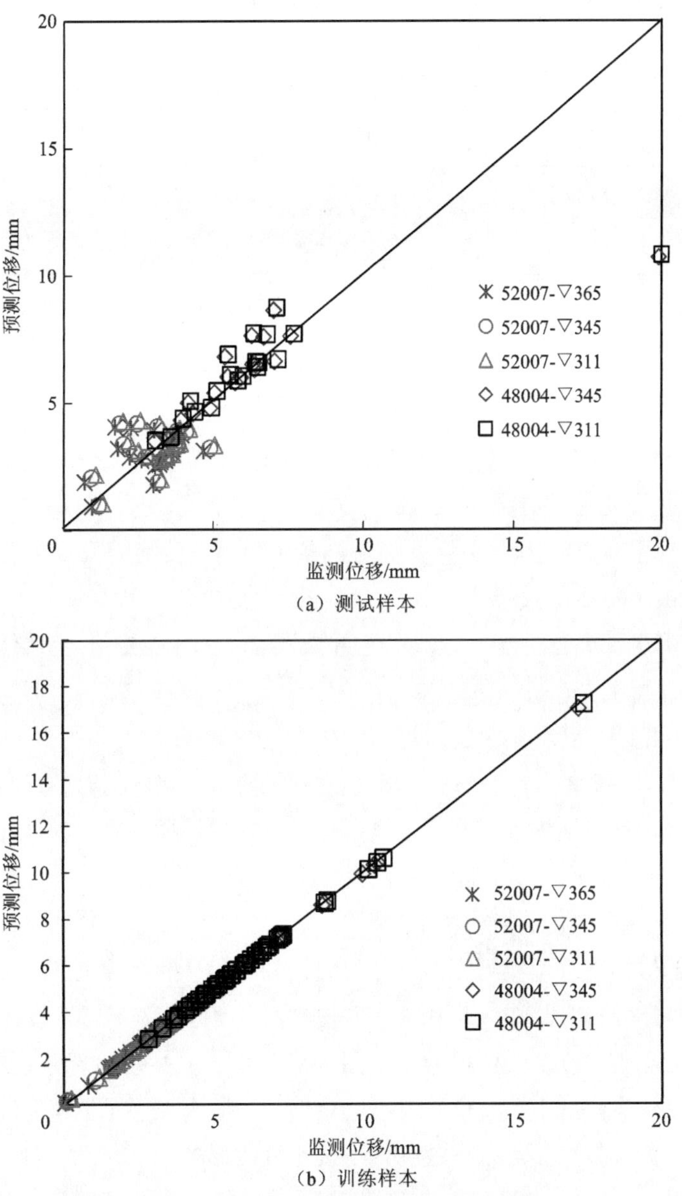

图 4.41　Phase 2 计算位移和 MSVM 预测位移的对比图

基于上文提出的反分析方法，可以得到 14 个不同开挖步条件下 7 种不同岩体的弹性模量和 2 个原位侧压力系数。为了探讨不同开挖条件下 B-MSVM 概率反分析法的适用性，又进行了两阶段分析。第一阶段是采用监测点 52007 与 48004 的概率反分析计算了第 13 个开挖步后的岩土力学参数，第二阶段是基于第一阶段获取的岩体参数的平均值和标准差，采用第 14 个开挖步后的确定性反分析计算了岩土力学参数（表 4.27）。

表 4.27　概率反分析和确定性反分析的对比

开挖步	弹性模量 E/GPa							侧压力系数 K_x	
	弱风化岩体	砂岩	砂岩、泥岩互层	泥岩	泥岩、石灰岩混合层	层状凝灰岩	泥岩、石灰岩互层	弱风化岩石	无扰动岩体
第 13 步	5.29	23.34	15.78	22.28	18.05	25.26	17.98	1.40	1.78
第 14 步	4.87	23.41	16.78	20.50	17.71	27.21	17.78	1.39	1.79

B-MSVM 概率反分析法基于两个电子表格进行，如图 4.42 和图 4.43 所示。不同分析方法和不同开挖步的对比结果见表 4.27。如表 4.27 所示，有监测点的附加信息和数据生成的标准差加深了对岩土力学参数不确定性的理解。与传统的反分析方法相比，B-MSVM 概率反分析提供了更多的关于岩土力学参数的信息，并用一种切实可行的方式体现了岩土力学参数的不确定性。这种方法比确定性方法更合理，并能更进一步的匹配地质工程的复杂性和不确定性特征。

基于不同开挖步下计算结果的岩土力学参数分布如图 4.44 和图 4.45 所示。随开挖的进行，每个开挖步下参数的分布变窄，标准差也随之降低。参数分布的这种变化也表明，所提出的方法可以更加准确地进行反分析，模型也可以指导地质工程的设计和施工。

通过采用 Phase 2 软件基于已识别的参数计算监测点的位移，结果如图 4.46 所示。基于参数识别计算的位移和实测位移具有较好的一致性。基于参数识别的第二阶段计算的位移比第一阶段计算的位移更接近实测位移。这一结果表明位移的持续更新能提高反分析模型的准确性。概率反演分析的结果可以用来进行边坡的可靠度分析和可靠度设计。B-MSVM 概率反分析法预测的监测点 52007 的位移分布如图 4.47 所示，位移分布变窄，岩土体参数分布也变窄，附加的开挖信息降低了预测位移的不确定性。这不仅说明了位移的不确定性，也说明更多的监测信息（先验信息）可以有效降低不确定性的影响。

STEP 1:不确定性参数后验均值的计算

待识别的参数

弹性模量/GPa							地应力侧压力系数	
弱风化岩体	砂岩	砂岩和泥岩互层	泥岩	泥岩和灰岩混合层	层状凝灰岩	泥岩和灰岩互层	弱风化岩体	无扰动岩体
5.29	23.34	15.78	22.28	18.05	25.26	17.98	1.4	1.8

使用MSVM的计算位移/cm

52007-365	52007-345	48004-345
3.38	3.58	4.13

关键点的监测位移

3.4	3.6	4.0

适应值	$f(\theta)$	$f(D)$
0.000063	3.42799E-06	18.4074093

$\theta-\mu_\theta$

0.28768313	−0.8988701	−0.70670561	2.0067221	−0.1763031	−0.68481624	0.022572019	0.002160935	−0.003599007

$g(\theta)/\mu_\varepsilon-1$

0.005505	0.006902	−0.030609

μ_θ(不确定参数中值)

5	24.236188	16.48536972	20.276211	18.2235818	25.9476852	17.95294548	1.394957875	1.785182072

监测位移误差

0.15	0.15	0.15

σ_θ(标准差)

1.5	7.2708564	4.945610916	6.0828632	5.46707454	7.78430556	5.385883644	0.418487363	0.535554622

C_θ(协方差矩阵)

2.25	0	0	0	0	0	0	0	0
0	52.865353	0	0	0	0	0	0	0
0	0	24.45906733	0	0	0	0	0	0
0	0	0	37.001224	0	0	0	0	0
0	0	0	0	29.8889041	0	0	0	0
0	0	0	0	0	60.595413	0	0	0
0	0	0	0	0	0	29.00774263	0	0
0	0	0	0	0	0	0	0.175131673	0
0	0	0	0	0	0	0	0	0.286818753

C_g(协方差矩阵)

0.0225	0	0
0	0.0225	0
0	0	0.0225

STEP 2:后验协方差矩阵计算

标准差

1.34865437	2.1957444	3.964092782	3.5743898	5.27578361	6.86810082	3.724224794	0.418425868	0.535230439

G

4.05523063	−4.4780153	0.97590254	−0.972771	−1.5363745	−0.09548503	0.957165283	−1.06658298	0.52368202
4.04849083	−4.5747407	0.911004424	−0.978585	−1.566026	−0.13019956	0.870366035	−1.09745038	0.486759812
14.6947459	−3.3165857	−2.01547262	5.7131575	0.11269622	2.15433607	1.783702367	0.516608581	−0.828598656

$C_{\theta|d}$

1.818869	1.952759	0.1008869	−2.35212576	−0.03316983	−1.98122772	−1.3103267	−0.001445386	−0.00035028
1.952759	4.821294	−0.740059	−1.38646377	−8.35520744	−2.45149666	−0.02134275	−0.036072761	−0.0044108
0.100887	−0.740059	15.714032	8.654275159	1.289642195	−2.55692465	−9.19033966	0.001597734	−0.05488197
−2.352126	−1.386464	8.6542752	12.77626214	−4.05530912	−11.5583538	−0.09739534	−0.022448563	0.047838242
−0.03317	−8.355207	1.2896422	−4.05530912	27.83389269	−2.17884099	0.063263206	−0.009600223	0.007132814
−1.981228	−2.451497	−2.556925	−11.5583538	−2.17884099	47.17080886	−10.9430951	−0.018536142	−0.02186342
−1.310327	−0.021343	−9.19034	−0.09739534	0.063263206	−10.9430951	13.86985032	−0.009169587	−0.0615233
−0.001445	−0.036073	0.0015977	−0.02244856	−0.00960022	−0.01853614	−0.00916959	0.175080207	2.17701E-06
−0.00035	−0.004411	−0.054882	0.047838242	0.007132814	−0.02186342	−0.0615233	2.17701E-06	0.286471623

图 4.42　B-MSVM概率反分析法第13步开挖时的电子试算表

STEP 1: 不确定性参数后验均值的计算

待识别的参数

弹性模量/GPa							地应力侧压力系数	
弱风化岩体	砂岩	砂岩和泥岩互层	泥岩	泥岩和灰岩混合层	层状凝灰岩	泥岩和灰岩互层	弱风化岩体	无扰动岩体
4.87	23.41	16.78	20.50	17.71	27.21	17.78	1.4	1.8

使用MSVM的计算位移/cm

52007-365	52007-345	48004-345	52007-311	48004-311
3.26	3.45	4.78	3.58	4.85

适应值	$f(\theta)$	$f(D)$
0.000120	6.225E-06	19.2513987

关键点的监测位移

3.4	3.6	4.0	3.0	5.70

$\theta-\mu_\theta$

−0.4140662	0.077346	0.996965202	−1.787037	−0.3326071	1.95116225	−0.19688185	−0.00576679	0.006013916

$g(\theta)/\mu_\varepsilon-1$

0.043523	0.042399	−0.162481	−0.16142475	0.175802679

μ_θ(不确定参数的中值)

5.28768313	23.337318	15.77866411	22.282933	18.0472787	25.262869	17.9755175	1.39711881	1.781583065

监测位移误差

0.15	0.15	0.15	0.15	0.15

σ_θ(标准差)

1.34865437	2.1957444	3.964092782	3.5743898	5.27578361	6.86810082	3.724224794	0.418425868	0.535230439

C_θ(协方差矩阵)

1.81886861	0	0	0	0	0	0	0	0
0	4.8212935	0	0	0	0	0	0	0
0	0	15.71403158	0	0	0	0	0	0
0	0	0	12.776262	0	0	0	0	0
0	0	0	0	27.8338927	0	0	0	0
0	0	0	0	0	47.1708089	0	0	0
0	0	0	0	0	0	13.86985032	0	0
0	0	0	0	0	0	0	0.175080207	0
0	0	0	0	0	0	0	0	0.286471623

C_g(协方差矩阵)

0.0225	0	0	0	0
0	0.0225	0	0	0
0	0	0.0225	0	0
0	0	0	0.0225	0
0	0	0	0	0.0225

STEP 2: 后验协方差矩阵计算

标准差

0.78188932	1.4348446	2.958081299	2.2513416	4.07452108	4.31488322	1.719591741	0.418120484	0.533888897

G

4.05289566	−4.4675271	0.968960284	−0.942469	−1.5404983	−0.1079686	0.958800513	−1.06511991	0.521823659
4.04585518	−4.5623639	0.905713846	−0.949832	−1.5700116	−0.1412176	0.871749127	−1.09587536	0.485009173
14.6531528	−3.336869	−2.06402579	5.7944086	0.1007833	2.1462332	1.776206437	0.514441465	−0.82503096
4.06836298	−4.6496556	0.897742608	−0.934972	−1.6139941	−0.10594488	0.787546447	−1.10266676	0.427947172
14.7977018	−3.3672402	−2.085587543	5.9342275	0.12839502	2.17562038	1.889557635	0.526884279	−0.816955924

$C_{\theta|d}$

0.611351	0.471919	0.4400367	−0.38829925	0.455198768	−1.45084493	−0.63021234	1.32516E-05	−0.01021095
0.471919	2.058779	−0.115903	0.342258247	−4.77557035	−1.03909431	0.273473153	−0.02301486	−0.00971052
0.440037	−0.115903	8.750245	4.131185604	2.208650964	−2.87792406	−3.82888807	0.001467492	−0.05206923
−0.388299	0.342258	4.1311856	5.068538833	−2.83912334	−5.41871103	−1.2056408	−0.01104141	0.044728295
0.455199	−4.77557	2.208651	−2.83912334	16.60172205	0.535700172	−2.47745327	−0.04061842	−0.02872509
−1.450845	−1.039094	−2.877924	−5.41871103	0.535700172	18.61821721	1.899309811	−0.04801142	0.075688048
−0.630212	0.273473	−3.828888	−1.2056408	−2.47745327	1.899309811	2.956995757	0.004296763	−0.09754918
1.33E-05	−0.023015	0.0014675	−0.01104141	−0.04061842	−0.04801142	0.004296763	0.174824739	4.79539E-05
−0.010211	−0.009711	−0.052069	0.044728295	−0.02872509	0.075688048	−0.09754918	4.79539E-05	0.285037354

图 4.43　B-MSVM概率反分析法第14步开挖时的电子试算表

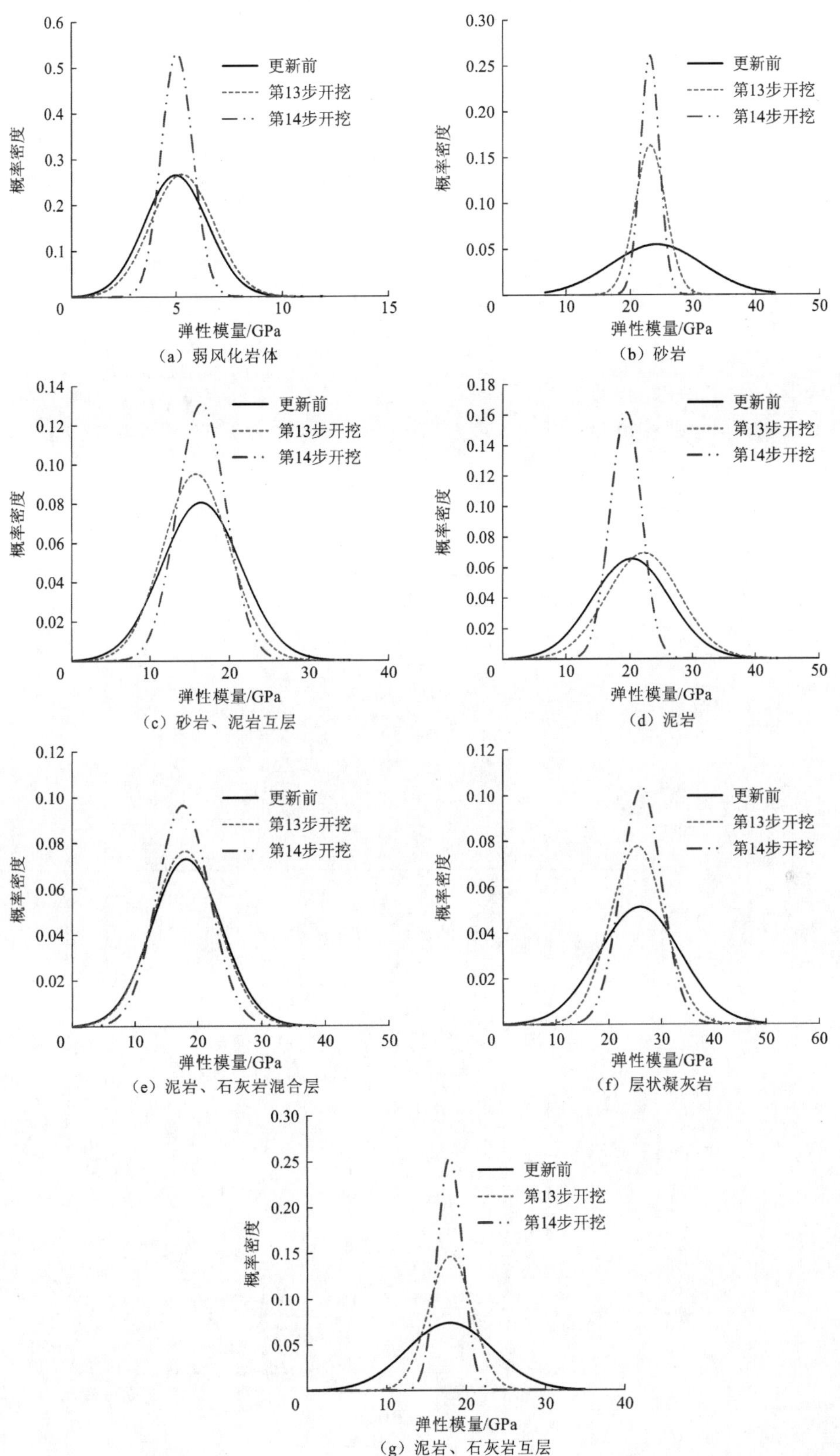

（a）弱风化岩体　（b）砂岩　（c）砂岩、泥岩互层　（d）泥岩　（e）泥岩、石灰岩混合层　（f）层状凝灰岩　（g）泥岩、石灰岩互层

图 4.44　不同开挖步下不同岩性岩体弹性模量的不确定性对比

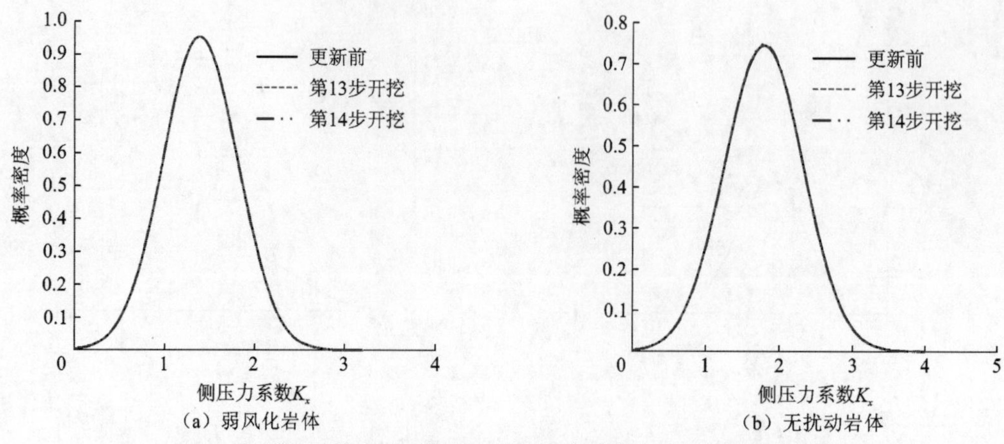

图 4.45　不同开挖步下原位应力的侧压力系数的不确定性分布对比

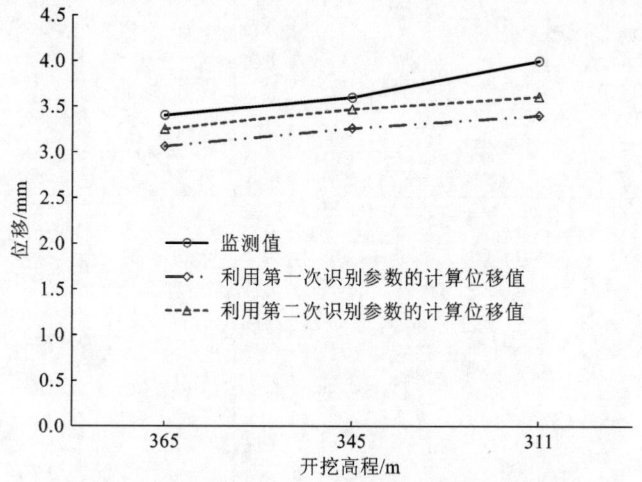

图 4.46　监测点 52007 的计算位移与预测位移对比图

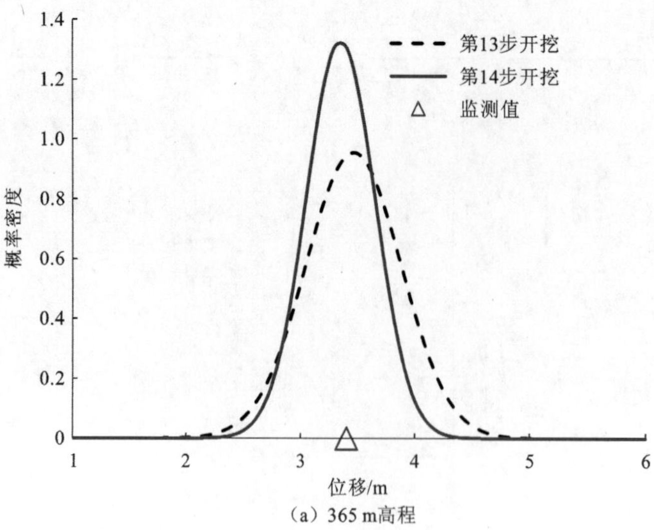

(a) 365 m高程

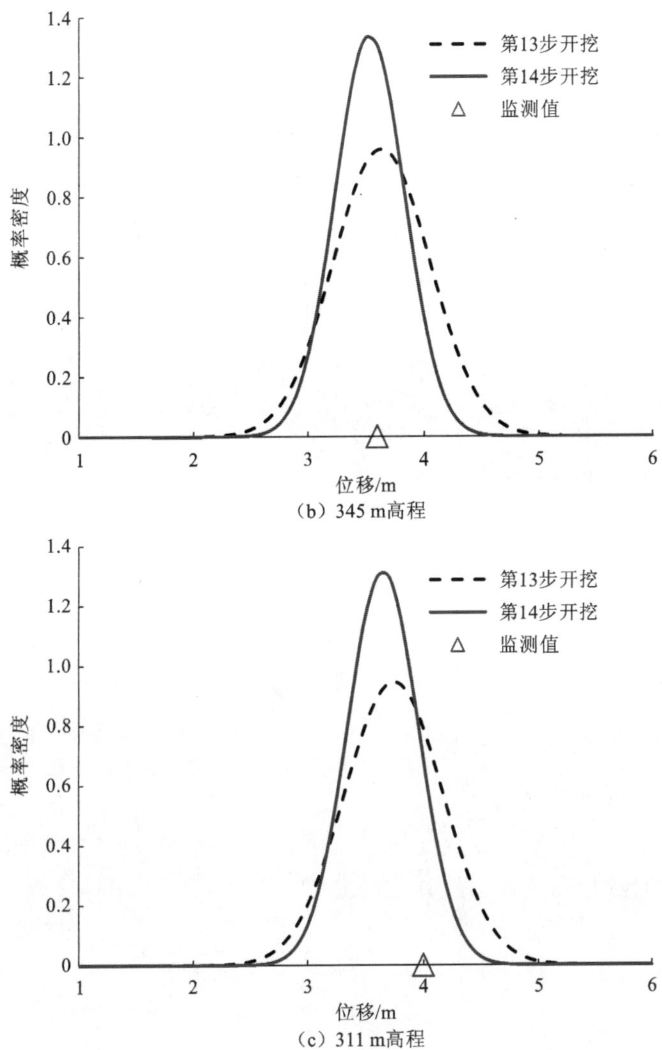

（b）345 m高程

（c）311 m高程

图 4.47　不同高程开挖时 B-MSVM 概率反分析法预测的监测点 52007 位移分布对比图

4.4　基于多元分布-相关向量机的地下洞室变形概率分析

变形是地下洞室支护设计和可靠性分析的重要指标之一。洞室开挖后的位移反映了洞室的稳定性，为观察洞室围岩的力学行为提供了一种直接、方便的方法。数值模拟方法能够适应各种不同的复杂情况，因此被广泛用于计算开挖过程中洞室围岩的位移。然而数值模拟是基于确定性的方法，忽略岩体参数的变化。而由于长期地质过程，或者人类活动的影响，岩体结构和性质具有不均匀性和不确定性，岩体参数之间具有相关性，直接影响不确定性分析的结果[91-94]。

岩体参数的变异性是岩土体材料的一种固有属性，需要寻求合适的方法来应对和评价参数的不确定性和相关性。根据已有的文献来看，概率方法提供了一种有效的途径，可以考虑岩土参数的变异性，避免不合理的工程判断，Nataf模型为相关变量的可靠性计算提供了一种有效的方法[95]，Copula函数被引入岩土领域用来分析多元参数的相关性[96-99]。此外，多元分布模型可以用来描述不同参数的多相关性特征[100-101]，基于随机输入的MCS方法也被广泛应用于许多工程问题中。

当输出变量与输入变量可以显式关联时，MCS方法可以根据已知的输入参数概率分布计算输出参数的概率分布。然而，对于大多数三维地下洞室分析问题，不存在显式函数关系。在进行不确定性分析时，使用有限/离散元程序进行模拟时必须考虑所有输入参数的可变性，这需要进行大量的仿真，在工程实践中直接应用是不可行的。基于相关向量机（relevance vector machine，RVM）与有限元程序耦合的方法，将不确定性计算方法应用于实际工程分析中，具有处理高维非线性问题的能力，可以用来描述岩体的非线性行为。

4.4.1 多元分布-相关向量机模型

1. 多元正态分布模型

采用概率方法进行分析时，首先需要估计岩体参数的不确定性，获得岩体参数的概率分布模型及其统计特征。通过现场或室内试验确定岩体参数，采用经典的理论分布拟合岩体参数的概率分布，确定岩体参数的均值和变异系数等统计特征。在目前的研究中，为了识别岩体参数之间的相关性，通常采用多元正态分布函数构建随机变量的概率模型。n 维相关多元正态分布随机变量的抽样序列 $\boldsymbol{X}_{m\times n}$ 可以由独立的多元正态分布抽样序列 $\boldsymbol{Y}_{m\times n}$ 的线性变换生成。首先基于 MCS 方法生成 n 维独立的多元标准正态分布随机变量的抽样序列 $\boldsymbol{Y}_{m\times n}$，然后对采样序列 $\boldsymbol{Y}_{m\times n}$ 进行线性变换，得到具有标准差 σ_i 和均值 μ_i 的采样序列 $\boldsymbol{X}_{m\times n}$，其相关系数矩阵为 $\boldsymbol{\rho}$。

$$\boldsymbol{X}'_{m\times n} = \boldsymbol{Y}_{m\times n} \cdot \boldsymbol{L}, \quad \boldsymbol{\rho} = \boldsymbol{L}^{\mathrm{T}} \boldsymbol{L} \tag{4.88}$$

2. RVM

RVM[102]以构建输入和输出变量之间的隐式非线性函数关系，实现概率分析与有限元分析的结合，为不确定性分析问题提供了一种有效的解决方法。RVM是一种基于贝叶斯学习框架的机器学习方法，其解比SVM更稀疏。RVM与SVM都假设训练输入和输出样本之间的关系符合函数式（4.89），不同的是RVM中，输出样本还要加上误差 $\boldsymbol{\varepsilon}_n$ 的影响，其假设为一个均值为零和方差为 σ^2 的高斯噪声 $N(0,\sigma^2)$，如式（4.90）所示：

$$y(\boldsymbol{x},\boldsymbol{\omega}) = \sum_{i=i}^{N} \omega_i K(\boldsymbol{x},\boldsymbol{x}_i) + \omega_0 \tag{4.89}$$

$$\boldsymbol{t}_n = y(\boldsymbol{x}_i,\boldsymbol{\omega}) + \boldsymbol{\varepsilon}_n \tag{4.90}$$

式中：$\boldsymbol{\omega}$ 为权重因子；K 为核函数；$\boldsymbol{x}$ 为输入样本；$\boldsymbol{t}$ 为输出样本；N 为正态分布概率密度函数。假设 $\boldsymbol{t}$ 是彼此相互独立的随机变数，其概率分布如下：

$$p(\boldsymbol{t}|\boldsymbol{\omega},\sigma^2) = \prod_{i=1}^{N} N[t_i|y(\boldsymbol{x}_i,\boldsymbol{\omega}),\sigma^2] = (2\pi\sigma^2)^{-N/2}\exp\left(-\frac{1}{2\sigma^2}\|\boldsymbol{t}-\boldsymbol{\varphi\omega}\|^2\right) \tag{4.91}$$

由贝叶斯定理及马尔可夫性质，所求条件t_*的概率为

$$p(t_*|\boldsymbol{t})=\int p(t_*|\boldsymbol{\omega},\sigma^2)p(\boldsymbol{\omega},\sigma^2|\boldsymbol{t})\mathrm{d}\boldsymbol{\omega}\mathrm{d}\sigma^2 \tag{4.92}$$

为$\boldsymbol{\omega}$加上先决条件，假设它们是落在 0 周围的正态分布：

$$p(\omega_i|\alpha_i)=N(\omega_i|0,\alpha_i^{-1}) \tag{4.93}$$

对式（4.92）求近似解：

$$\begin{aligned}p(t_*|\boldsymbol{t})&=\int p(t_*|\boldsymbol{\omega},\boldsymbol{\alpha},\sigma^2)p(\boldsymbol{\omega},\boldsymbol{\alpha},\sigma^2|\boldsymbol{t})\mathrm{d}\boldsymbol{\omega}\mathrm{d}\boldsymbol{\alpha}\mathrm{d}\sigma^2\\&=\int p(t_*\boldsymbol{\omega},\boldsymbol{\alpha},\sigma^2)p(\boldsymbol{\omega}|\boldsymbol{t},\boldsymbol{\alpha},\sigma^2)p(\boldsymbol{\alpha},\sigma^2|\boldsymbol{t})\mathrm{d}\boldsymbol{\omega}\mathrm{d}\boldsymbol{\alpha}\mathrm{d}\sigma^2\\&\approx\int p(t_*|\boldsymbol{\omega},\boldsymbol{\alpha},\sigma^2)p(\boldsymbol{\omega}|\boldsymbol{t},\boldsymbol{\alpha},\sigma^2)\delta(\boldsymbol{\alpha}-\alpha_{\mathrm{MP}})\delta(\sigma^2-\sigma_{\mathrm{MP}}^2)\mathrm{d}\boldsymbol{\omega}\mathrm{d}\boldsymbol{\alpha}\mathrm{d}\sigma^2\\&=\int p(t_*|\boldsymbol{\omega},\alpha_{\mathrm{MP}},\sigma_{\mathrm{MP}}^2)p(\boldsymbol{\omega}|\boldsymbol{t},\alpha_{\mathrm{MP}},\sigma_{\mathrm{MP}}^2)d\boldsymbol{\omega}\end{aligned} \tag{4.94}$$

积分中后两项为高斯函数的乘积，因此定积分的结果为

$$p(t_*|\boldsymbol{t})=N(t_*|y_*,\sigma_*^2) \tag{4.95}$$

$$y_*=\boldsymbol{\mu}^{\mathrm{T}}\varphi(\boldsymbol{x}^*) \tag{4.96}$$

$$\sigma_*^2=\sigma_{\mathrm{MP}}^2+\varphi(\boldsymbol{x}_*)^{\mathrm{T}}\Sigma\varphi(\boldsymbol{x}_*) \tag{4.97}$$

$$\varphi(\boldsymbol{x}_*)=[1,K(\boldsymbol{x}_*,\boldsymbol{x}_1),K(\boldsymbol{x}_*,\boldsymbol{x}_2),\cdots,K(\boldsymbol{x}_*,\boldsymbol{x}_N)] \tag{4.98}$$

其中，

$$\Sigma=(\sigma^{-2}\boldsymbol{\varphi}^{\mathrm{T}}\varphi+\boldsymbol{A})^{-1} \tag{4.99}$$

$$\boldsymbol{\mu}=\sigma^{-2}\Sigma\varphi^{\mathrm{T}}\boldsymbol{t} \tag{4.100}$$

$$\boldsymbol{A}=\mathrm{diag}[\alpha_0\ \ \alpha_1\ \ \alpha\ \ \cdots\ \ \alpha_N] \tag{4.101}$$

最后使用极大似然法与数值逼近方法求α_{MP}与σ_{MP}^2：

$$\alpha_{\mathrm{MP}}=\frac{1-\alpha_i\Sigma_{ii}}{\mu_i^2} \tag{4.102}$$

$$\sigma_{\mathrm{MP}}^2=\frac{\|\boldsymbol{t}-\boldsymbol{\varphi\mu}\|^2}{N-\sum_{i=0}^{N}(1-\alpha_i\Sigma_{ii})} \tag{4.103}$$

式中：Σ_{ii}为Σ中第i项在对角线上的元素。首先给出α与σ^2的猜测值，然后由式（4.102）与式（4.103）不断更新得到逼近的α_{MP}与σ_{MP}^2，在足够多的更新后，大部分的α_i会接近于无限大，其对应的ω_i为 0，其他α_i稳定接近有限值，与其对应的$\boldsymbol{x}_i$就称之为相关向量。

4.4.2　锦屏地下洞室工程案例分析

1. 锦屏地下实验室概况

锦屏地下实验室二期（CJPL-Ⅱ）位于我国西南部四川省锦屏山区，埋深 2 400m，是目前世界上最深的地下实验室。如图 4.48（a）所示，共有 5 条科学隧洞，共分为 10 个子实验室，分别为 A1、A2、B1、B2、B3、B4、C1、C2、D1、D2。采用钻爆法开挖，如图 4.48（c）

所示，实验室长度为 65 m，截面尺寸为 14 m×14 m。B3 和 B4 实验室用于深埋岩体的研究，长度 30 m，截面为圆形（半径 2.5 m）。CJPL-II 实验室位于背斜区，在 B2 实验室洞的 0+2 m 桩号可见背斜核的露头，如图 4.48（b）所示。A1、A2、B1 实验室位于背斜的西北翼，其他实验室位于背斜的东南翼。A2 和 B2 实验室之间有两条断层，断层延伸较长，最大宽度约为 1.0 m。实验室岩性为大理岩，属中三叠统白山组（T_2b），颜色为深灰色，灰白色和深紫色，属于Ⅱ级围岩，其余部分为 III～IV 级围岩。

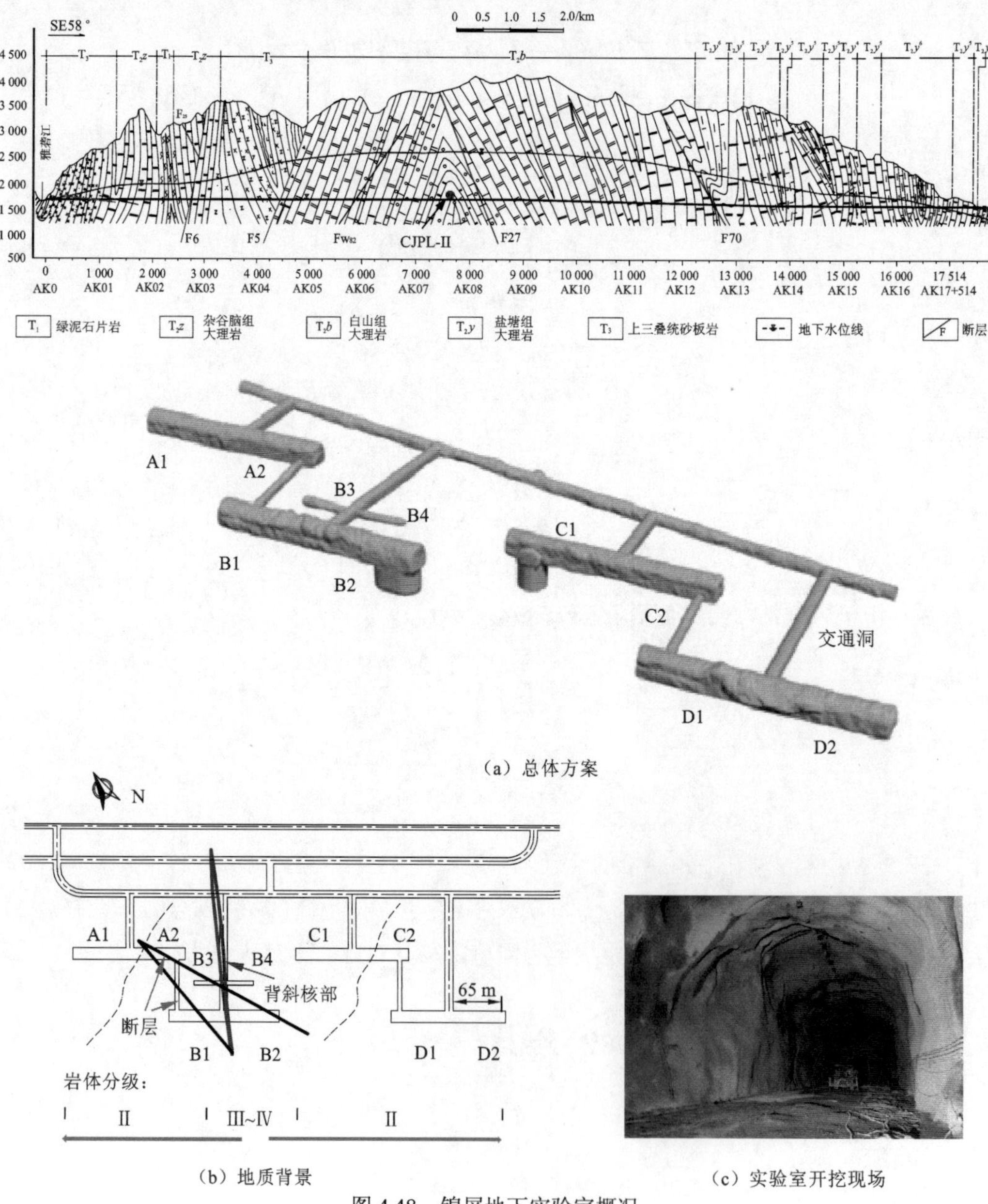

图 4.48　锦屏地下实验室概况

2. 基于多元分布和 MCS 估计岩体参数的不确定性

利用岩体参数的统计参数和概率密度函数（probability density function，PDF），采用 MCS 方法对 6 个岩体参数的采样序列进行模拟，如图 4.49 所示，此时没有考虑岩体参数之间的相关性。表 4.28 所示为锦屏大理岩力学参数的统计特征，假设随机变量均服从正态分布，变异系数（coefficient of variation，COV）取 0.15。

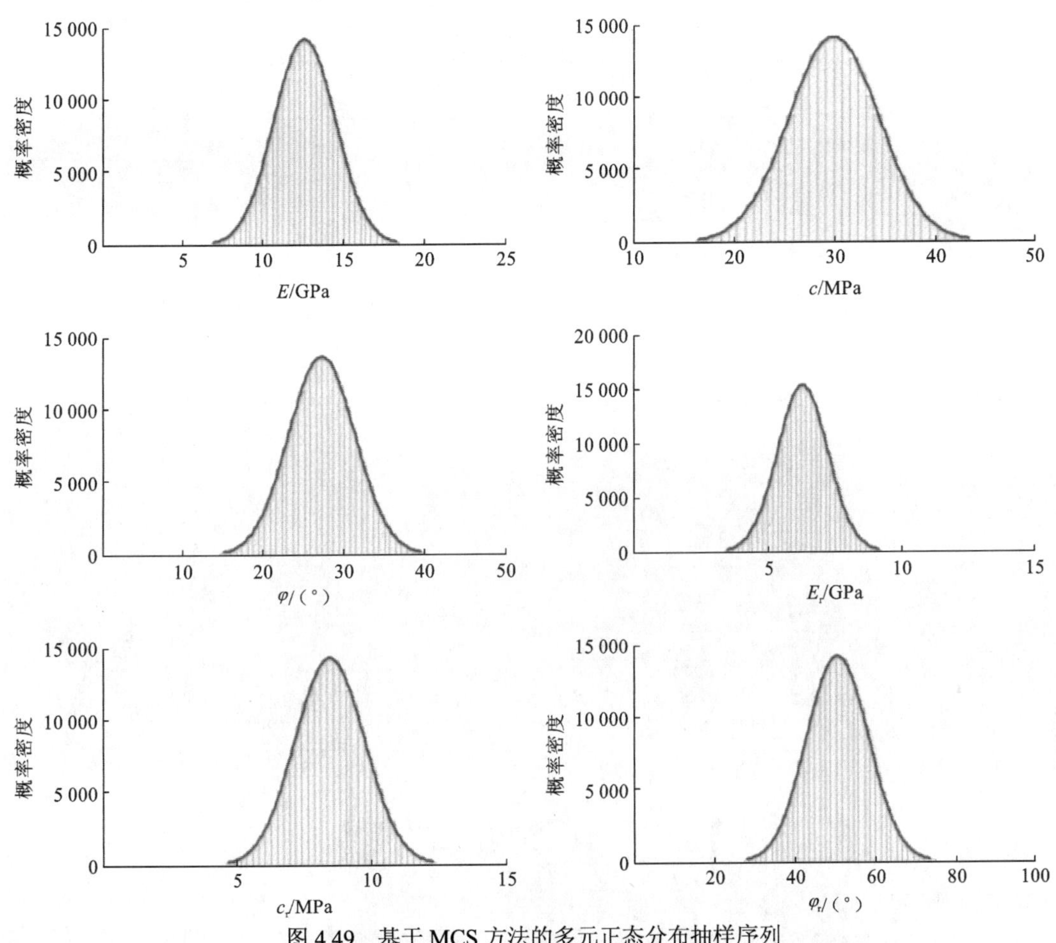

图 4.49　基于 MCS 方法的多元正态分布抽样序列

表 4.28　岩体参数的统计参数

随机变量	分布类型	中值 μ	标准差 σ	变异系数
弹性模量 E/GPa	正态分布	12.66	1.90	0.15
黏聚力 c/MPa	正态分布	30.00	4.50	0.15
内摩擦角 φ/（°）	正态分布	27.40	4.11	0.15
残余弹性模量 E_r/GPa	正态分布	6.35	0.95	0.15
残余黏聚力 c_r/MPa	正态分布	8.50	1.28	0.15
残余内摩擦角 φ_r/（°）	正态分布	51.00	7.65	0.15

3. 基于 RVM-MCS 估计隧道位移的不确定性

构建 RVM 模型需要训练样本。通过正交实验设计训练样本，参数水平如表 4.29 所示。使用 RS3 模拟训练样本的响应值，计算模型选择 CJPL-Ⅱ的 B2 实验室，采用弹脆性模型和莫尔-库仑准则，符合深埋硬岩的变形规律。如图 4.50 所示，点 A、点 B、点 C 分别为隧道顶板、右侧壁、左侧壁的最大位移位置，可以看出，隧道顶板周围位移最大。

表 4.29　样本设计水平

序号	E/GPa	c/MPa	φ/（°）	E_r/GPa	c_r/MPa	φ_r/（°）
1	8.86	21.00	19.18	4.45	5.95	35.70
2	10.76	25.50	23.29	5.40	7.23	43.35
3	12.66	30.00	27.40	6.35	8.50	51.00
4	14.56	34.50	31.51	7.30	9.78	58.65
5	16.46	39.00	35.62	8.26	11.05	66.30

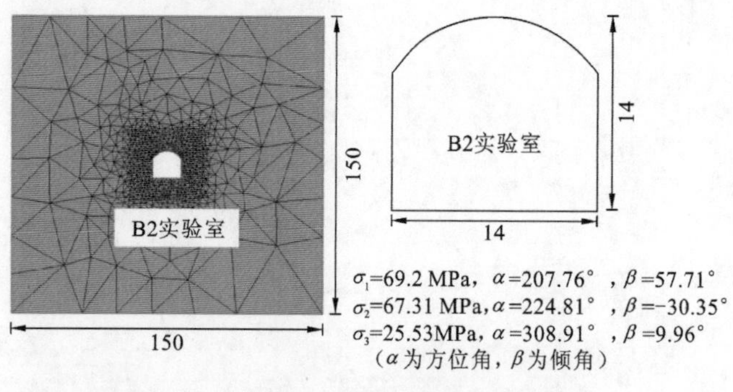

（a）B2实验室数值模型

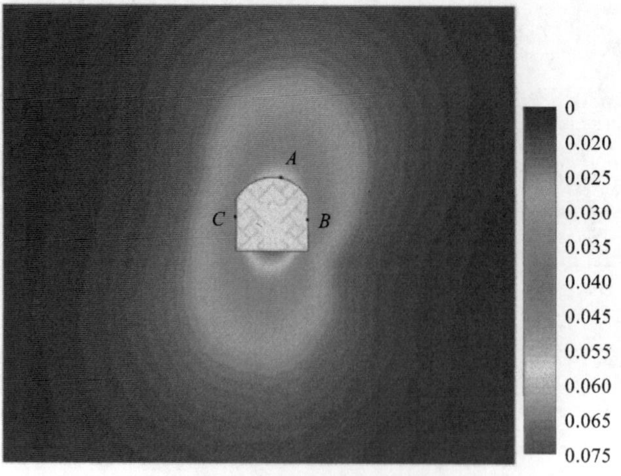

（b）数值模拟结果云图

图 4.50　B2 实验室数值模拟

将 RS3 计算得到的 A、B、C 点的位移模拟结果作为 RVM 模型训练样本的响应参数。使用高斯核函数训练 RVM 模型，如下：

$$k(\boldsymbol{X},\boldsymbol{Y}) = \exp\left(-\frac{\|\boldsymbol{X}-\boldsymbol{Y}\|^2}{2\sigma^2}\right) \tag{4.104}$$

根据表 4.29 采用均匀实验设计测试样本对 RVM 模型进行测试。图 4.51 为 RVM 模型预测值与 RS3 的计算值的对比。可以看出，RVM 预测位移与数值计算结果一致。因此，RVM 模型可以作为数值模拟的等效替代，具有良好的泛化性能，为大量样本的计算提供了一种可行的方法，这将使不确定性方法在实际工程问题中得到应用。

图 4.52 为 A、B、C 三个位置隧道位移预测值的 PDF。可以看出，RVM 模型预测的隧道位移不是一个固定值，这代表了参数不确定时隧道位移的不确定性。三个监测点的位移分布相似且接近正态分布。所提出的方法不仅可以显示所得结果的不确定性，而且可以量化所得结果。然而，传统的确定性方法，如有限元方法，只能提供固定的值，不具有准确的代表性，不符合目前的岩石工程实践。

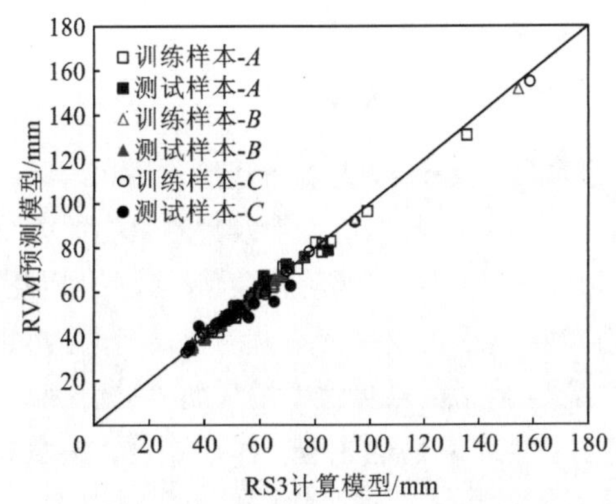

图 4.51　RS3 计算位移与 RVM 模型预测的位移对比

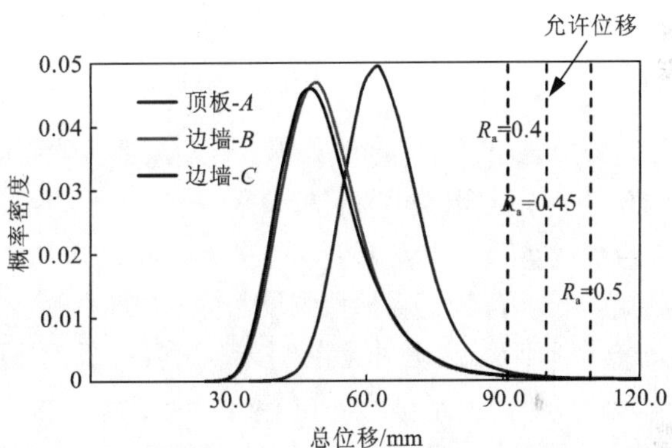

图 4.52　隧道位移的概率密度函数

根据可靠性理论，将隧道顶板位移与隧道允许位移进行比较，作为隧道的极限状态方程，判断隧道的稳定性：

$$G = D_a - \mathrm{RVM}(\boldsymbol{X}) \tag{4.105}$$

RVM($\boldsymbol{X}$) 为 RVM 模型预测的隧道位移，D_a 为隧道的允许位移。R_a 为残余强度参数，对于弹脆性岩体，应变软化阶段较为严重，因此 R_a 取值为 0.4～0.5。实验室的等效半径为 (14+14)/4=7 m，因此隧道的允许位移分别为 90.93 mm、99.21 mm、109.13 mm。由图 4.52 可以看出，R_a 越大，隧道的允许位移越大，实验室发生不稳定的可能性越小。

采用 MCS 法计算失效概率：

$$P_f = N_f / N \tag{4.106}$$

式中：N 为采样序列个数，N_f 为计算结果中 $G<0$ 的个数，可靠指数 β 计算为

$$\beta = -\Phi^{-1}(P_f) \tag{4.107}$$

式中：Φ 为累积正态密度函数。根据式（4.105）建立隧道的极限状态方程，然后，利用 MCS 方法计算失效概率。当 R_a=0.4 时，隧道允许位移为 90.93 mm，计算破坏概率 P_f 为 1.06%，

可靠系数 β 为 2.30。

4. 参数相关性对可靠性的影响

计算 ρ_{ij} 为-0.8、0、0.8 时计算隧道的可靠指数，分别为 β_0、β_1 和 β_2，得到的敏感指数为 $\alpha=(\beta_2-\beta_0)/\beta_1$。相关系数 ρ_{ij} 越大，i 和 j 参数之间的相关性对隧道位移不确定性结果的影响也越明显。从图 4.53 可以看出，不同参数之间的相关性对可靠性计算结果有不同的影响。对可靠性影响最大的是 c 和 φ_r 之间的相关性 ρ_{26} 及 φ 和 φ_r 之间的相关性 ρ_{36}。峰值强度参数（c 和 φ）之间的相关性对结果也有显著影响。ρ_{16}、ρ_{12}、ρ_{13} 和 ρ_{56} 均对可靠性计算结果有一定的影响，而其他因素之间的相关性影响不大。

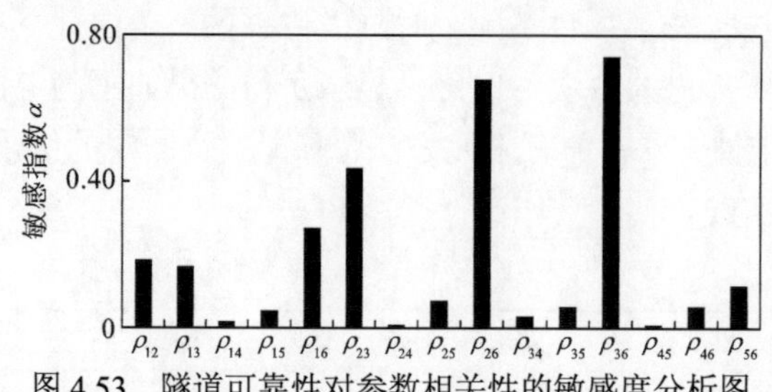

图 4.53　隧道可靠性对参数相关性的敏感度分析图

峰值强度参数之间的负相关关系是被考虑和研究最多的。通过改变 ρ_{23} 的值，生成 c 与 φ 之间具有不同程度相关性的抽样序列随机变量。如图 4.54 所示，随着峰值强度参数的负相关关系的减小，P_f 增大，β 减小。图 4.55 为相关系数分别为-0.9、-0.5 和 0 时隧道顶板位移的 PDF 曲线。可以看出，随着峰值强度参数的负相关减小，PDF 曲线最大概率密度处的位移增大，PDF 曲线尾部升高。这说明隧道位移超过允许位移的概率增大，隧道的破坏概率增大而可靠性减小。残余强度参数之间的相关系数对可靠性有一定的影响，巷道可靠性也随着岩体参数负相关系数的减小而减小，但对隧道可靠性的影响并不显著，从图 4.53 的敏感性分析中也可以看出。

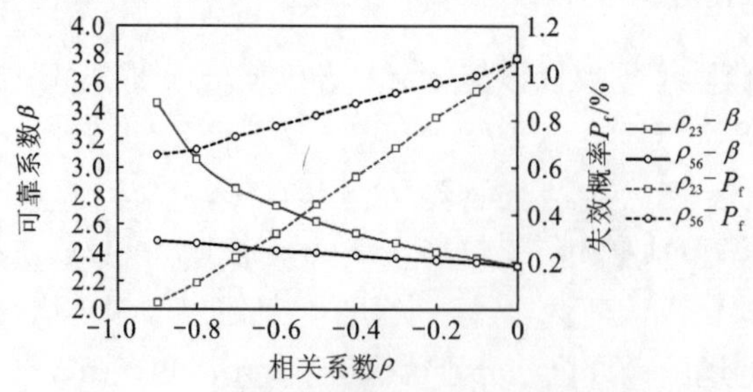

图 4.54　强度参数间相关性对可靠性的影响

峰值与残余参数的相关包括 E 与 E_r 之间的相关系数 ρ_{14}、c 与 c_r 之间的相关系数 ρ_{25}、φ 与 φ_r 之间的相关系数 ρ_{36}。由图 4.53 的敏感度分析可以看出，只有 ρ_{36} 对可靠性计算结果有显著影响，而 ρ_{14} 和 ρ_{25} 对可靠性计算结果没有显著影响。将上述 3 个相关系数取不同值，计算参数不同相关程度下隧道的可靠度和破坏概率，结果如图 4.56 所示。可以看出，与强度参数间相关性的影响类似，随着峰值参数与残差参数正相关性的增大，隧道的 β 减小，破坏概率 P_f 增大。当 ρ_{36} 变化时，β 和 P_f 变化最多，而 ρ_{14} 和 ρ_{25} 变化时对结果基本没有影响。

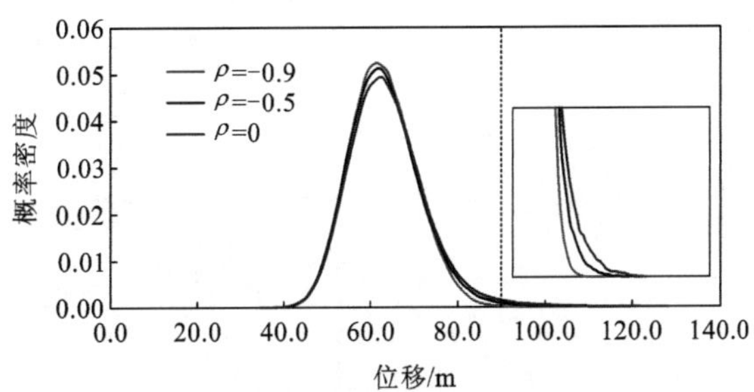

图 4.55　隧道顶板位移的 PDF 图

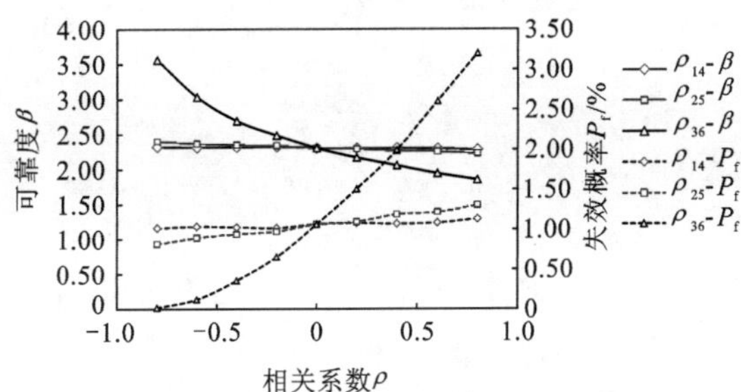

图 4.56　峰值参数与残差参数相关性对可靠性的影响

第 5 章　水电工程三维监测信息分析系统研发

5.1　系统开发环境与总体设计

5.1.1　系统开发环境

系统开发采用 VC++、DirectX 软件，基于 WindowsXP/2000 操作系统，结合当前先进的 GIS 技术、面向对象的可视化编程技术、VR 技术，利用组件对象模型（component object model，COM）编程的思想，采用开放式数据库互联引擎（open database connectivity，ODBC），在 Access 和 SQL Sever 2000 两种数据库平台基础上建立基于网络发布的独立底层的综合集成信息分析系统。

DirectX SDK 是微软开发出的一套主要用于设计多媒体、2D、3D 游戏程序的应用程序接口（application programming interface，API），由于在图形处理和网络共享等方面具备的突出优点，较 OpenGL，DirectX 在 GIS 开发行业已经得到了更广泛的应用。DirectX 可视为一种程序员与硬件间的接口，程序员不需要花费心思去构想如何编写低级的程序代码与硬件打交道，只需巧妙地运用 DirectX 中的各类组件，便可更简单地制作出高性能的三维程序，其具体特点如下[103]。

（1）直接存取显存。目前的显卡上大部分已经内置了 8～64 MB 的“显存”，DirectDraw 可以直接存取这些内存，并利用“切换页”功能将图形显示的性能发挥地淋漓尽致。

（2）支持硬件加速。DirectX 支持硬件的加速功能。当 DirectX 对象建立时，程序自己会去查询计算机中可使用的硬件，程序员不需要去烦恼玩家们的计算机分配，不论是显卡、声卡或者是输入设备、外围设备，若程序查询到可使用的硬件，则由硬件抽象层（hardware abstraction layer，HAL）执行功能，否则自动由软件硬件仿真层（hardware emulation layer，HEL）模拟。

（3）网络联机功能。联机的方式包含局域网络联机、调制解调器联机，并支持各种通信协议，可以较为便捷地实现开发系统的网络共享。

5.1.2　系统总体设计

1. 系统的设计原则

系统建设遵循规范性，实用性和先进性，安全性、可靠性和稳定性，可维护性，可扩充性，高效性和易用性等原则。

（1）规范性。按照软件工程的原则和要求，数据分类与编码、数据精度、符号等标准尽可能参照已有的行业标准。规范化、标准化是大型信息系统的基础，也是与其他系统兼容及以后对系统进行升级的保证。对一个好的系统来说，系统设计、数据的规范性和标准化工作非常重要，它为系统的开放性和数据的共享提供了保证。

（2）实用性和先进性。实用性原则指系统具有良好的人机交互界面而且易于使用，操作方便、快速、简捷。先进性原则指在保持系统的稳定性、成熟性的同时，立足于较高的起点，以保证系统的长期发展需要，考虑系统在软硬件选择、网络技术和软件开发技术等方面的先进性，满足和适应将来业务的发展。

（3）安全性、可靠性和稳定性。可靠性与安全性原则指本系统能可靠、稳定工作。安全、可靠和稳定是系统运行的首要条件。在系统设计中充分考虑系统的体系结构、硬件设备、软件设计等多方面的优化，使系统具有较高的可靠性，为用户提供良好的数据备份。在设计中，采用严格的安全保密措施，设置多级安全机制，明确各级工作人员的职责，保证各司其职、各负其责。同时，系统充分利用网络硬件、网络软件提供的各种安全措施，建立整体安全体系，避免系统数据和信息被非法用户、非授权用户窃取、破坏和篡改。

（4）可维护性。系统运行后，维护工作是一个长期的工作。系统设计应充分考虑系统的维护工作需求。软件开发过程应严格执行软件开发规范，实行软件过程控制，文档完整，程序清晰可读，使软件容易维护。

（5）可扩展性。计算机信息技术在快速发展，用户的业务应用需求也在不断发展和变化，系统设计应充分考虑网络、设备和软件的可扩展性，保证在业务需求发生变化和发展的时候，系统能相应进行扩展、升级。所有的业务数据库都应采用国家的有关标准进行设计，使系统具有良好的向外扩展性。

（6）高效性和易用性。系统能够快速、高效地响应用户的请求，查询检索具有速度快、定位准的特点，能够满足大量用户并发访问的要求。同时系统具有简洁、直观的界面，尽可能简单易用、操作方便。

2. 系统的设计目标

国家经济社会的高速发展和基础建设的大规模推进，促进了能源、交通、城建及地下工程的大力发展，对水电工程的利用和大规模开发呈现越来越强劲的势头，大量的建设项目使水电工程勘察与监测工作在深度和广度上都达到了相当规模。这些工程勘察监测成果是十分宝贵的地质与施工信息资源，它们不仅对工程设计与施工起到相当重要的作用，而且有很高的重复利用价值。系统管理、综合利用这一资源，使得在使用这些资料的时候，能够更加方便，所见即所得地展示成为该研究的重要方向。

为充分发挥已有工程勘察与监测资料的作用，建立“水电工程三维监测信息分析系统”的目标：以前期地质勘察成果为基础，结合施工期监测资料，运用三维地质建模与可视化技术，建立水电工程三维地质模型、施工开挖模型，监测模型，对包括地形、地质、地下建筑物、监测设施及开挖步骤等进行三维模拟；通过建立空间数据库和属性数据库，为各级用户提供丰富的工程资源信息。通过以专题图绘制、输出为主，以数据、表格打印为辅，为水电工程施工提供科学的决策依据与辅助决策服务；通过对本系统的研究，掌握技术、积累经验，为建立类似的资源与信息系统提供范例，奠定技术基础。

3. 系统的总体设计

系统开发的总体思想：将 GIS 与水电工程相结合，并开发具备岩土工程专业特色的集三维地层信息、三维工程信息、可视化空间管理及安全性评估智能分析相结合的大型工程应用软件系统。根据水电工程的具体特点，综合考虑水电工程监测数据、监测断面布置、施工信息、综合地质信息、设计需求等，并在满足信息数据管理的基础上，实现一套基于网络的三维水电工程监测信息分析系统，系统结构设计总体上包括以下几个主要的模块：①数据资料库；②三维信息可视化与辅助分析；③水电工程安全性评估智能分析；④网络发布。其具体结构组成如图 5.1 所示。

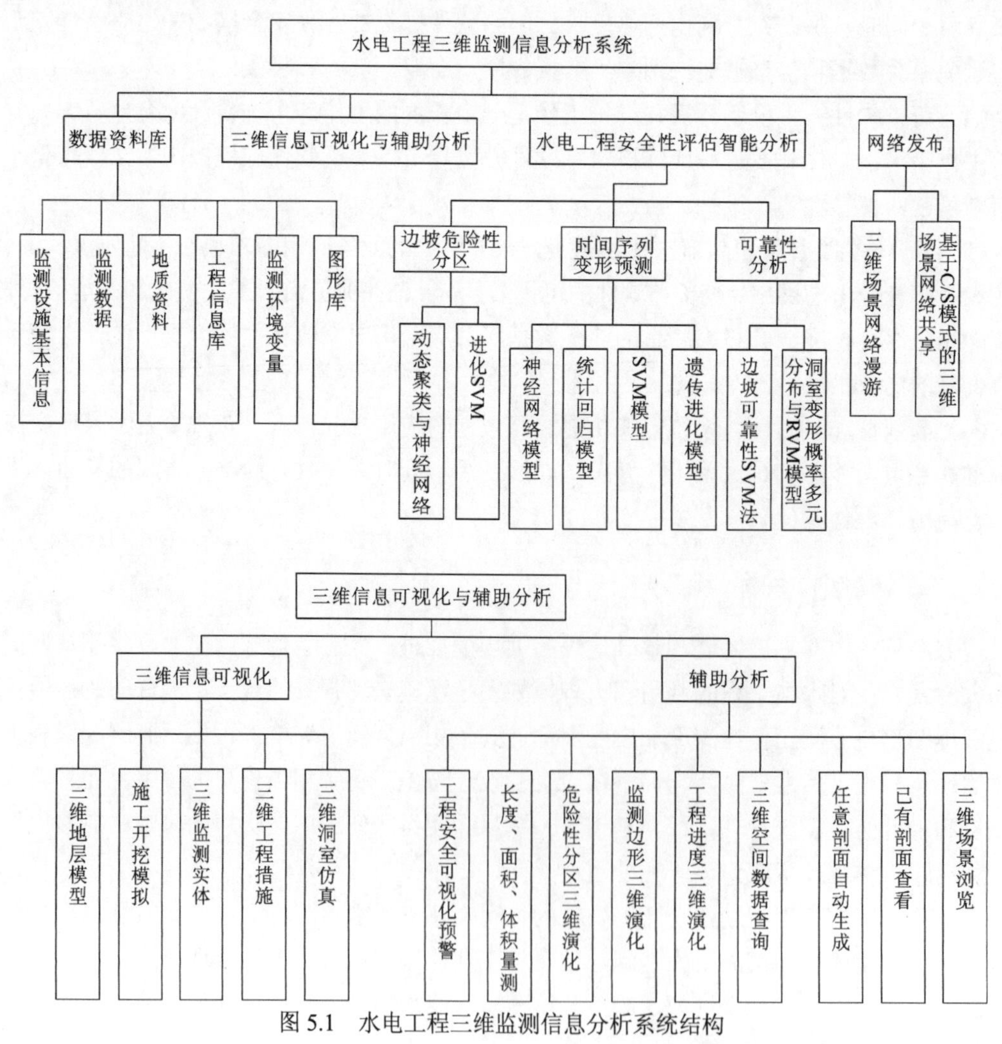

图 5.1　水电工程三维监测信息分析系统结构

5.2　集成系统的开发实现

5.2.1　程序开发模式的选择

随着软件技术的发展，程序的开放性和可重用性变得越来越重要，而使用动态链接库（dynamic link library，DLL ）、基于 COM 的 ActiveX 控件编程则是提高程序开放性和可重用性的重要手段。DLL 实现了代码的封装性，在不改变函数接口的情况下，可以改变动态链接库中的函数而不必对应用程序重新进行编译和连接。组件开发借鉴了 DLL 的设计思想，传统的动态链接库在解决代码共享方面起到了一定的作用，但在分布式计算及网络共享模式方面又存在许多局限性[104]，表现在以下 4 方面。

（1）动态链接库的灵活性不够。在 Windows 环境中，传统的 DLL 是根据名称来输出函数的，也就是在应用程序中使用唯一的函数名称来标识需要调用的 DLL 函数。如果一个应用程序中使用两个不同的 DLL，则这两个 DLL 中的函数名就不可以相同，这对于不同来源的 DLL 来说是非常困难的。

（2）动态链接库之间的兼容性不好。动态链接库是可以提供一定功能的代码块，最好能够在需要时就方便地使用。但是，软件开发人员使用的开发工具可能是多种多样的，这样就会导致动态链接库之间的兼容性不好。

（3）动态链接库与调用程序之间的依赖性太强。在更新传统的动态链接库的时候，很难做到不影响软件系统中的其他部分，因为 DLL 与调用动态链接库的可执行文件（exe 文件）之间的依赖性比较强。通常应用程序在编译后与 DLL 相应的输入库（lib 文件）进行连接，隐式地调用 DLL。这样，一旦 DLL 进行升级后，相应地应用程序也需要进行重新建立。

（4）动态链接库的发布存在一定的问题。通常情况下，调用动态链接库的可执行应用程序时，需要指定动态链接库的名称，这会导致一定的局限性。在软件发布时，动态链接库与可执行文件放在一起，或者放在 Windows 的系统目录中，这可能因同名而导致出现问题。此外，软件的相关配置信息存放也是一个容易出现问题的方面。

正因为上述缺陷，COM 技术进行了重点考虑，并克服了传统 DLL 的一些缺点，从而被广泛的应用。一般来讲，系统集成是指将两个或两个以上的单元（要素、子模块）集合形成一个有机整体，所形成的集成体（集成系统）不是各单元之间的简单叠加，而是按照一定的集成方式和模式进行构造和组合，其目的在于更大程度地提高集成体的整体功能，获得整体功能的倍增，并实现系统性能的最大优化。

新一代的组件式 GIS 大都采用 ActiveX 控件来实现，如 ESRI 公司的 MAPBOJECT、INTERFRAPH 公司的 GeoMedia、MapInfo 公司的 MapX、中国科学院地理信息产业发展中心开发的 ActiveMap 等。基于上述分析，边坡安全性评估的智能信息系统是一个大型的工程应用软件集成系统，根据系统模块的总体设计，从程序设计的角度考虑将信息分析系统划分为基本类库、二维分析与处理、三维分析与处理、安全性评估及数据库管理五大功能模块。根据各模块的功能实现及系统规划，分别采用动态链接库技术、ActiveX 控件编程技术及活动模板库（active template library，ATL）等先进的程序开发手段。

5.2.2 系统模块的结构实现

根据上述分析中提出的五大功能模块，程序实现如下。

（1）基本类库：采用静态库的方式建立工程空间（workspace），提供基本的函数供其他模块调用，如距离倒数、B 样条、克里金等典型插值方法；封装了用于管理内存映射文件的结构；封装了几何类库，定义了基本的数据结构模板，如下：

CcmTVector2d	二维点（向量）
CcmTVector3d	三维点（向量）
CcmTVector4d	四维点（向量）
CcmTStraightLine3d	三维直线
CcmTSegment3d	三维线段
CcmTRadial3d	三维射线
CcmTTriangle3d	三维三角形
CcmTPlane2d	二维平面
CcmTPlane3d	三维平面
CcmTRectangle2d	二维矩形
CcmTBox	包围盒
CcmTSphere	球

此外，该基本类库还封装了解析脚本文件类，通过内存解析脚本如下：

```
class  CcmScriptFile
{
private:
  char*  m_szFileName;                //文件名
  long   m_lFileSize;                 //内存块的大小
  BYTE*   m_pbyFileBegin;             //文件开始
  BYTE*   m_pbyFileEnd;               //文件末尾
  BYTE*  m_pbyFileMem;                //内存块=文件数据
  long   m_lFileLine;                 //文件的行
public:
  HRESULT OpenShaderFile(const char* szFileName);//打开脚本文件
  HRESULT SetFileMen(BYTE* pbyMem, long lFileLen）;
                                                 //设置一块内存来读取
  HRESULT GetToken(BOOL bCrossLine=TRUE); //取得一个标记
  char *GetTokenName();                          //取得标记名称
  char *GetContent();                            //取得内容
};
```

（2）二维分析与处理：采用 ActiveX 控件编程技术，其模块结构是对象类别扩充组件［object

lincking and embedding（OLE）control extension，OCX]插件，该控件的主要功能是处理系统中所有涉及二维平面分析问题，实现二维场景的放大、缩小、平移、旋转等操作，如对工程地质图的导入和编辑、生成二维工程设施图元、生成二维剖面图、过程线、环境量变化曲线及工程历史照片浏览等。其主要的类设计为如下结构：

```
class CStratum2DCtrl: public COleControl
{
public:
  CTransObject       m_cTransObject;        //鼠标状态
  MouseStatus        m_msStatus;
  CstStratumData     m_cstData;
DWORD                m_dwBKColor;
}
class CstStratumData
{
public:
  CstPointSet        m_stPointSet;          //点的集合
  CstPolyLineSet     m_stPolyLineSet;       //线的集合
  CImgObjects        m_cImage;              //图片层
  CstTextSet         m_cTextSet;            //字体层
  CstRegionSet       m_cRegionSet;          //区域层
  CstLayerManager    m_stLayerSet;          //层管理器
}
```

（3）三维分析与处理：采用 ATL 技术，该控件结合数据库可以很方便地实现网络发布功能，控件中封装三维编辑及信息可视化的所有子功能模块。该功能模块主要处理系统中的三维场景变换、三维地层和洞室生成、三维实体可视化，三维空间分析等；其主要的类运用 DirectX 的程序方法：

```
class  CD3DCommon
{
public:
    CD3DFramework7*          m_pFramework;
D3DEnum_DeviceInfo*          m_pDeviceInfo;
    LPDIRECTDRAW7            m_pDD;
    LPDIRECT3D7              m_pD3D;
    LPDIRECT3DDEVICE7        m_pd3dDevice;
    LPDIRECTDRAWSURFACE7     m_pddsRenderTarget;
    LPDIRECTDRAWSURFACE7     m_pddsRenderTargetLeft;
    DDSURFACEDESC2           m_ddsdRenderTarget;
}
```

（4）安全性评估：采用动态链接库的方式，其输入接口函数读取数据库中的数据，进行相应的计算并通过输出接口传递评估结果，在二维或三维视窗中进行相应的可视化表达。模块中定义的相关安全性评估方法有基于动态聚类的神经网络和支持向量机危险性分区、可靠性分析，以及基于时间序列的监测变形预测智能分析方法等。

（5）数据库管理：采用静态链接库的方式，通过 ODBC 方法建立数据库，在后台负责系统操作中的数据交互。系统可选择性地链接以 Access 或 SQL Sever 为数据库开发平台，并实现数据格式的相互转换。边坡工程中地质信息、监测信息、监测环境量、设计资料及施工信息等进行入库存储、编辑、条件输出管理。系统二维、三维分析与处理及安全性评估分析等操作的各项功能均通过后台的数据库交互而实现。结构设计如下：

```
class  CMdbDatabase
{
  CDatabase          m_Database;
  MD_DB_TYPE         m_nDbType;
  CODBCRecordset     m_RecordSet;
  long               m_lTableCount;
}
```

5.2.3 系统数据的存储

数据存储采用链表的数据结构，根据系统中各功能模块需要存储的基本数据，现将主要的存储信息及存储方法分别阐述如下。

（1）层信息的存储：系统中的二维和三维分析模块，均采用“层”的模型进行管理，存储的信息包括层的数量、每一层的 ID、是否显示、层的名称；

（2）DEM 地层数据的存储：DEM 层数、DEM 名称、ID、是否显示、层 ID、绘制方法、类型、颜色、颜色表、起点 X、起点 Y、行数、列数、间隔 x、间隔 y、z 值比例、所有 z 值；

（3）地裙的存储：地裙数、ID、块 ID、是否显示、层号、z 值比例、地裙点数、所有点值、索引数、索引值；

（4）材质的存储：材质数、材质的 ID、材质值、是否启用纹理、纹理名称；

（5）物体的存储：物体数、物体 ID、物体参数 1、物体参数 2、属性参数、物体名称、物体面个数、面的类型、面的 ID、层 ID、是否显示、材质 ID、点数、点坐标（x,y,z）、点的颜色、点的纹理坐标、面索引数、索引值、物体基准点；

（6）文字的存储：文字的个数、文字的 ID、文字的位置、高度、宽度、文字名称、颜色、字体、是否显示、层 ID、参数；

（7）线条的存储：线条个数、ID、颜色、类型、是否显示、参数 1、参数 2、层 ID、比例、线上点数、点的值、线名、关联文件。

5.3 系统的网络发布

随着计算机网络技术的迅猛发展，网络信息共享已逐渐成为一种全球化的趋势。而 GIS 的网络化也成为一个重要的研究方向，如何实现网络环境下 GIS 数据的三维可视化具有重要的发展前景。本节将重点介绍本系统中三维可视化分析模块的网络发布技术。

5.3.1 数据压缩

对于网络上发布的数据，由于需要进行网络传输，必须将数据进行压缩，数据的压缩算法有很多种，主要分为有损压缩和无损压缩。

1. 有损压缩

有损压缩是一种对数据进行破坏性、不可恢复的压缩方式，其特点是压缩比例特别大，一般用于对图像进行压缩。有损压缩保持颜色的逐渐变化，删除图像中颜色的突然变化。生物学中的大量实验证明，人类大脑会利用与附近最接近的颜色来填补所丢失的颜色。例如，对于蓝色天空背景上的一朵白云，有损压缩的方法就是删除图像中景物边缘的某些颜色部分。当在屏幕上看这幅图时，大脑会利用在景物上看到的颜色填补所丢失的颜色部分。利用有损压缩技术，某些数据被有意地删除了，被删除的数据也不再恢复。

不可否认，利用有损压缩技术可以大大地压缩文件的数据，但是会影响图像质量。如果使用了有损压缩的图像仅在屏幕上显示，可能对图像质量影响不太大，至少对于人类眼睛的识别程度来说区别不大。可是，如果要把一幅经过有损压缩技术处理的图像用高分辨率打印机打印出来，那么图像质量就会有明显的受损痕迹。

2. 无损压缩

无损压缩的基本原理是通过一定的数学变化后，对相同的数据记录一次。其中不同的数据方法对压缩的比例是不一样的，比较常用的数据压缩方法有：变长码、香农-费诺编码、霍夫曼编码、自适应霍夫曼编码、LZW 算法（由 Lemple、Ziv、Welch 三人共同开发并以他们的名字命名的算法）、小波压缩编码，每种编码各有优缺点，压缩比例小的算法，压缩和解压缩比较快，压缩比例大的算法，因为变换比较复杂，所以压缩和解压缩都比较慢。但是无损压缩的优点是不会遗失数据信息。

根据有损压缩和无损压缩的优缺点，对不同的数据采用不同的压缩方式。对三维场景中涉及的图像信息，采用有损压缩的方法；对三维场景中的矢量信息，采取无损压缩的算法，这样可以保证压缩比例尽量地变大，使得需要在网络上传输的数据尽量地少。

5.3.2 数据加密

压缩解决了在网络上传输的数据量的问题，但是如何保证在网络上的数据不会被盗取呢？这就需要对压缩好的数据进行加密。在系统网络发布中采取基于公钥的加密算法。

一个好的加密算法的重要特点之一是具有这种能力：可以指定一个密码或密钥，并用它来加密明文，不同的密码或密钥产生不同的密文。这又分为两种方式：对称密钥算法和非对称密钥算法。所谓对称密钥算法就是加密解密都使用相同的密钥，非对称密钥算法就是加密解密使用不同的密钥。非常著名的优良保密（pretty good privacy，PGP）算法及 RSA（1977 年由 Rivest、Shamir 和 Adleman 提出并共同命名）加密方法都是非对称加密算法。加密密钥（公钥）与解密密钥（私钥）是非常不同的。从数学理论上讲，几乎没有真正不可逆的算法存在。例如，对于一个输入“a”执行一个操作得到结果“b”，那么可以基于“b”，做一个相对应的操作，导出输入“a”。在一些情况下，对于每一种操作，可以得到一个确定的值，或者该操作没有定义（比如，除数为 0）。对于一个没有定义的操作来讲，基于加密算法，可以成功地防止把一个公钥变换成为私钥。因此，要想破译非对称加密算法，找到那个唯一的密钥，唯一的方法只能是反复的试验，而这需要大量的处理时间。

PGP 算法是当前比较流行的一种加密方法，它使用公钥来加密一个对称加密算法的密钥，然后再利用一个快速的对称加密算法来加密数据。这个对称算法的密钥是随机产生的，是保密的，因此，得到这个密钥的唯一方法就是使用私钥来解密。

举一个例子：假定现在要加密一些数据使用密钥“12345”。利用公钥，使用 PGP 算法加密这个密钥“12345”，并把它放在要加密的数据的前面（可能后面跟着一个分割符或文件长度，以区分数据和密钥），然后，使用对称加密算法加密正文，使用的密钥就是“12345”。当对方收到时，解密程序找到加密过的密钥，并利用 PGP 私钥解密出来，然后再确定出数据的开始位置，利用密钥“12345”来解密数据。这样就使得一个可靠的经过高效加密的数据安全地传输和解密。

在三维场景中除三维矢量数据和图像数据信息，还有大部分的数据是属性数据，属性数据直接存储在内部网络的数据库中，这些数据不参与压缩和加密。

5.3.3 网络发布流程建立

根据准备好的矢量数据、图像数据和属性数据，建立如图 5.2 所示的网络拓扑图，将三维矢量数据和图像数据存储在链接服务器上，因为这个服务器是在公网上拥有固定的 IP 地址，所以该服务器是可以用来发布数据的，并将属性数据存放在数据库服务器中。

对于网络之间的通信，采取了 TCP/IP 协议，也就是采用了客户机/服务器（client/server）模式，这个模式的大致通信方式如图 5.3 所示。

1. 服务器端程序

服务器端做了一个用来监听客户端访问的程序，并对客户端的各种指令进行解析，然后执行对应的指令，并将数据传输给客户端。

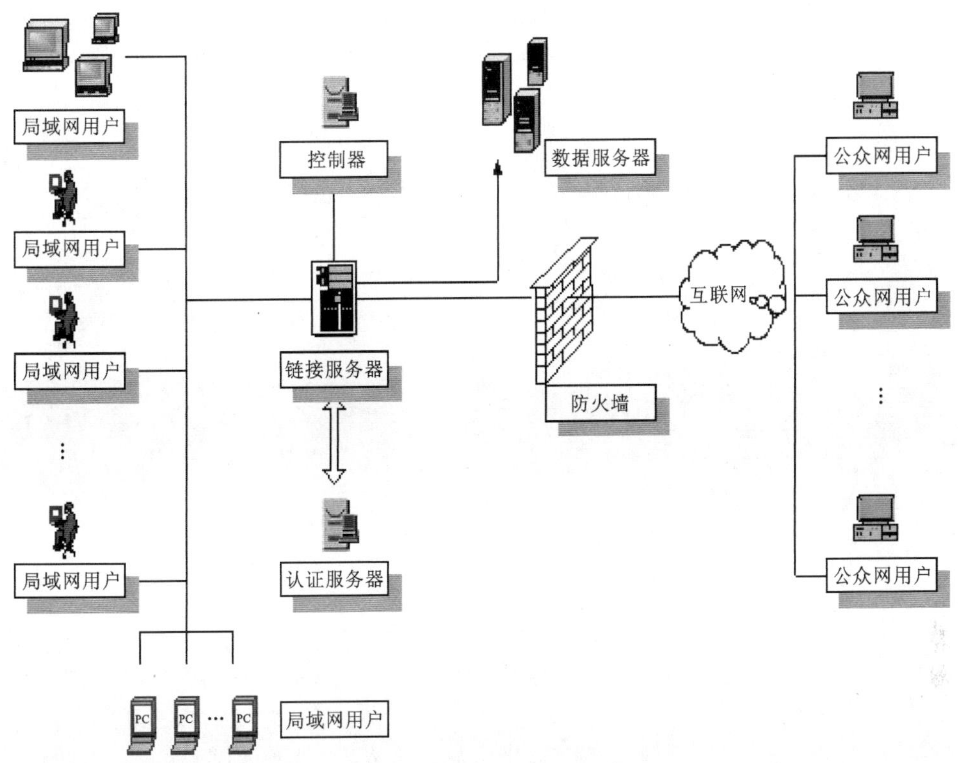

图 5.2　基于互联网和局域网网络发布拓扑结构

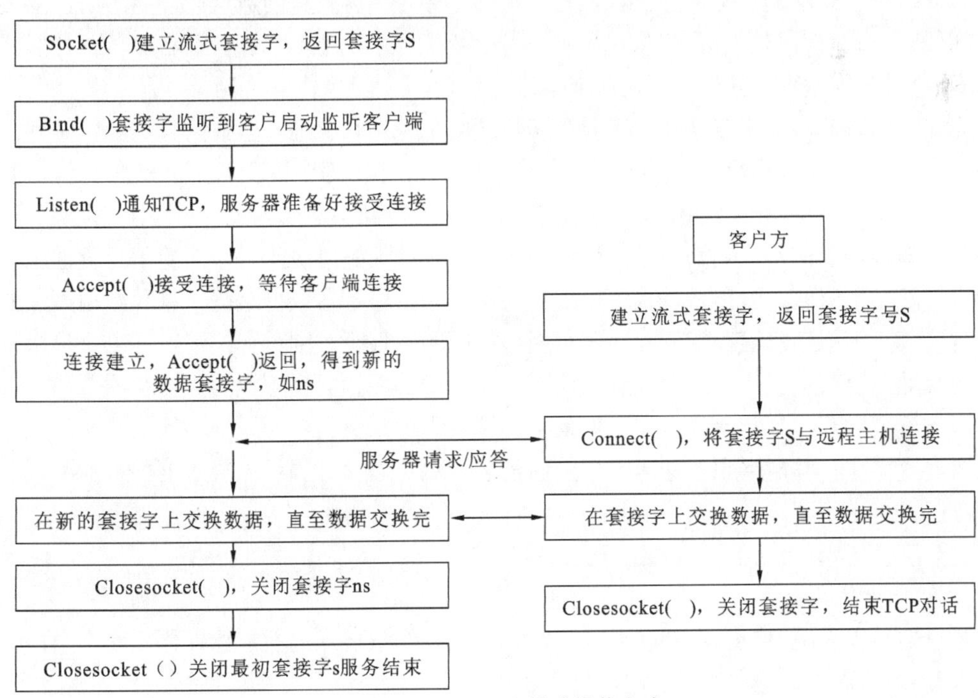

图 5.3　client/server 模式通信方式

服务器主要做的工作包括以下几个方面，基本流程如图 5.4 所示。

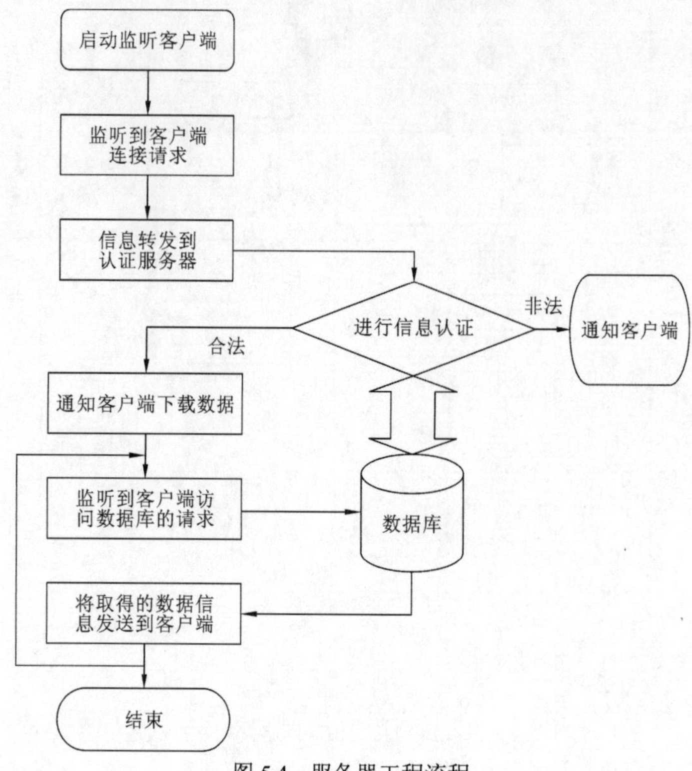

图 5.4　服务器工程流程

（1）监听客户端的连接，并要管理客户端的连接，当客户端的数量比较庞大时，需要采用多线程的方式对客户端进行监听，因为一个线程最大管理的客户端个数为 64 个，当客户端大于 64 个时，需要启用其他线程对客户端进行管理。

（2）一旦客户端连接成功后，需要对客户端的来源进行验证，验证的方式分为两种。第一种，采用 IP 方式进行验证，对每个发送过来的数据包，取得数据包的 IP 地址来源，判断该 IP 是否合法，如果非法的话，服务器向客户端发送关闭连接的信息，并主动关闭服务器端的连接，如果合法的话，则进入第二种认证；第二种认证是对访问者输入的信息验证，在客户端进行连接请求时，会传送过来用户信息和密码号，服务器取得这些信息和数据库中的信息进行比较，如果信息存在数据库中并有相应权限的条件下，则对客户端发送一个可以下载数据的地址，以及下载数据的合法身份信息，让客户端能读取到相应的矢量和图像信息。

服务器继续监听客户端的操作，如果客户端发送过来取得数据库资料的信息，那么服务器则查询数据库，并取得在数据库中相关的信息，对这些信息进行无损压缩并且加密，然后将这些信息发送给客户端。

2. 客户端程序

客户端程序采用 Windows 的 COM 技术，将三维场景显示的功能控件化，让这个控件能够嵌入 IE 浏览器中，这样的话，用户只需要访问网页就可以查看三维物体，并且通过控件，一些操作请求可以通过套接字（socket）通信发送到服务器上，服务器执行这些请求，然后将执行的结果返回给控件，控件再将这些信息显示出来。

控件主要的工作包括以下三方面。

（1）先向服务器发送连接请求。当用户访问网页时，网页调用了三维控件，三维控件将需要连接的工程发送给服务器，当服务器收到这个请求后，进行认证并返回可以连接的数据地址和用户密码。客户端接收到这个信息后连接该地址，并对该地址的数据进行多线程下载。

（2）多线程下载数据。为了加快数据的下载速度，采用多线程下载技术，对一个要下载的三维场景矢量信息，根据数据量的大小，采用合理的线程技术进行下载。数据下载后，客户端将数据进行解密和解压缩。

（3）当客户端取到数据后，客户端将这些数据显示出来，允许用户进行交互操作，并监视用户的操作，如果用户需要对数据库进行浏览和分析时，客户端向服务器端发送请求，由服务器端进行数据操作，将结果发送过来，客户端取得数据后，将数据解密并解压缩，显示给用户。

3. 数字签名技术

在用户访问网页时，怎么让 Windows 自动安装系统的插件呢?这就涉及一个数字签名的技术，Windows 为了保护系统，不允许下载安装任何没有签名的控件，这样就需要对系统的安装包进行数据签名，数字签名是允许用户验证的，如果某文件没有有效的数字签名，那么将无法确保该文件来自它所声明的来源，或者无法确保它在发行之后未被篡改过（可能由病毒篡改）。此时，比较安全的做法是：除非确定该文件的创建者而且知道其内容，那么才能安全地打开，否则建议不要轻易打开该文件。凡是通过了微软数字签名的硬件或软件，其外包装上一般都会出现“为 Microsoft Windows XP 设计（Designed for Microsoft Windows XP）”的徽标。

系统在对数据发布时，对需要下载的安装包进行数字签名，让访问系统发布网页的人，能够自动弹出安装插件的信息，只要用户点击安装，就可以自动安装插件了，安装插件后就可以浏览三维场景了。

5.4　基于网络的远程监测与传输设计

5.4.1　监测数据获取

系统采集存储水电工程施工过程中所有的监测数据，并将这些信息相互关联起来，建立监测数据库。根据监测数据类别、监测仪器选型、布置及监测频率的需要，监测数据采集可以分为常规监测数据采集和自动化监测数据采集两种。

常规监测数据采集是指由于水电工程施工埋设的监测仪器仪表多，观测过程相当长，所产生的数据量非常巨大，除部分数据由自动化仪表直接采集外，大多为半自动或人工记录；

这些分散记录的原始数据都要纳入系统的监测数据库，所以，系统设计了统一的数据文件格式，由监测部门按时保送原始观测资料，然后对报来的观测资料，利用数据集的特性、模糊查找定位技术，把观测值转换为相应的物理量公式，针对不同的仪器，编制相应的转换程序，最后利用这些转换程序，自动完成原始观测读取数据、物理量换算、存入数据库的过程，避免大量数据的重新录入，并能发现并纠正错误监测值，进行有效性判断。

自动化监测数据采集主要由数据采集、传输、整编三大模块组成，具体可细化为如下 5 个层面。

（1）传感器层：具有自动监测功能的监测仪器和埋设于被监控对象中的传感器；

（2）数据自动采集单元层：数据智能测控模块自动对各种传感器进行实时数据采集、存储和数据传输；

（3）现场监控终端层：包括数据通道控制器与数据通信器相连接构成现场网络通信结构，控制数据自动采集单元层进行数据采集，与远程终端层建立通信连接并接受指令，发送数据。

（4）远程监控终端层：由中央控制室主机与远程控制器构成。主机安装了自动监控软件系统。远程控制器与主机相连，系统通过远程控制器与现场监控终端建立数据连接，接收并处理数据和向现场监控终端发送指令。

（5）网络层：利用公共电话线路网、无线网络或专线通道，进行数据传输与控制。

5.4.2 GPRS 数据通信

通用无线分组业务（general packet radio service，GPRS），是一种基于全球移动通信系统（global system for mobile communications，GSM）的无线分组交换技术，提供端到端的、广域的无线 IP 连接。通俗地讲，GPRS 是一项高速数据处理的技术，方法是以“分组”的形式传送资料到用户手上。虽然 GPRS 是作为现有 GSM 网络向第三代移动通信演变的过渡技术，但是它在许多方面都具有显著的优势。GPRS 建立链路后，相当于专线直接接入互联网，数据稳定可靠。而且监控中心主机只需接入因特网且具有固定的 IP 地址，这样可大大节省建网费用和运行开销。此外 GPRS 网络的数据理论传输速率高达 172 Kb/s，完全能够满足地下工程中各种监测数据的传输。典型结构如图 5.5 和图 5.6 所示。

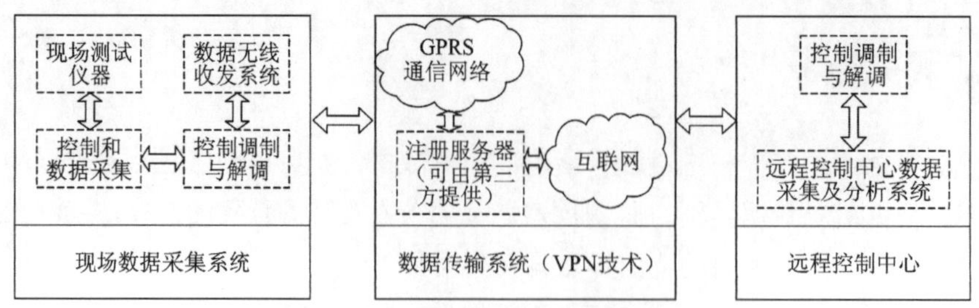

图 5.5 远程监控系统工作流程示意图

VPN 为虚拟专用网络（virtual private network）

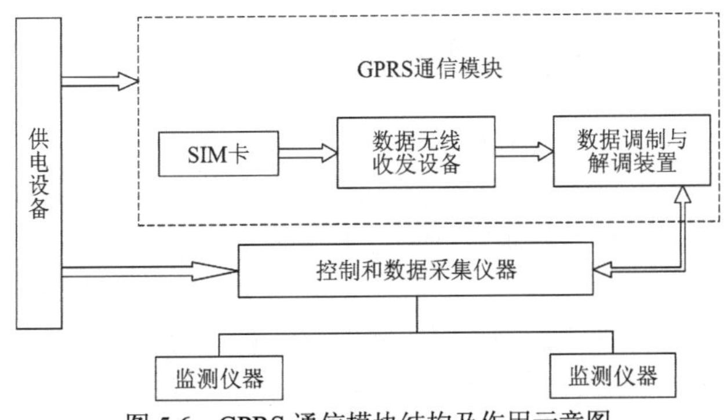

图 5.6　GPRS 通信模块结构及作用示意图

5.4.3　数据加密

在数据的网络传输过程中，为了保证数据的安全性，需要对数据进行加密，防止数据的泄露，在此采用数据加密标准（data encryption standard，DES）算法，算法大体描述如下。

DES 算法的入口参数有三个：Key、Data、Mode。其中 Key 为 8 个字节共 64 位，是 DES 算法的工作密钥；Data 也为 8 个字节 64 位，是要被加密或被解密的数据；Mode 为 DES 的工作方式，有两种——加密或解密。

DES 算法是这样工作的：如 Mode 为加密，则用 Key 去把数据 Data 进行加密，生成 Data 的密码形式（64 位）作为 DES 的输出结果；如 Mode 为解密，则用 Key 去把密码形式的数据 Data 解密，还原为 Data 的明码形式（64 位）作为 DES 的输出结果。在通信网络的两端，双方约定一致的 Key，在通信的源点用 Key 对核心数据进行 DES 加密，然后以密码形式在公共通信网（如电话网）中传输到通信网络的终点，数据到达目的地后，用同样的 Key 对密码数据进行解密，便再现了明码形式的核心数据。这样，便保证了核心数据，如个人识别码（personal identification number，PIN）、介质访问控制（media access control，MAC）等在公共通信网中传输的安全性和可靠性。

5.5　三维可视化效果集成实现

5.5.1　基于光照明的可视化

在绘制水电工程三维场景过程中，为了产生明暗过渡自然的真实感图形，必须建立光照明模型（lighting model），它描述了物体表面的颜色和其空间位置、朝向、物理属性（反射率、折射率）及光源之间的关系。依据光照明模型，绘制算法具体计算对应屏幕上各像素的物体表面颜色，并最终显示图形。

当光照射到一个物体表面时，主要发生三种情况，一是反射，二是投射（对透明物体），三是部分光被物体吸收转换为热能。上述三部分光中，只有反射光与透射光能够刺激人眼产生颜色，因而物体表面的反射光和透射光决定了物体呈现的颜色。

1. 环境光

在避光的地方，景物没有受到光源的直接照射，其表面仍有一定的亮度，使得它们可见。这是因为光线在场景中经过复杂的传播后，形成了弥漫于整个空间的光线，称为环境光。环境光在空间中近似地是均匀分布的，即在任何位置、任何方向上，强度都是一致的，记其亮度为 I_a。在分布均匀的环境光照射下，物体表面呈现的亮度未必相同，因为它们具有不同的环境光发射系数，记为 K_a。K_a 较大者看起来亮，K_a 较小者看起来暗。由此得到环境光亮度 I_e：

$$I_e = K_a I_a \tag{5.1}$$

2. 漫反射

采用环境光绘制的物体，虽然不同物体有不同亮度，但是同一物体的表面亮度是一个恒定的值，没有明暗的自然过渡，这是环境光照射产生的结果。通常考虑用点光源照射物体，一个点光源的亮度记为 I_p，在点光源照射下，物体表面的不同部分亮度不同，亮度的大小依赖于它的朝向及它与点光源之间的距离。一个粗糙的、无光泽的物体表面对光的反射表现为漫反射。对给定的表面，记其在 P 点的法向量为 $\boldsymbol{N}$，从 P 点到点光源的矢量为 $\boldsymbol{L}$，θ 为 $\boldsymbol{N}$ 与 $\boldsymbol{L}$ 的夹角，P 点的漫反射光亮度 I_d，由朗伯余弦定律得

$$I_d = I_p K_d \cos\theta,\ \ \theta \in [0, \pi/2] \tag{5.2}$$

式中：K_d 为物体表面的漫反射系数。如果 $\boldsymbol{N}$ 和 $\boldsymbol{L}$ 都为规范化的单位矢量，则 $\cos\theta = \boldsymbol{L}\cdot\boldsymbol{N}$，则上式可以写成

$$I_d = I_p K_d (\boldsymbol{L}\cdot\boldsymbol{N}) \tag{5.3}$$

3. 镜面反射与 Phong 模型

光滑的物体表面如金属或塑料表面在点光源的照射下会形成一块特别亮的区域，即所谓的“高光”，它是物体表面对入射光进行镜面发射引起的。镜面反射遵循反射定律，反射光与入射光位于表面两侧。对理想的反射面（如镜面），入射角等于反射角，观测者只能在反射方向才能看到反射光，而偏离了该方向则看不见任何反射光。对于非理想反射面，如苹果等表面，镜面反射情况由 Phong（冯）模型给出。Phong 模型描述如下。

设 P 为物体上的一点，$\boldsymbol{L}$ 为从 P 指向光源的矢量，$\boldsymbol{N}$ 为法向量，$\boldsymbol{R}$ 为反射矢量，θ 为入射角（反射角），$\boldsymbol{V}$ 为从 P 指向视点的矢量，α 为 $\boldsymbol{V}$ 与 $\boldsymbol{R}$ 的夹角，Phong 模型表示为

$$I_s = I_p K_s \cos^n \alpha \tag{5.4}$$

式中：I_s 为从 $\boldsymbol{V}$ 方向观察到的镜面反射光的亮度；K_s 为镜面反射系数。显然，在 $\alpha = 0$ 的方向上（即 $\boldsymbol{R}$ 方向）I_s 取得最大值，随着 α 的增大（$\boldsymbol{V}$ 偏离 $\boldsymbol{R}$），I_s 逐渐衰减，衰减的速率由 n 决定，n 为物体表面的镜面反射指数，n 越大，I_s 随 α 的增大衰减越快。若 $\boldsymbol{R}$ 和 $\boldsymbol{V}$ 都为已经规范为单位矢量，则 $\cos\alpha = \boldsymbol{V}\cdot\boldsymbol{R}$，代入式（5.5）有

$$I_s = I_p K_s (\boldsymbol{V}\cdot\boldsymbol{R})^n \tag{5.5}$$

将环境光、漫反射及镜面反射结合起来得到 Phong 模型的光照明方程：

$$I = I_e + I_d + I_s = K_a I_a + I_p[K_d(\boldsymbol{L}\cdot\boldsymbol{N}) + K_s(\boldsymbol{V}\cdot\boldsymbol{R})^n] \tag{5.6}$$

5.5.2　基于纹理的可视化

现实世界中的物体表面往往有各种纹理，因此要绘制逼真的三维物体，除对物体进行光照处理，还需要加上纹理贴图，使物体看起来更真实。基于纹理的表现形式，纹理可以分为颜色纹理、几何纹理和过程纹理三大类。颜色纹理是指呈现在物体表面上的各种花纹、图案和文字等，如大理石墙面、墙上贴的字画、器皿上的图案等都可以用颜色纹理来模拟。几何纹理是指基于景物表面微观几何形状的表面纹理，如橘子、树干、岩石、山脉等表面呈现的凸凹不平的纹理细节。而过程纹理则表现了各种规则或不规则的动态变化的自然景象，如水波、云、火、烟雾等。如今图像纹理作为三维图形原语的灵活性已经被扩展到表面方向，包括小的干扰及对全局光照（环境和阴影映射）的近似。

1. 纹理映射的基本原理

二维纹理映射实质上是从二维纹理平面到三维景物表面的一个映射。一般来说，二维纹理定义在一个平面区域上，它可以用数学函数解析地表达，也可以用各种数值化图像来离散定义。这样，该平面区域上的每一点处，均定义有一灰度值或颜色值。称该平面区域为纹理映射空间，简称为纹理空间。在图形绘制时，应用纹理映射方法可方便地确定景物表面上任一可见点 P 在纹理空间中的对应位置(u,v)，而(u,v)处所定义的纹理值或颜色值即描述了景物表面在点 P 出的某种纹理属性。这里指的纹理属性为与表面几何有关的各种参数，如表面法向量、漫反射系数等。纹理映射技术分为两步。

第 1 步：确定表面的哪些参数需要定义成纹理形式，即确定纹理属性。

第 2 步：建立纹理空间与景物空间的映射关系。

2. 建立纹理映射

纹理映射关系的定义与景物的表示方法有关，而且是不唯一的。由于不同的定义方法产生的纹理效果各不相同，映射关系的确定在纹理映射中有着非常重要的地位。从数学的角度来看，映射关系可以用式（5.7）来描述：

$$(u,v)=F(x,y,z) \tag{5.7}$$

式中：(u,v)、(x,y,z)分别为纹理空间和物体空间中的点。纹理映射方法的确定非常复杂，没有特定的参数表达式，所以在实际操作过程中，对不同的物体采用不同的纹理映射方法。三维地质工程中纹理映射主要来自地表和地裙的物体，采用对三维物体空间平展地投影到二维空间中，然后在纹理空间进行映射。

5.5.3　基于动画的可视化

1. 基于动态纹理的河流模拟

在三维地质信息的模拟中，河流的模拟是必不可少的，而对河流的模拟需要对水等流体状态进行模拟。水等动态物体的模拟是计算机图形图像的一个重要问题，用最少的运算和内存空间逼真地模拟它们的状态，一直是研究者努力的目标。动态纹理是指描述某种动态景观的具有时间相关重复特征的图像序列，应用基于物理模型的仿真方法在动态纹理合成方面对某些现象的合成取得了很好的效果。基于物理模型仿真的合成方法通过分析特定现象的物理规律，建立简化的物理模型，进行光照计算绘制而成。由于动态景观的复杂性，这些物理模型具有难以构建、计算复杂和只适用于特定现象的缺点。而基于视频的动态纹理合成方法，不需要了解特定现象的物理规律和相互作用，只要求输入一定长度的动态纹理视频样本，通过对样本的学习和处理，得到它们的表示形式，并在此基础上合成有限或者无限长度的新视频。

动态纹理动画模拟的基本思想是：给定一段动态纹理视频，假设视频中存在相似的两帧图像：第 i 帧和第 j 帧（$j>i$），因为从第 i 帧到第 $i+1$ 帧的切换是最自然的，所以从第 j 帧到第 $j+1$ 帧的切换也是可行的，不会引起视觉上的跳跃，称 j 为跳变点。当视频播放到第 j 帧时，它既可以继续向前播放到第 $j+1$ 帧，也可以切换到第 $i+1$ 帧。只要视频中存在足够的相似帧，在视频的播放过程中，就可以不断地从跳变点处往回切换，合成任意长度的视频。

这种方法的关键在于纹理的选择和时间的控制。首先，要确保纹理合成的图像具有连续性，即水纹连续帧之间纹理的“延续性”。其次，选择相邻两帧纹理的切换时间要适度，否则无法利用人眼的视觉停滞特性而形成真实效果。最后在纹理四面的任意边界能够无缝拼接在一起，这样在纹理平铺的时候，不会形成跳跃的缝隙。

2. 施工过程三维可视化

基于 GIS 的水电工程施工过程的三维可视化，主要通过设计开挖计划产生的数据，用 GIS 工具生成一系列的数字化三维图形，然后通过对图形的连续播放，来反映水电工程施工面貌的变化过程。其具体步骤描述如下。

（1）将设计资料形成的开挖计划，如各开挖的时间参数（开始时间、施工时间、结束时间）、各个时刻点对应的施工单元的形体参数等，按照工序序号大小存储在数据库中。

（2）根据各时刻个施工单元的形体参数，运用 GIS 技术生产任一工序任一时刻的三维模型 $S_i(t)$（i 为工序，t 为时刻）。

（3）将同一时刻的各工序的三维面貌进行组合，得到各时刻水电工程的三维整体面貌。

（4）将各时刻的水电工程的整体三维面貌 $S(t)$按照日期进行排序。

（5）逐条读取施工动态面貌库中每条记录的形体数据及其他相关信息，形成数据以数字化三维图形的形式显示在屏幕上，其他信息以文本的形式显示在信息框中，从而实现了水电工程施工过程的三维可视化及当前时刻的相关信息的显示查询。

5.6 水电工程三维监测信息分析系统功能

5.6.1 数据库管理功能

数据库可根据工程需要连接本地 Access 和远程 SQL Sever，工程数据库管理的基本对象包括：

（1）各类监测设施的基本属性库、监测数据资料库；

（2）地质钻孔信息、地质剖面、地质结构属性库；

（3）工程措施基本属性库、施工信息、施工进度、工程照片资料库；

（4）监测环境量库，降雨量、气温等；

（5）变形预测模型库，如时间序列进化识别模型、进化神经网络模型；

（6）系统私有数据信息库，如曲线管理、数据表管理。

系统在数据库管理方面上提供下述功能：

（1）对各类数据库表的按需生成；

（2）数据表结构的动态编辑和修改；

（3）对数据记录的导入、编辑、修改、添加、删除等；

（4）对任意数据记录的多功能条件联动查询。

查询方式有单表对象查询和面向整个数据库的多表纵向查询，具体查询内容为：按位置查询、按设施编号查询、按变形速率查询、按观测日期查询、按设施埋设日期查询、特征值查询、监控模型查询等。

查询可根据需要设置联动查询功能，即只将符合查询条件的监测设施在二维和三维场景中显示，以便于有针对性地面向对象进行分析。

5.6.2　二维分析功能

二维分析功能包括以下几方面。

（1）提供对工程场址二维地质图的导入功能，实现对二维场景的适时放大、缩小、平移，区域裁减等操作；

（2）在二维地质图上动态添加、删除地质钻孔、各类监测设施、工程措施建筑物等，并以不同颜色、不同图形标识（参照设计图标）进行表达；

（3）鼠标点击查询各类监测设施、工程措施、地质钻孔及建筑物等的基本信息及关联数据表；

（4）对二维场景进行“图层式”的分类管理，动态隐藏和显示用户需要的查看相关内容；

（5）提供综合图表分析功能：将地质信息、监测数据、监测环境量等以可视化图形（曲线和剖面）的方式进行综合表达，并给操作者提供针对同一断面、同一区域或具有相关性的测点进行集中综合分析的功能。

5.6.3　三维分析功能

三维分析功能包括以下几方面。

（1）基于二维工程地质图、离散点的钻孔信息、地质剖面信息生成了工程场址的原始三维地质地层模型（包括三维地层、三维洞室、节理、水位面），并进行灵活的分层设色处理；

（2）根据边坡开挖设计资料，实现在三维地质模型中进行裁减，然后从现场拍摄的工程场址照片中获取纹理，并设置在开挖面上，使其开挖形态基本达到与现场一致的效果；

（3）在三维场景中实现对地层和物体的图层式的分类管理，显示或隐藏任意图层中的相关设施，查看任意独立的地层形态；

（4）实现对任意图形库中存储的已有地质剖面的鼠标点击查看功能，实现任意位置、任意深度、任意方向的地层剖面的切割；

（5）在三维地质模型中动态添加、删除地质钻孔、各类监测设施、工程措施建筑物模型等，并以不同颜色、不同图形标识进行三维实体表达，提供鼠标点击查询三维场景中物体的基本属性、数据库表及监测变形曲线等；

（6）提供对施工开挖、监测变形信息的三维实体可视化及动态演化；

（7）提供对边坡工程场址的距离、面积、体积等的辅助计算分析。

5.6.4 安全性评估功能

安全性评估功能包括以下几方面。

（1）利用现场监测数据，提供基于时间序列的变形预测多手段智能分析，分析模型集成有遗传进化、神经网络、PSO 和 SVM 等优化算法；

（2）提供基于动态聚类分析的工程危险性分区，分区方法有进化神经网络和进化支持向量机；

（3）提供基于不确定性的工程可靠性分析，包括蒙特卡罗、响应面、一次二阶矩和智能优化综合分析方法；

（4）提供对监测突变信息的动态预警提示功能。

5.6.5 文件的输入和输出

为充分服务于用户对数据的录入、文件的输出、打印等要求，系统提供了丰富的文件导入导出功能。用户可根据需要将数据表、过程线、地形图、剖面图等导入导出成以下几种数据格式：

（1）*.txt，文本文件格式；

（2）*.xls，Excel 文件格式；

（3）*.dxf，AutoCAD 数据文件格式；

（4）*.jpg，图形文件格式。

同时为优化系统的管理和提高系统运行效率，系统内部也自定义了用于交互操作的*.lin、*.vec、*.rgn 等二进制和文本文件格式。

系统提供对以下两种形式的数据和图形进行直接打印：

（1）所有数据库中的数据表，以及查询获得的任意数据记录；

（2）二维地质图、任意过程线、监测环境量曲线、剖面线等。

5.6.6 网络发布功能

基于客户机/服务器模式，采用 TCP/IP 协议，将系统的图形数据、图像数据和属性数据在局域网和互联网上进行发布，实现系统信息的网络浏览和分析。

第 6 章　工程应用实例

6.1　龙滩水电站高边坡三维监测信息反馈分析与安全评估

6.1.1　工程概况

总投资 243 亿元的龙滩水电工程，位于广西壮族自治区天峨县境内，红水河上游，是“西部大开发”的十大标志工程和“西电东送”工程的战略项目之一，也是红水河梯级开发龙头骨干控制性工程，该工程以发电为主，兼有巨大的防洪和通航等综合效益。龙滩水电站按正常蓄水位 400 m 设计，初期建设正常蓄水位 375 m，最大坝高 192 m，装机容量 7×600 MW；后期正常蓄水位 400 m，最大坝高 216.5 m，装机容量 9×600 MW。枢纽主要建筑物包括：碾压混凝土重力坝及其泄水建筑物、左岸地下厂房及其输水系统、右岸通航建筑物。施工导流采用上下游碾压混凝土过水围堰，左右岸隧洞导流。龙滩水电站是中国目前在建的规模仅次于长江三峡的巨型水电工程[105-106]。

由于受建筑物布置、地质条件等因素的影响，龙滩水电工程开挖形成了长约 400 m、最大开挖深度约 200 m、最大组合高度达 420 m 的左岸进水口高边坡，而右岸坝肩边坡最大组合高度也达到 370 m。综合来讲，坝址区高边坡具有如下 5 方面的突出特点。

（1）地质条件复杂，既有反倾向边坡，又有顺向边坡和斜向边坡；

（2）边坡岩体受多组地质结构面切割，构成复杂多变的岩体结构特征；

（3）开挖方量巨大，在快速、大体积开挖卸荷和后高水位作用下，岩体原始应力场和渗流场将受到强烈扰动；

（4）边坡具有多种破坏类型，变形规律较为复杂；

（5）边坡、大坝、洞室、通航建筑物等相互并存，构成复杂的耦合作用关系。

1. 地层岩性

坝址边坡地层为下三叠统罗楼组（T_1l）（出露于坝址上游地段）和中三叠统板纳组（T_2b）（出露于坝址及其下游地段），均为轻微变质的浅海深水相碎屑岩组。罗楼组以薄层、中厚层硅质泥板岩、硅质泥质灰岩为主，夹少量粉砂岩互层岩组；板纳组由厚层钙质砂岩、粉砂岩、泥板岩互层夹少量层凝灰岩、硅质泥质灰岩组成，均属坚硬或中硬岩石，板纳组是坝址主要建筑物基（围）岩板纳组在坝址出露 T_2b^1 至 T_2b^{52} 层，总厚度 1 219.07 m，由厚层钙质砂岩、粉砂岩、泥板岩互层夹少量层凝灰岩、硅泥质灰岩组成，其中砂岩、粉砂岩占 68.2%，泥板岩占 30.8%，灰岩占 1%。$T_2b^{2\sim4}$、T_2b^{18}、T_2b^{52} 层泥板岩厚度大，含量高，占 70%以上，是板纳组中强度相对较低的岩层。（表 6.1）

表 6.1　工程地质岩组划分表

组序	岩组名称	岩组		包含地层	岩性组成/%			
		代号	厚度/m		砂岩	粉砂岩	泥板岩	灰岩
1	泥板岩灰岩互层组	S_L	116.05	$T_1l^{3\sim8}$	—	10.5	44.4	45.1
2	泥板岩夹灰岩组	S_{LS}	143.14	$T_1l^{1\sim2}$、T_1l^9	10.3	83.3	6.4	—
3	层凝灰岩组	T	31.35	T_2b^1、T_2b^5、$T_2b^{14\sim17}$、T_2b^{25}	99.5	—	0.5	—
4	砂岩组	S	639.42	$T_2b^{28\sim30}$、$T_2b^{38\sim47}$、T_2b^{49}、T_2b^{51}	60.9	21.2	17.3	0.6
5	砂岩泥板岩互层组	A_L	390.10	$T_2b^{26\text{-}27}$、$T_2b^{31\sim37}$、T_2b^{48}、T_2b^{50}	20.5	40.5	38.4	0.6
6	泥板岩组	A_r	158.22	$T_2b^{2\sim4}$、T_2b^{18}、T_2b^{52}	16.5	6.5	72.9	4.1

2. 岩体风化特征

坝址岩体风化受岩性、构造破坏程度及地形影响，表现为面状风化层状风化和沿断层、夹层的楔状（带状）风化，厚层砂岩尚见球状风化。

坝址岩体面状风化深度如表 6.2 所示。一般情况下，罗楼组抗风化能力稍次于板纳组；泥板岩为主的岩层较砂岩为主的岩层风化强烈；右岸构造破碎程度较左岸强，故风化深度略大于左岸，谷肩部位风化深度亦大于谷坡部位。

表 6.2　风化深度统计表

位置		左岸				右岸				河床	
风化带下限		全	强	弱	微	全	强	弱	微	弱	微
风化深度/m	罗楼组	12～15	20～35	25～65	80	5～15	18～25	25～40	70～80	礁滩：15～20	40～80
	板纳组	0～15	5～20	15～40	50～90	0～15	5～25	20～40	70～110	河槽：2～5	

沿主要断层、层间错动及其交汇带呈楔状风化，如 D54 平洞内，F89 断层带在地表以下 35 m，楔状强风化带的宽度仍达 12～15 m。

罗楼组中的泥质灰岩夹层，受风化淋滤作用，在强、弱风化带内常形成众多的风化泥化夹层，泥化夹层的水平发育深度一般达 35～40 m。

龙滩水电站安全监测设施的布置主要考虑边坡的形态、具体的水文和工程地质情况、控制变形稳定的主要单元等因素，把整个监测设施按一个系统来整体考虑，并突出主要控制断面。龙滩水电站安全监测主要包括变形监测、锚固力的监测和环境量监测等。

变形监测：两岸高边坡的坡面变形监测主要通过地表位移观测点进行监测，可监测坡面不同部位的三维变形；坡体深部的变形主要通过测斜仪和多点位移计进行监测，可监测坡体不同部位不同深度的变形情况，并可与地表位移观测点进行对比。

环境量监测：主要通过埋设测压管来观测坡体的地下水的渗流情况。

锚固力的监测：在边坡的开挖和支护加固过程中大量采用的预应力锚索和长锚杆，锚索和锚杆的工作性态直接关系到坡体的变形与稳定，通过锚索测力计和锚杆应力计的锚固力监测可了解锚索和锚杆的工作性态。

坡体地表水平位移监测采用大地坐标系，*X* 为正北向，*Y* 为正东向。位移值符号：*X* 向河床方向为正（指向坡外），反之为负；坡内为负；*Y* 表示沿红水河上下游方向的累计水平位移量，向下游方向位移值为正，向上游方向为负。垂直位移监测网和监测点的平差计算均采用吴淞高程系，*H* 为累计垂直位移量成果，下沉为正（向下），上升为负。

6.1.2　监测断面布置

两岸地表位移监测设施布置及主要监测剖面布置示意图见图 6.1～图 6.6。

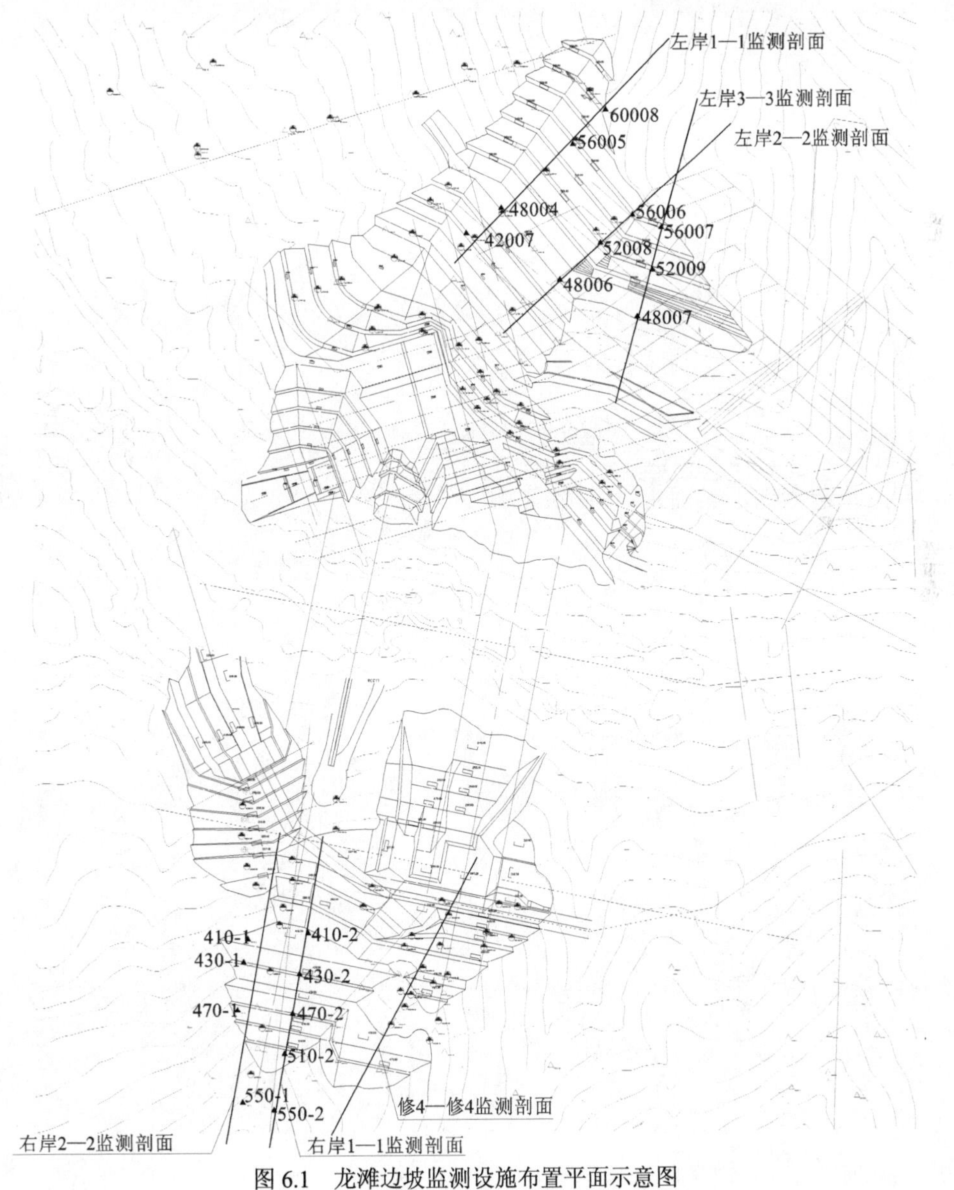

图 6.1　龙滩边坡监测设施布置平面示意图

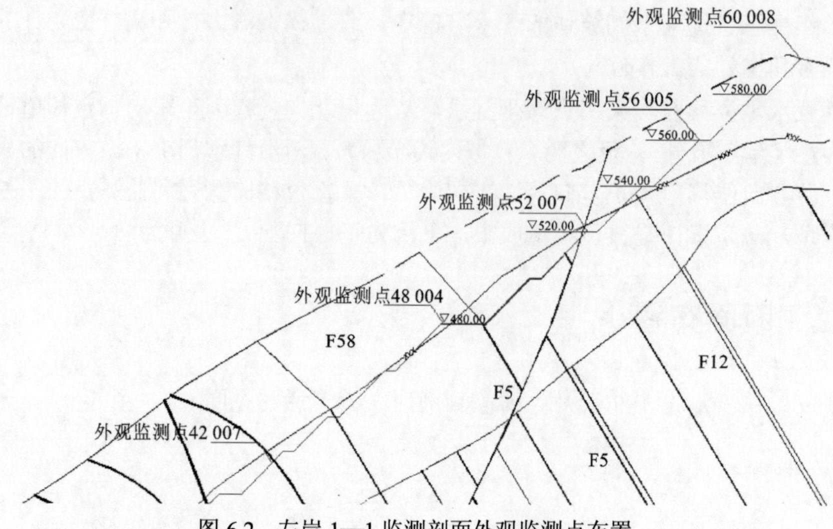

图 6.2　左岸 1—1 监测剖面外观监测点布置

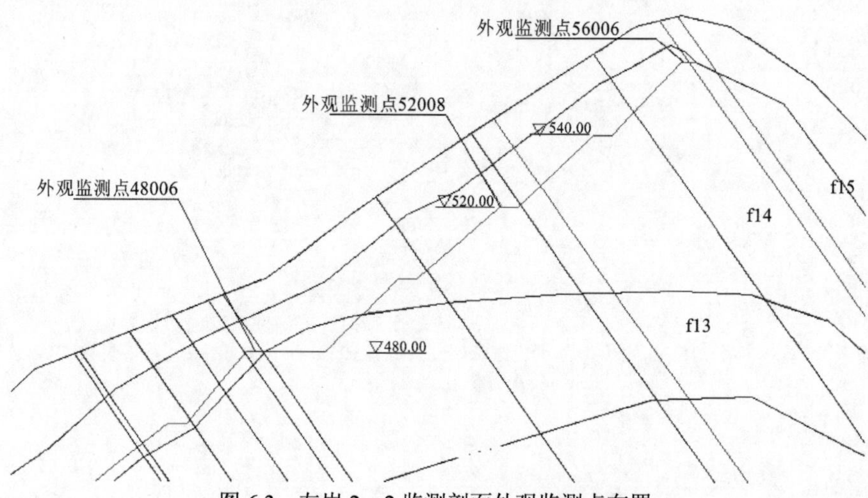

图 6.3　左岸 2—2 监测剖面外观监测点布置

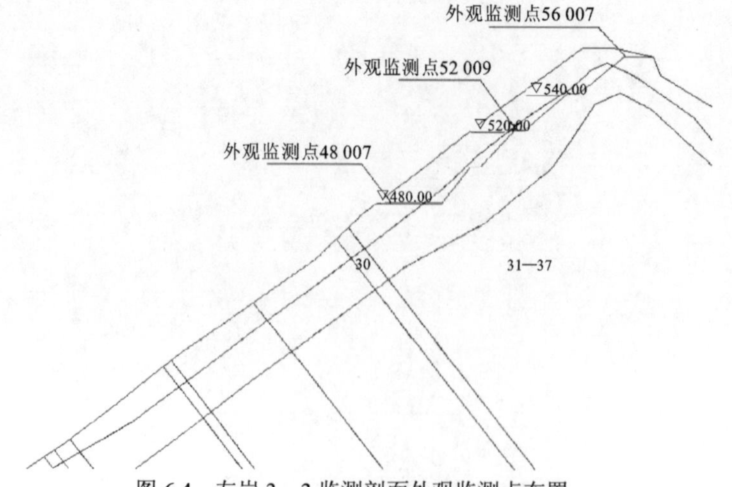

图 6.4　左岸 3—3 监测剖面外观监测点布置

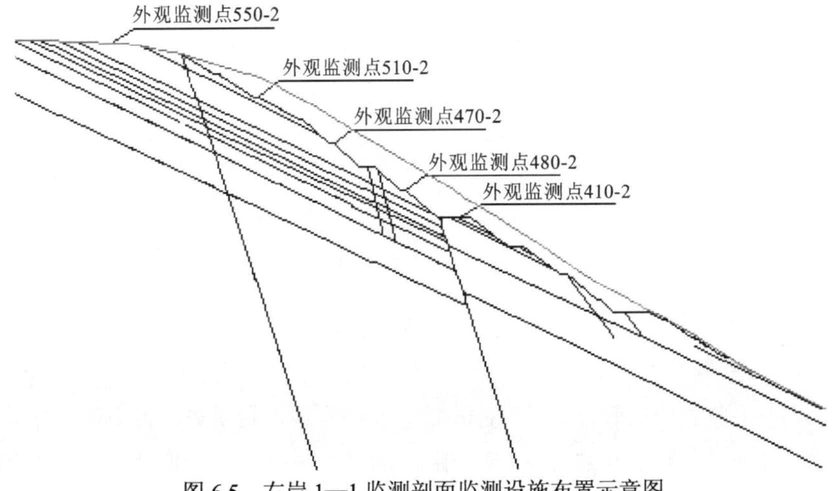

图 6.5 右岸 1—1 监测剖面监测设施布置示意图

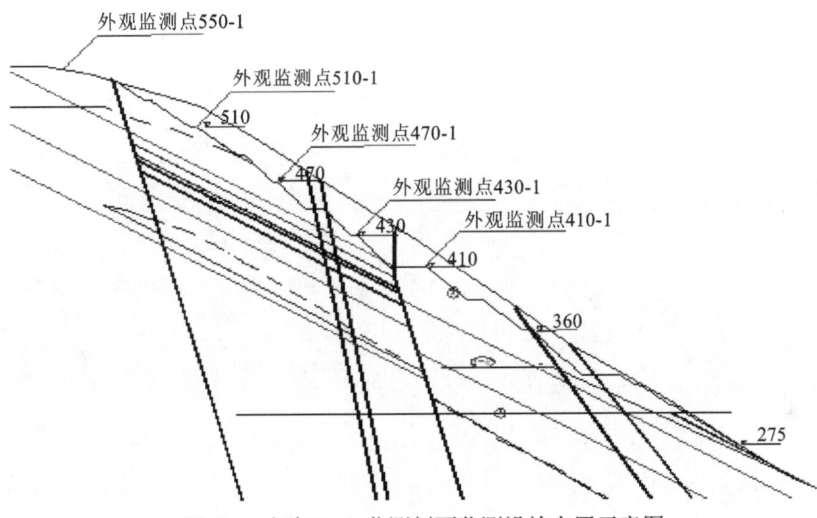

图 6.6 右岸 2—2 监测剖面监测设施布置示意图

1. 左岸监测断面布置

（1）进水口边坡两个主监测剖面，左岸 1—1 监测剖面主要监测开挖部分蠕变体后的边坡稳定性，左岸 2—2 监测剖面和左岸 3—3 监测剖面是监测蠕变体全部挖除后的岩质边坡的稳定性；布置仪器主要有多点变位计、测斜仪、地下水位长观孔、超前锚杆孔锚杆应力计、预应力锚索测力计等（图 6.1～图 6.4）。

（2）蠕变体 B 区边坡两个主断面，左岸 1—1 监测剖面、左岸 2—2 监测剖面主要是监测蠕变体在自然边坡下的岩体稳定性，布置仪器有多点变位计、测斜仪、地下水长观孔、渗压计组等。共布置了 169 个外部变形监测点和 69 个水准工作基点（图 6.2、图 6.3）。

（3）平洞 D29、平洞 D49 为揭露边坡岩体特性的勘探平洞，边坡发育的主要断层、结构面、节理、倾倒蠕变体等均有出露，监测主要是从表面观测这些特殊结构面的变化情况，布置有收敛测点、水准测点、单向测缝计和二向测缝计、渗压计和量水堰。

（4）地表变形监测：在高程 630 m、600 m、560 m、520 m、480 m、420 m、380 m、340 m 各布置一条水准测量线路，其中各标墩均为水平位移和垂直位移共用标，主要监测进水口边坡和蠕变体边坡的表面变形。

（5）左岸 1—1 监测剖面、2—2 监测剖面和 3—3 监测剖面主要监测剖面上的监测点设置见图 6.2～图 6.4。

2. 右岸监测设施布置

右岸坝肩及上游引航道边坡布置了 3 个监测剖面，主要采用地表位移观测点、测压管、多点位移计等手段来监测坡体的工作性态。

其中右岸 1—1 监测剖面和 2—2 监测剖面位置及监测点布置见图 6.5 和图 6.6。

现场监测项目及仪器主要包括：外观变形监测点、多点岩石变位计、钻孔倾斜仪、锚杆应力计、锚索测力计、地下水位观测孔、测缝计、渗压计、钢筋计、雨量计。主要监测剖面如表 6.3 所示。

表 6.3　现场布置的主要监测剖面统计表

左岸						
监测剖面编号	起点坐标			终点坐标		
	X	*Y*	*Z*	*X*	*Y*	*Z*
1—1	69 779.390	4 458.332	590	69 564.445	4 207.158	382
2—2	69 690.823	4 499.454	605	69 499.577	4 275.476	305
3—3	69 726.495	4 274.044	492	69 600.900	4 188.772	382
4—4	69 593.984	4 156.333	382	69 544.779	4 016.543	313
5—5	69 547.012	4 184.510	382	69 495.918	4 151.781	311
6—6	69 575.316	4 215.809	382	69 514.023	4 232.899	305
7—7	69 519.138	4 315.438	420	69 499.030	4 343.014	311
8—8	69 503.578	4 328.251	406	69 449.704	4 265.172	295
9—9	69 458.374	4 352.397	415	69 395.784	4 326.471	300
10—10	69 393.232	4 213.380	301	69 311.344	4 256.875	245
11−11	69 402.770	4 382.218	365	69 331.974	4 401.972	245
12−12	69 385.940	4 478.223	382	69 296.191	4 390.272	245
增 1—增 1	69 474.298	4 336.466	382	69 421.142	4 247.699	295
导 1—导 1	69 385.920	4 187.660	301	69 347.690	4 120.010	213
导 2—导 2	69 485.870	4 104.350	330	69 327.190	4 014.580	226

续表

右岸						
监测剖面编号	起点坐标			终点坐标		
	X	*Y*	*Z*	*X*	*Y*	*Z*
1—1	68 600.000	4 041.000	562	68 932.83	4 075.35	337
3—3	68 928.150	4 113.750	337	69 040.76	4 129.53	260
修 1—修 1	68 690.890	4 234.190	450	68 881.16	4 272.09	297
修 2—修 2	68 700.220	4 179.090	450	68 857.65	4 210.86	330
修 3—修 3	68 754.700	4 289.240	398	68 877.99	4 340.56	308
修 4—修 4	68 707.190	4 180.200	450	68 841.44	4 253.00	340
增 1—增 1	68 804.690	4 320.970	369	68 866.53	4 339.25	308
增 2—增 2	68 803.880	4 117.270	406	68 907.65	4 181.07	302
导 A—导 A	69 015.624	3 996.970	245	68 837.455	4 025.088	382
次 A—次 A	68 715.245	4 133.735	475	68 719.05	4 318.869	450
1—1	68 600.000	4 041.000	562	68 932.83	4 075.35	337
3—3	68 928.150	4 113.750	337	69 040.76	4 129.53	260

6.1.3　工程信息数据库管理

边坡工程中工程信息主要包括现场地质信息、监测设施、工程设施、典型建筑物等，进一步细分为地质钻孔、外观点、测斜孔、多点位移计、锚杆应力计、锚索测力计、水位观测孔、工程锚索、锚杆、抗滑桩、房屋等。在数据库管理方面，要求全面管理上述多类型的工程信息，能适时地导入并编辑现场监测获得的数据，并能动态地修改任意数据库表的结构。表 6.4～表 6.8 列出了若干单元数据表的基本结构。

表 6.4　钻孔基本属性表

ID	钻孔编号	坐标 *X*	坐标 *Y*	坐标 *Z*	孔径
整型	字符	Double	Double	Double	Float

表 6.5　某钻孔岩层信息表

ID	钻孔编号	岩层标高	岩层厚度	岩层名称	结果层	物理力学性质
整型	字符	Float	Float	字符串	整型	Float

表 6.6　某钻孔岩层信息表

ID	钻孔编号	坐标 *X*	坐标 *Y*	坐标 *Z*	设计孔深	实际孔深	孔径	开孔日期	终孔日期	关联信息	备注
整型	字符	Double	Double	Double	Float	Float	Float	日期	日期	字符	字符

表 6.7　某钻孔岩层信息表

ID	锚杆编号	坐标 *X*	坐标 *Y*	坐标 *Z*	设计孔深	实际孔深	孔径	开孔日期	终孔日期	倾斜角	备注
整型	字符	Double	Double	Double	Float	Float	Float	日期	日期	Float	字符

表 6.8　某钻孔岩层信息表

ID	设施编号	坐标 *X*	坐标 *Y*	坐标 *Z*	设计桩深	实际桩深	桩径	桩截面长	桩截面宽	完成日期	备注
整型	字符	Double	Double	Double	Float	Float	Float	Float	Float	日期	字符

在数据库的分析方面，系统提供了对数据记录的导入（文本文件和 Excel 文件）、编辑，并可以对数据库表结构进行动态修改，以满足工程数据不断更新和方案变更的需要，如图 6.7 所示。

HL480-04外观点数据表

ID	设施编号	观测日期	detX	detY	de…	…速率	变形速率
1	HL480-04	2002-10-26	0.000000	0.000000			
2	HL480-04	2002-11-19	0.000000	-1.000000			0.040000
3	HL480-04	2002-12-14	2.000000	2.700000			0.090000
4	HL480-04	2003-01-11	1.100000	-0.100000		1.104536	-0.080000
5	HL480-04	2003-02-28	2.100000	2.300000	0.000000	3.114482	0.040000
6	HL480-04	2003-04-03	2.600000	5.700000	0.300000	6.264982	0.090000
7	HL480-04	2003-05-09	2.400000	6.200000	0.000000	6.648308	0.010000

插入行
删除行
插入列
删除列
刷新
导入
导出
文本文件
EXCEL文件
4856.021583,68613.767210

图 6.7　数据记录的编辑和导入导出

此外，系统在该模块中提供了强大的数据库查询分析功能，实现单表对象查询和面向整个数据库的多表纵向查询，以及图形联动查询等功能，如图 6.8 和图 6.9 所示。

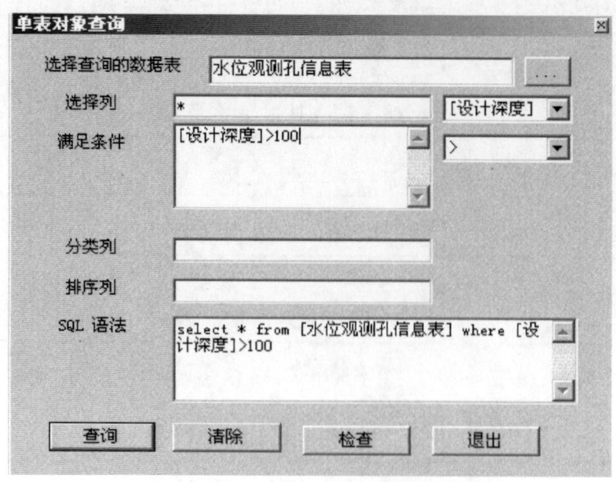

图 6.8　单表对象查询

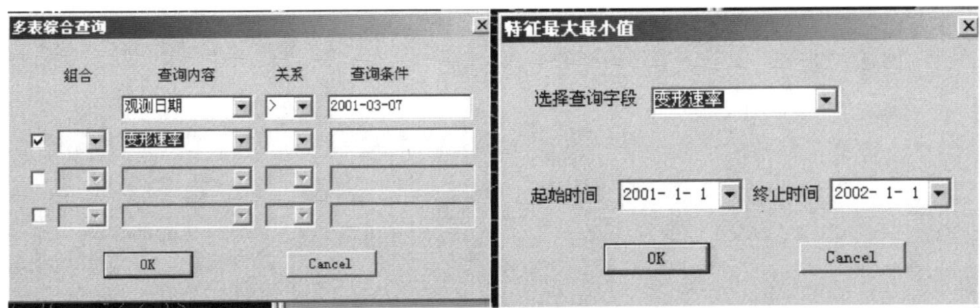

图 6.9 多表综合查询和特征值查询

6.1.4 边坡工程场址的信息可视化与 GIS 辅助分析

根据二维等高线地质图、离散点钻孔和剖面信息及边坡开挖和洞室设计文件，基于精确地表覆盖的空间自适应地层生成算法，建立边坡三维地层信息模型（包括地层信息、边坡开挖状态、三维洞室、三维监测设施和工程措施、典型建筑物等），并提供诸如可视化查询、剖面分析、网络分析等 GIS 辅助功能，见图 6.10～图 6.21。

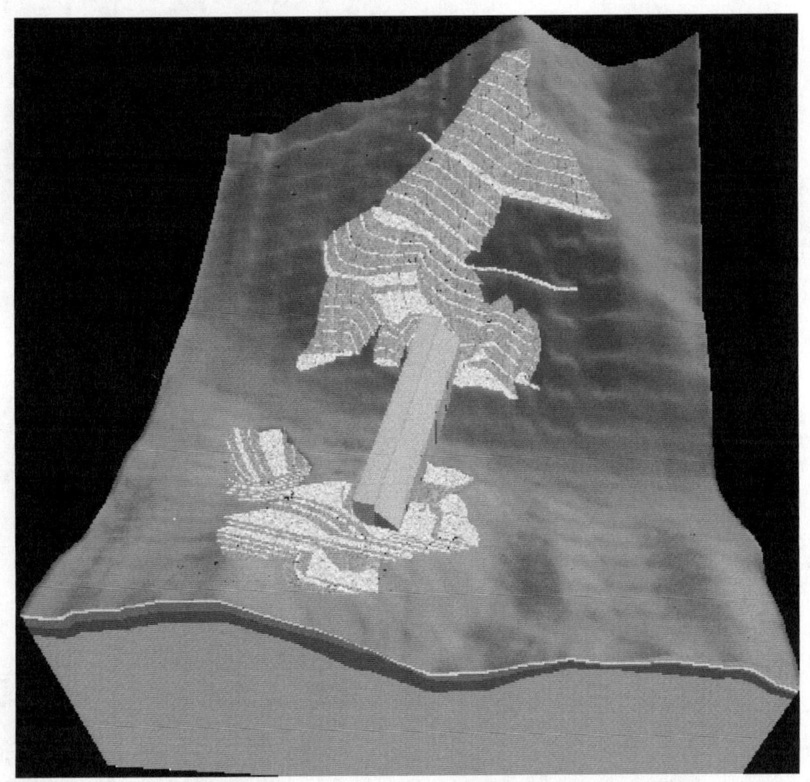

图 6.10 龙滩边坡和八尺门滑坡工程场址的三维信息可视化

图中龙滩大坝为假定模型，非真实设计尺寸，下同

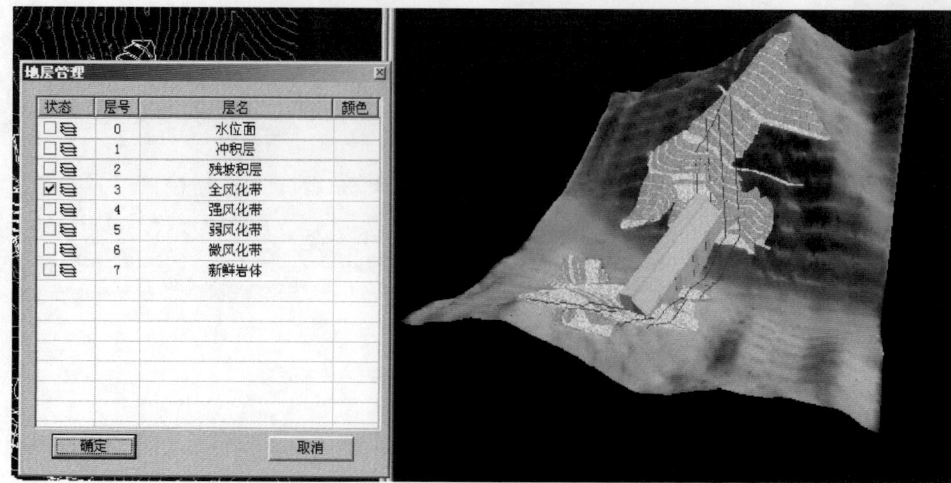

图 6.11　三维地层的分层显示

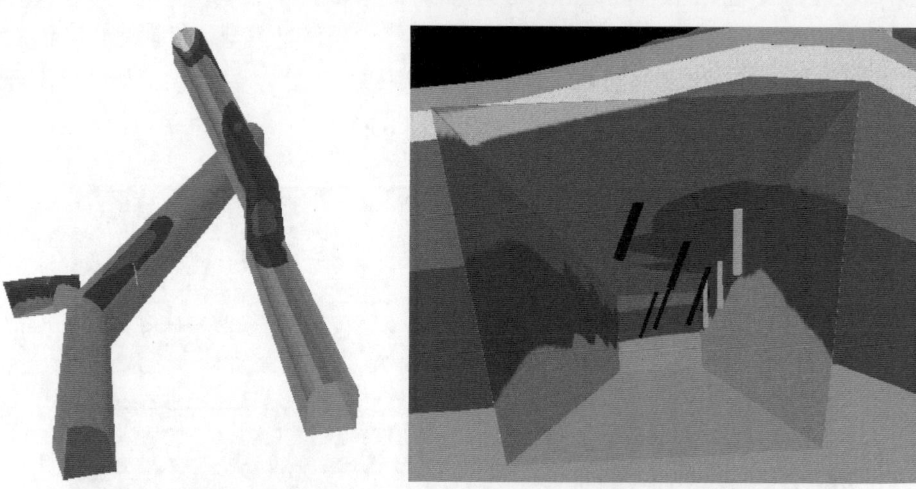

（a）洞室三维形态　（b）含地层信息的三维洞室仿真

图 6.12　洞室的三维形态及基于地层信息的三维洞室仿真

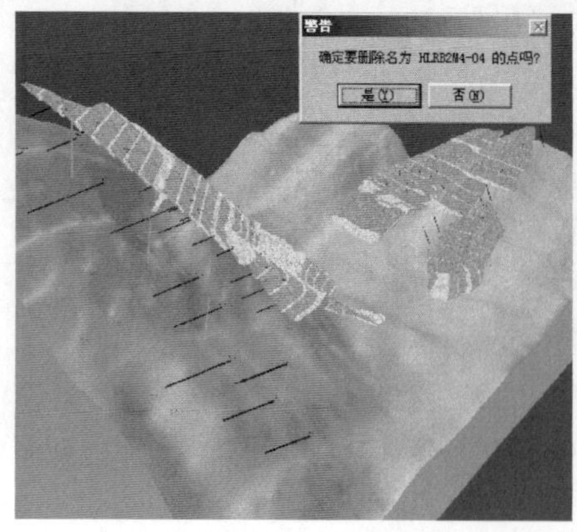

（a）边坡工程场址中的监测设施

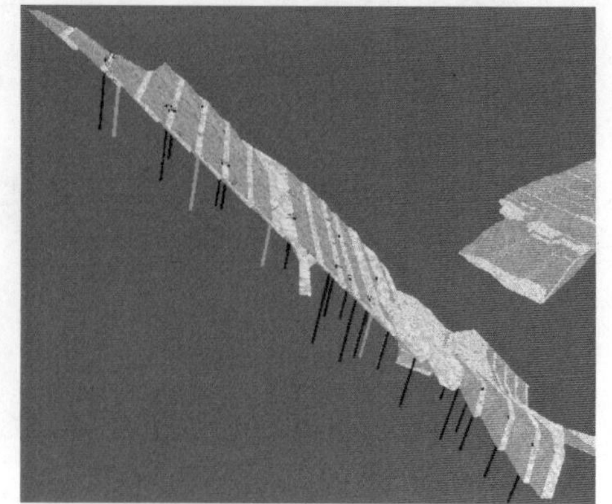

（b）工程措施三维实体空间展示

图 6.13　边坡工程场址中的监测设施、工程措施三维实体空间展示

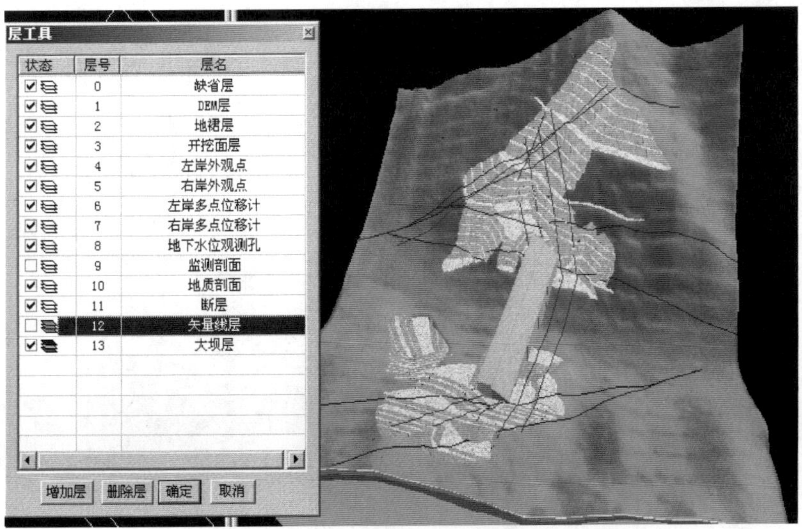

图 6.14　三维场景中各类设施的图层式分类管理

图 6.15　三维可视化系统中的照片浏览（放大、缩小、平移等）与三维场景展示

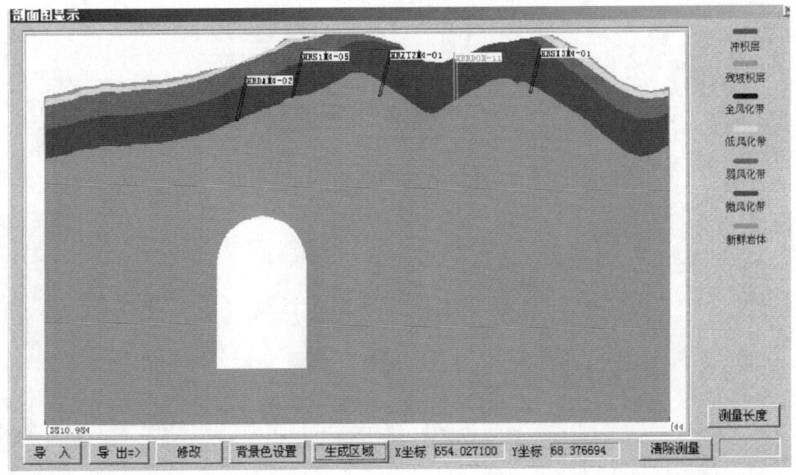

图 6.16　龙滩水电站高边坡中任意方向、任意深度、任意位置地质剖面切割

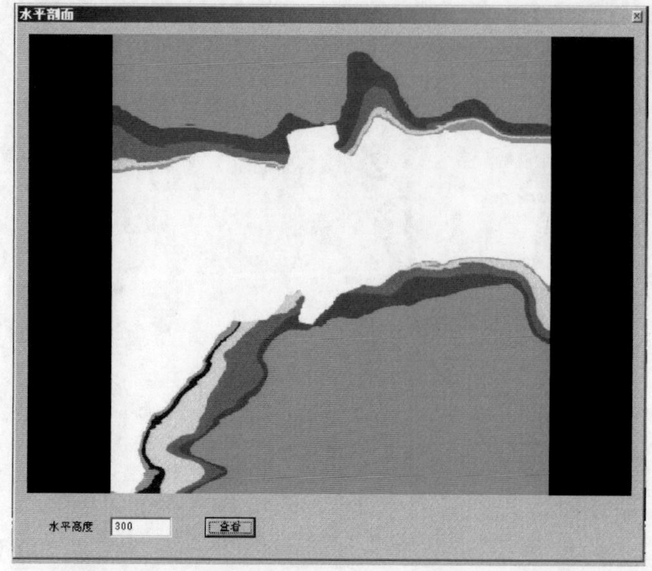

图 6.17　龙滩水电站工程中 300 m 高程的水平剖面

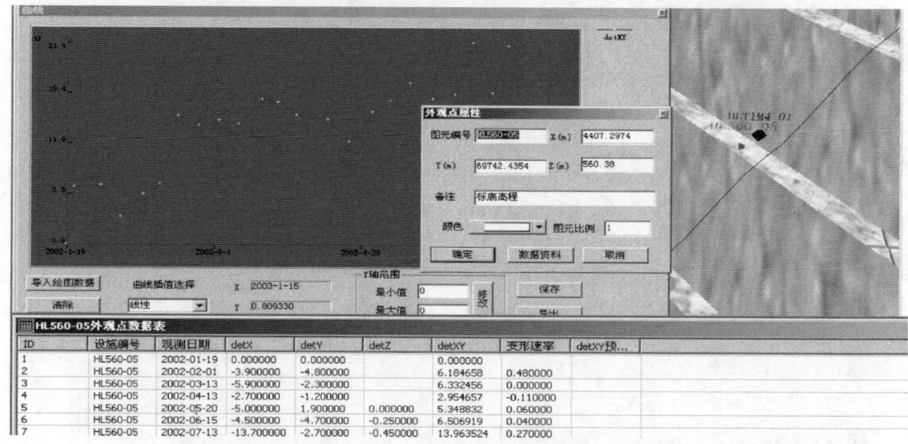

ID	设施编号	观测日期	detX	detY	detZ	detXY	变形速率	detXY预...
1	HL560-05	2002-01-19	0.000000	0.000000		0.000000		
2	HL560-05	2002-02-01	-3.900000	-4.800000		6.184658	0.480000	
3	HL560-05	2002-03-13	-5.900000	-2.300000		6.332456	0.000000	
4	HL560-05	2002-04-13	-2.700000	-1.200000		2.954657	-0.110000	
5	HL560-05	2002-05-20	-5.000000	1.900000	0.000000	5.348832	0.060000	
6	HL560-05	2002-06-15	-4.500000	-4.700000	-0.250000	6.506919	0.040000	
7	HL560-05	2002-07-13	-13.700000	-2.700000	-0.450000	13.963524	0.270000	

图 6.18　三维场景中的设施属性（基本信息、数据表、变化曲线）可视化查询

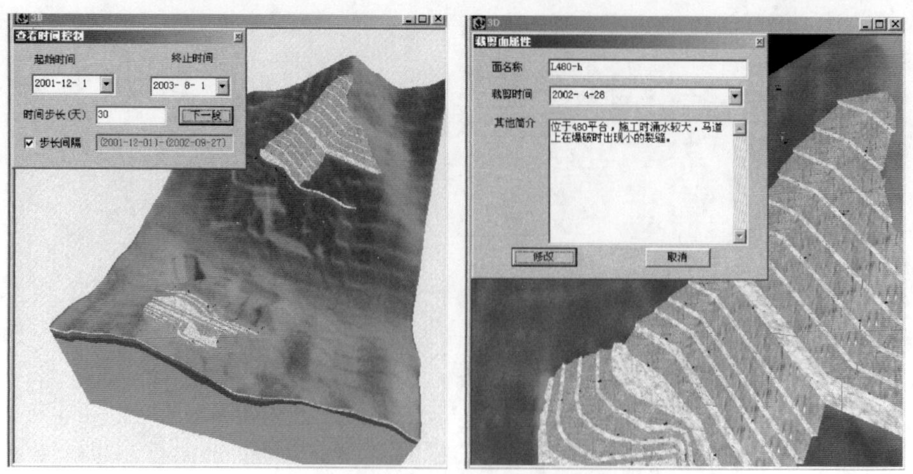

图 6.19　龙滩边坡工程中的施工开挖信息与三维动态演化

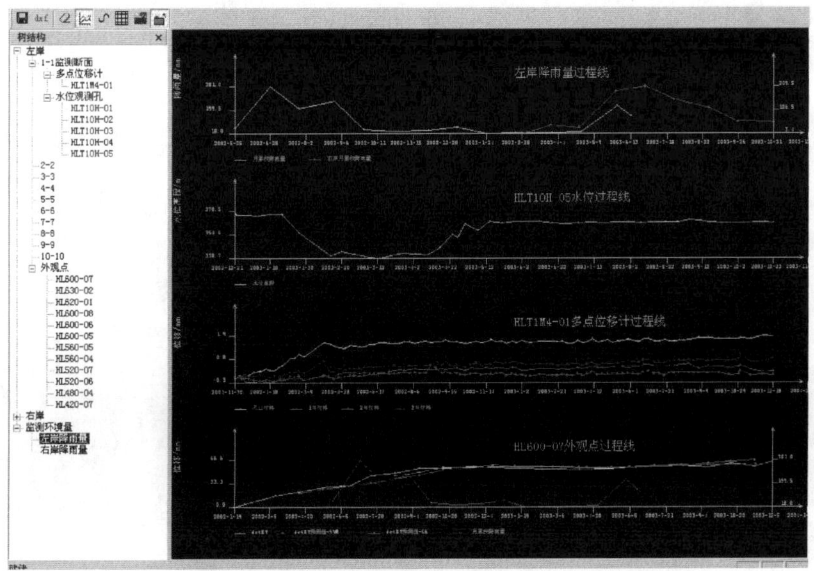

图 6.20　龙滩边坡工程中的综合图表可视化管理

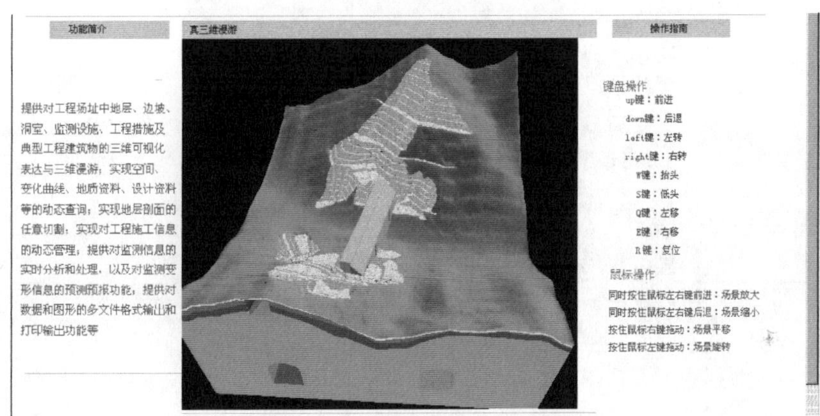

图 6.21　基于客户端/服务器模式的龙滩高边坡工程信息的网络发布

6.1.5　基于信息平台的边坡变形预测

基于时间序列的基本思想，综合系统中的三种智能分析模型：禁忌搜索-遗传算法（tabu search- genetic algorithm，TS-GA）、禁忌搜索-进化支持向量机模型（tabu search-evolutionary support vector machine，TS-ESVM）和禁忌搜索-进化神经网络模型（tabu search-evolutionary neural networks，TS-ENN），以及可靠性分析方法，对岩土边坡位移非线性变形演化特征进行预测，可通过多种预测模型对边坡位移进行预测分析和比较，并根据工程现场具体的地质、施工和环境条件进行综合评判（图 6.22）。

对于监测突变预警，现场监测的数据经过信息化处理，在二维和三维视窗实现可视化表达，通过各类标准（包括规程、规范、时空标准、速率标准、统计标准、监控标准、巡视检查标准等），获得预警的设置值。系统在对监测结果与限量值之间进行评判对比后做出决策。对于超限的测点给出预警，并可视化提示相关的环境量信息（图 6.23 和图 6.24）。

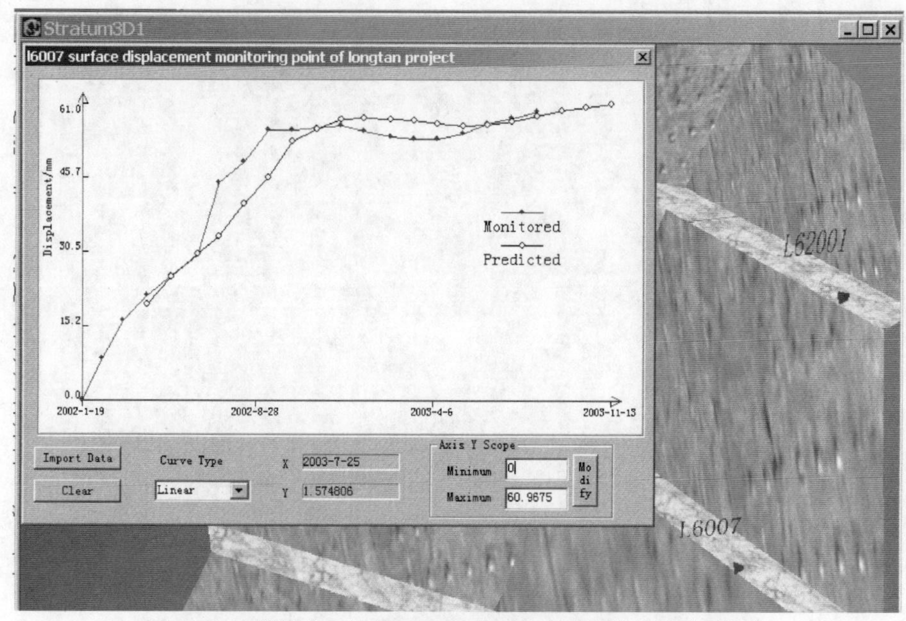

图 6.22　左岸进水口边坡 600-07 外观点变形预测结果及可视化

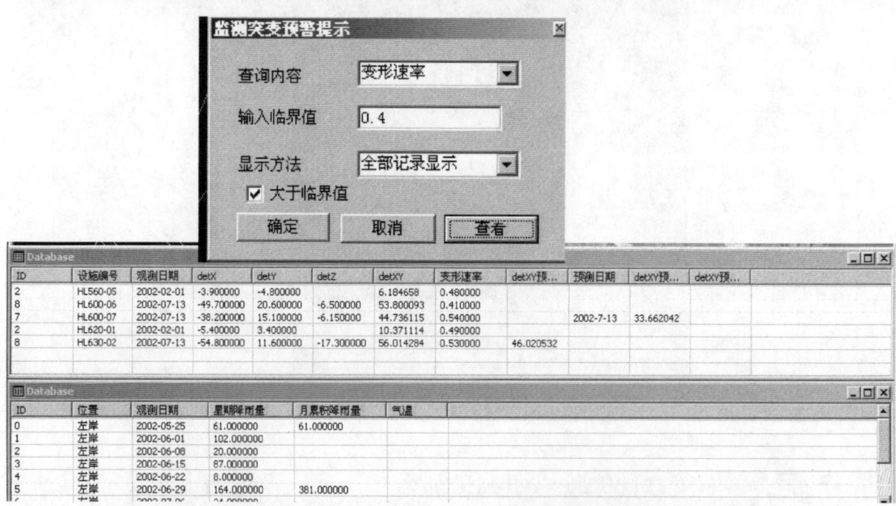

图 6.23　满足监测突变条件的测点信息及该时间段的环境量信息提示

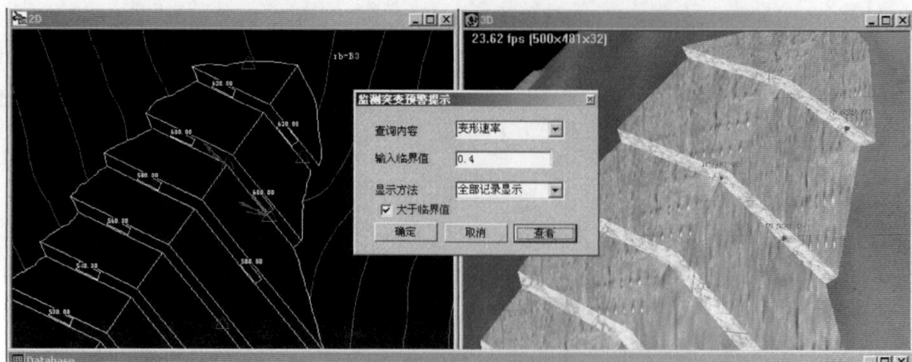

图 6.24　满足监测突变条件的测点在二维和三维场景中的突出提示

6.2　糯扎渡水电站地下洞室群三维地质建模和监测

6.2.1　工程概况

糯扎渡电站位于澜沧江下游普洱市，是澜沧江下游水电核心工程，也是实施“云电外送”的主要电源点。电站枢纽为大坝，糯扎渡水库正常蓄水位 812 m，心墙堆石坝最大坝高 261.5 m，库容相当于 11 个滇池的蓄水量，坝址以上流域面积 14.47 万 km^2，具有多年调节能力。电站安装 9 台 65 万 kW 机组，总装机容量 585 万 kW，多年平均发电量 239.12 亿 kW·h；左岸由地下厂房、泄洪防洪设施等组成。坝址以上流域面积 14.47 万 km^2。糯扎渡电站是实现国家资源优化配置、全国联网目标的骨干工程，是实施“西电东送”及“云电外送”的基础项目[107-109]。由于种种原因，作者并没有拿到糯扎渡水电站工程钻孔和剖面资料。实例中的地层信息由作者虚构。

1. 水文气象条件

1）气象条件

糯扎渡水电站位于低热河谷区，长夏无冬，气温高，降水量充沛，属亚热带气候，旱雨季分明，一般 5～10 月为雨季，11 月～翌年 4 月为干季。1991 年 4 月开始在坝段进行气象观测和水温观测，根据观测资料分析，电站施工区多年平均气温 21.7 ℃，极端最高气温 40.7 ℃，极端最低气温 1.0 ℃；多年平均降水量 1 047.6 mm；多年平均蒸发量 1432.9 mm；多年平均风速 1.5 m/s，最大风速 27.3 m/s；多年平均相对湿度 76%；多年平均日照时数 1 959.9 h；多年平均水温 18.8 ℃，极端最高水温 25 ℃，极端最低水温 12 ℃。

2）水文条件

澜沧江洪水主要由暴雨形成，洪水和暴雨是相应的。流域汛期主要出现在 6～9 月，但 10～11 月也会出现较大洪水。澜沧江流域有全流域性的洪水，但更多的是区域性组成的洪水。

2. 地形地质条件

1）地形地貌

自勘界河口上游 300 m 至糯扎沟下游约 1 000 余米的澜沧江峡谷河段属坝址区范围。坝址区河段长度约 2.5 km，河流方向 S35° E，河道略向西南方向凸出，总体较顺直，河谷断面呈不对称“V”形。枯水期河水面高程 600 m 左右，江面宽 80～100 m，水深 10～16 m。河谷左岸山体雄厚，高程 850 m 以下平均坡度约 45°，其中在勘界河至 III 勘线地段高程 700～810 m 为陡壁；高程 850 m 左右为一侵蚀平台地形，平面上呈一“梯形”，临近澜沧江侧长约 700 m。里侧长约 250 m，垂直山坡方向宽约 700 m，侵蚀平台上游为勘界河，下游为糯扎支沟，靠勘界河一侧高程 770 m 以上地形坡度一般为 5°～15°，以下平均坡度约为 35°；靠糯扎支沟一侧地形坡度一般为 15°～25°。

坝址区河谷左岸冲沟较发育，较大的冲沟依次为：勘界河、1 号沟、2 号沟、3 号沟、糯扎支沟、糯扎沟、4 号沟、5 号沟、6 号沟、7 号沟等。左岸冲沟除勘界河长度大于 3 km，沟底相对平缓且有常年流水外，其余冲沟的长度多小于 1 km，沟床较陡且枯期无流水，糯扎渡工程施工总平面布置见图 6.25。

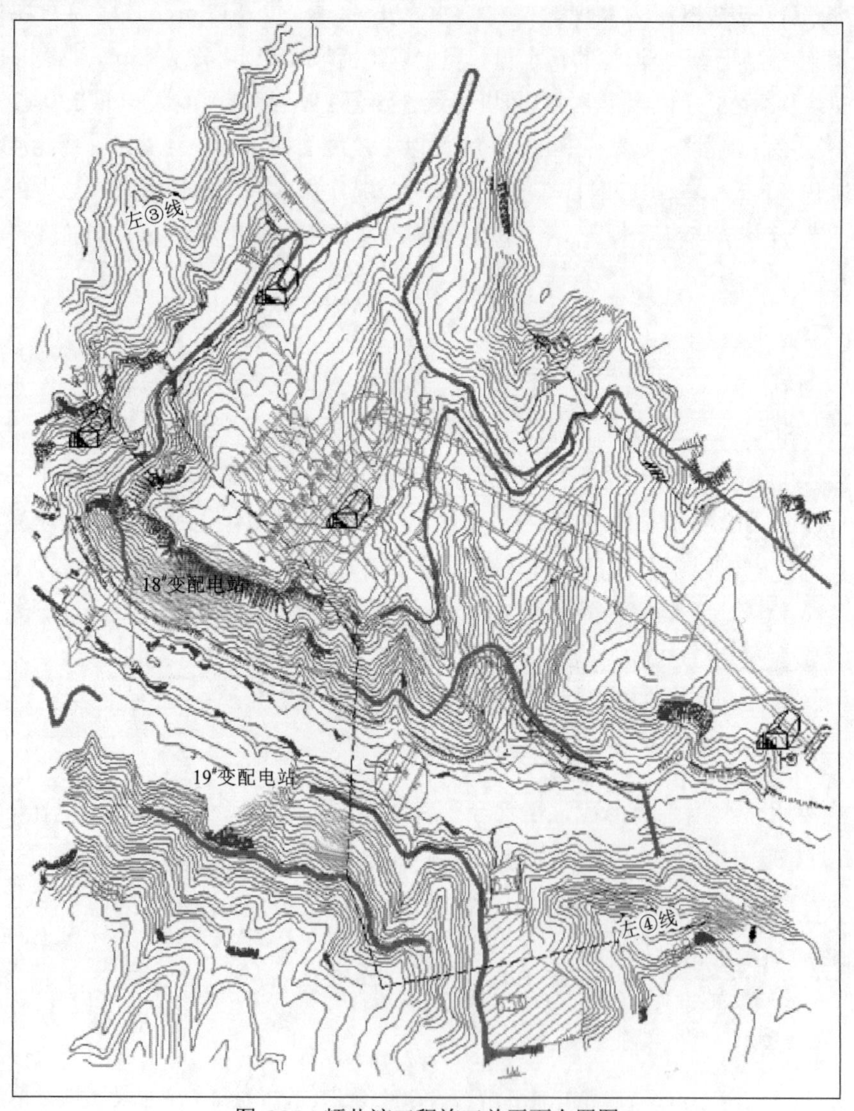

图 6.25　糯扎渡工程施工总平面布置图

2）地层岩性

坝址左岸出露地层下部为华力西晚期—印支期侵入的花岗岩体（$\gamma_4^3 \sim \gamma_5^1$）及后期侵入的石英岩（q）、辉绿玢岩（$V_\pi$）和隐爆角砾岩等岩脉；上部为三叠系中统忙怀组（$T_2m^1$）下段沉积岩，以砂泥岩为主，第四系覆盖层有坡积层、冲积层、洪积层、崩积层等。

3. 地下引水发电系统

糯扎渡水电站安装 9 台 650 MW 机组，除进水塔和开关站，引水发电系统其他部分布置于地下，地下电站由引水道、主副厂房、主变及 GIS 室、尾调井、尾水洞和尾水支洞和通风竖井等部分组成，如图 6.26 所示。电站采用单机单管供水。尾闸室检修闸门以前，尾水洞一机一洞，以后，3 台机组共用一座调压井和尾水洞。主副厂房尺寸 418 m×31 m（下部 29 m）×81.7 m；主变及 GIS 室尺寸 34.8 m×19 m×23.6 m（GIS 部分 38.6 m）（长×宽×高）。9 条尾水支洞为城门洞形，最大开挖断面 15 m ×18.8 m；3 座圆筒式调压井最大开挖尺寸 38 m×92 m（直径×高）；3 条尾水洞为圆形断面，最大开挖直径 21.6 m。地下引水发电系统洞挖总量 290.95 万 m，是目前国内最大规模在建水工地下洞室群之一。

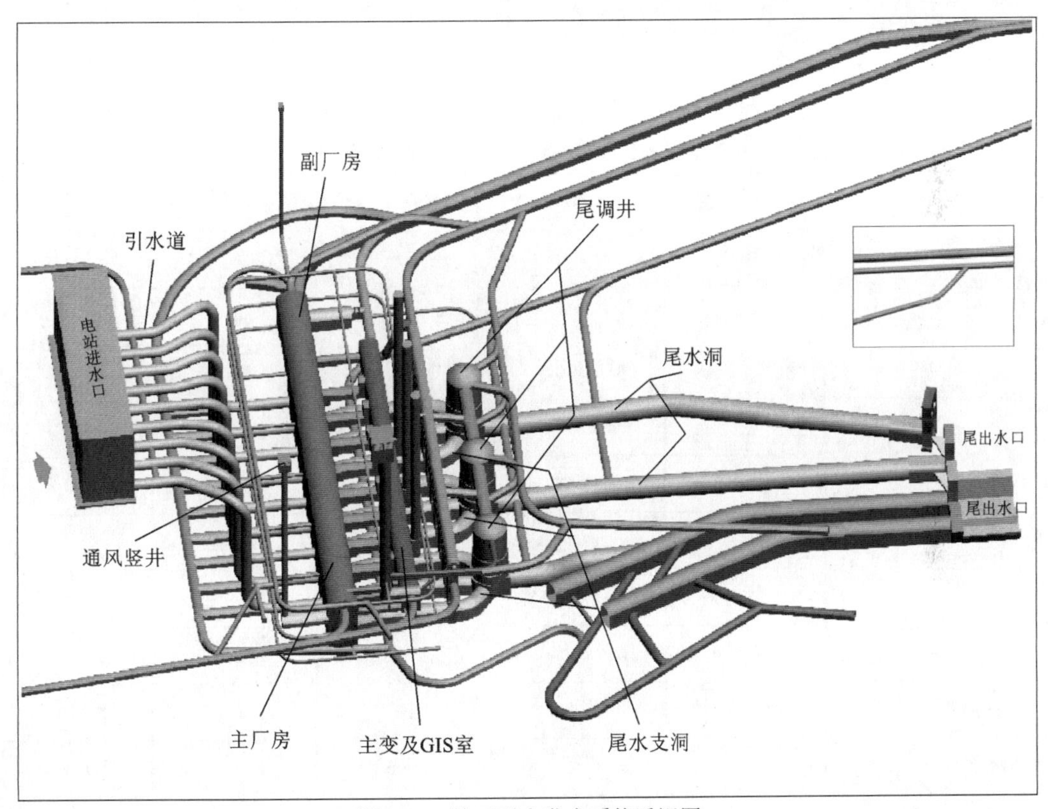

图 6.26 地下引水发电系统透视图

4. 监测设施的布设情况

现场监测项目及仪器主要包括多点位移计、锚杆应力计等。主要监测剖面布置平面如图 6.27 所示。对每个断面上的监测仪器埋设考证表如表 6.9 所示。

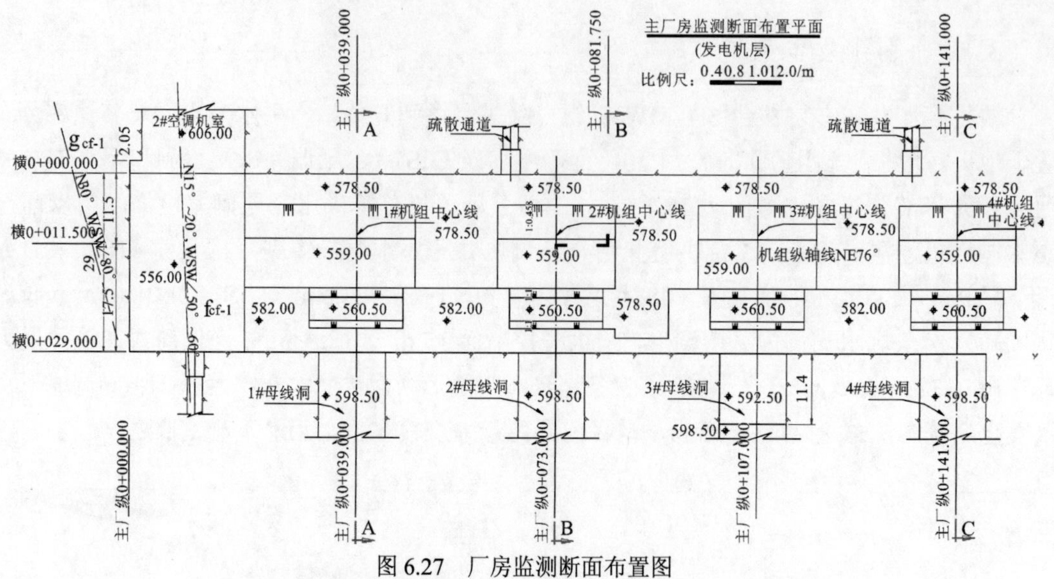

图 6.27　厂房监测断面布置图

表 6.9　差动电阻式锚杆应力计（ZYD-E-RA-02）埋设考证表

钻孔位置	埋设部位	主厂房运输洞	钻孔参数	孔径/ mm	90
	观测断面	E-E		孔深/ m	5
	桩号	0+579.00		方位角/（°）	—
	孔口高程/m	625.02		倾角/（°）	上仰 29.628
传感器	型号	SDG-25	灌浆材料	水泥品种	42.5
	量程	-100～300 MPa		水灰比	0.4
	分辨率	≤0.01%F.S		灰砂比	1:1
	精度	≤0.01%F.S		外加剂	无
	外形尺寸	ϕ25×300 mm		注浆压力/MPa	1.5
测点编号	1	2	3	电缆类型	水工橡套
测点深度/ m	0.8	2	3.5	电缆厂家	上海南洋
温度常数/（℃/Ω）	4.71	4.69	4.70	型号	YSQW
最小读数（MPa/0.01%）	1.091 3	1.104 9	1.149	规格	5*0.75 mm^2
温度修正系数/（MPa/℃）	0.081 0	0.081 0	0.081 0	接头形式	锡焊并热缩
0℃电阻/Ω	77.10	77.41	77.33	埋设日期	20080115
埋设前读数 Z_0	9 859	9 880	9 885	天气	晴
埋设后读数 Z_n	9 858	9 879	9 886	气温/℃	27.5

续表

埋设示意图及说明	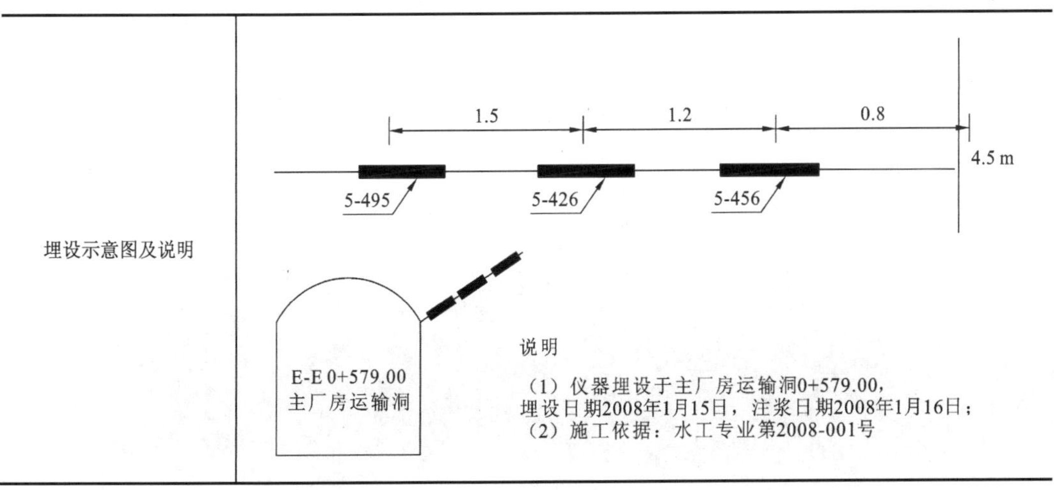

6.2.2　工程场址的信息可视化分析

根据二维等高线地质图、离散点钻孔和剖面信息及边坡开挖和洞室设计文件，基于精确地表覆盖的空间自适应地层生成算法，建立边坡三维地层信息模型（包括地层信息、边坡开挖状态、三维洞室、三维监测设施和工程措施、典型建筑物等），并提供诸如可视化查询、剖面分析、网络分析等 GIS 辅助功能。图 6.28～图 6.42 描述了糯扎渡水电站工程中的地质、地

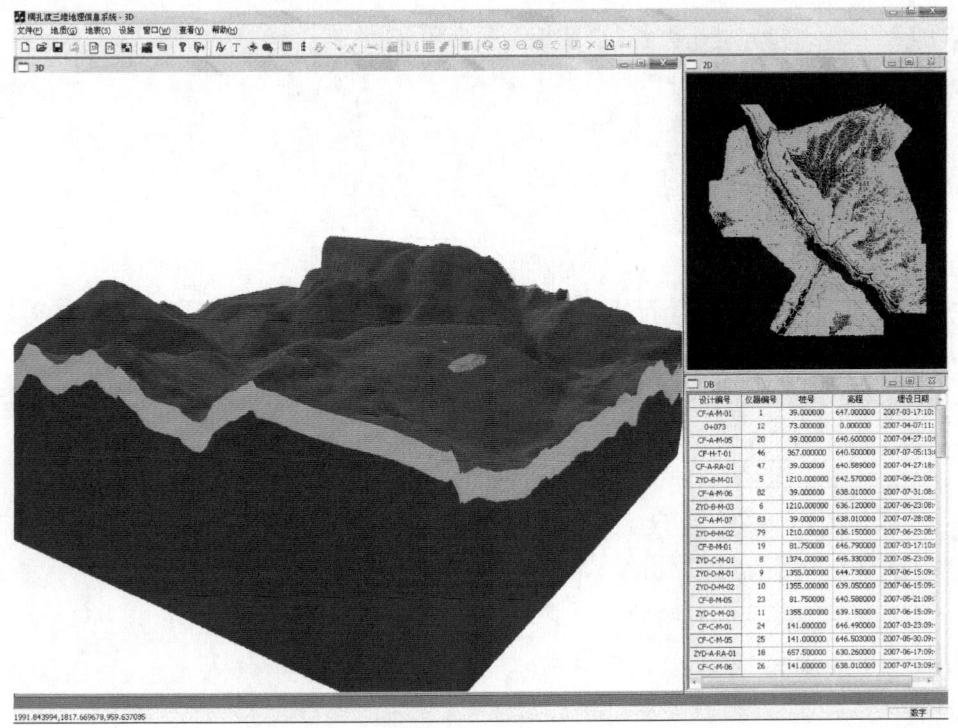

图 6.28　糯扎渡三维地理信息系统主界面

下厂房、监测仪器及关联数据的集成情况。图 6.30 显示了三维洞室与地层的相交裁剪情况，而图 6.31 展示了主厂房的多点位移计监测的三个地层信息位置关系，图中的多点位移计穿越了地层区域 1、地层区域 2 和地层区域 3。图 6.32 所示的是在主厂纵 0 + 050 处通过多点位移计的数据，其中顶拱高程为 640.6 m，开挖高程为 613.6 m 时，通过该处的地层信息快速获得的区域变形分布图。

图 6.29　糯扎渡三维地层模型展示

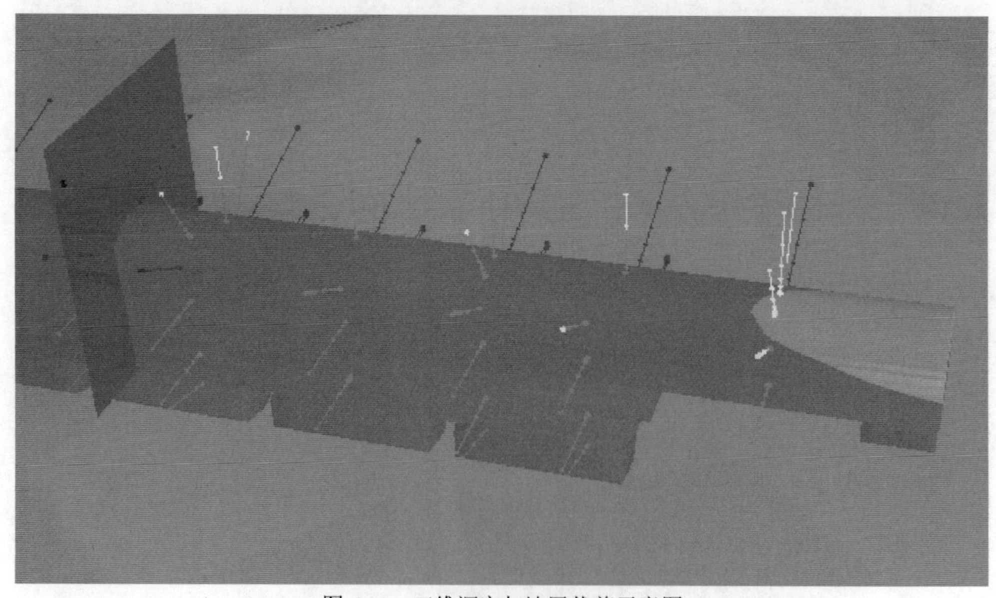

图 6.30　三维洞室与地层裁剪示意图

通过监测模型设计资料和地下厂房模型，利用第 4 章描述的监测仪器建模方法，建立三维监测模型。

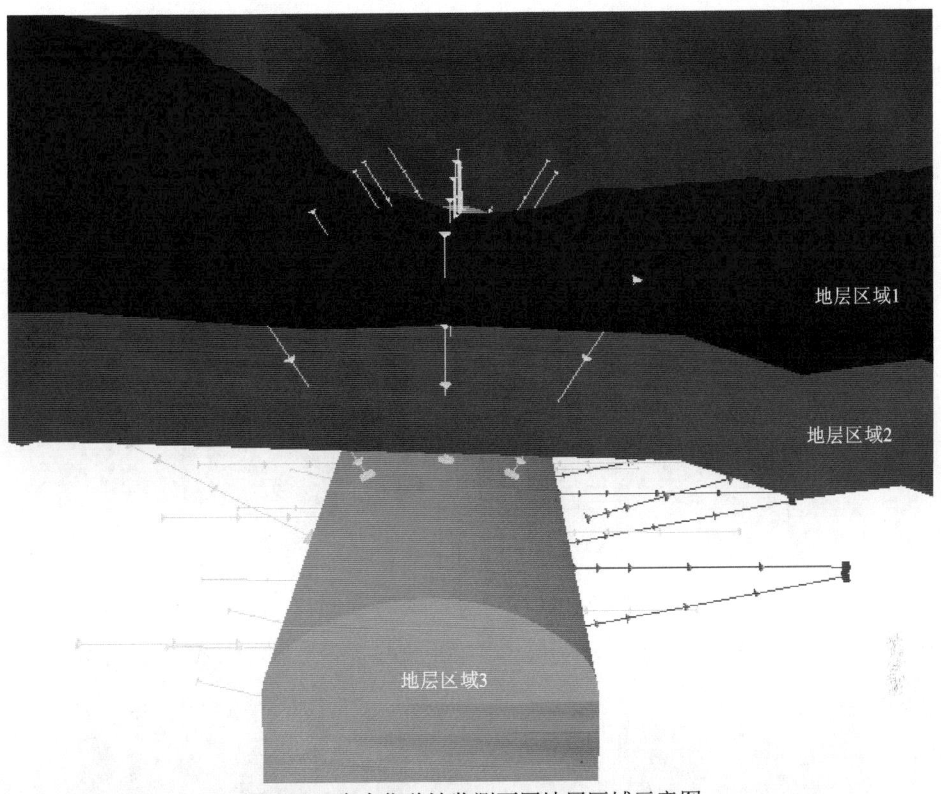

图 6.31　多点位移计监测不同地层区域示意图

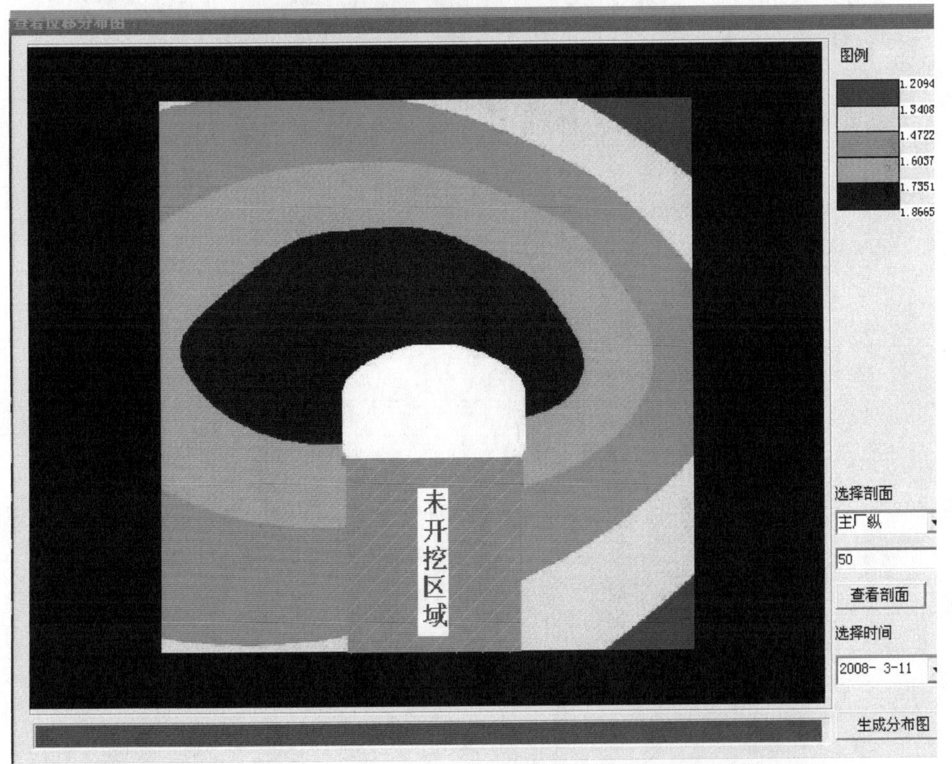

图 6.32　在主厂纵 0+050 处基于监测数据获取的变形分布图

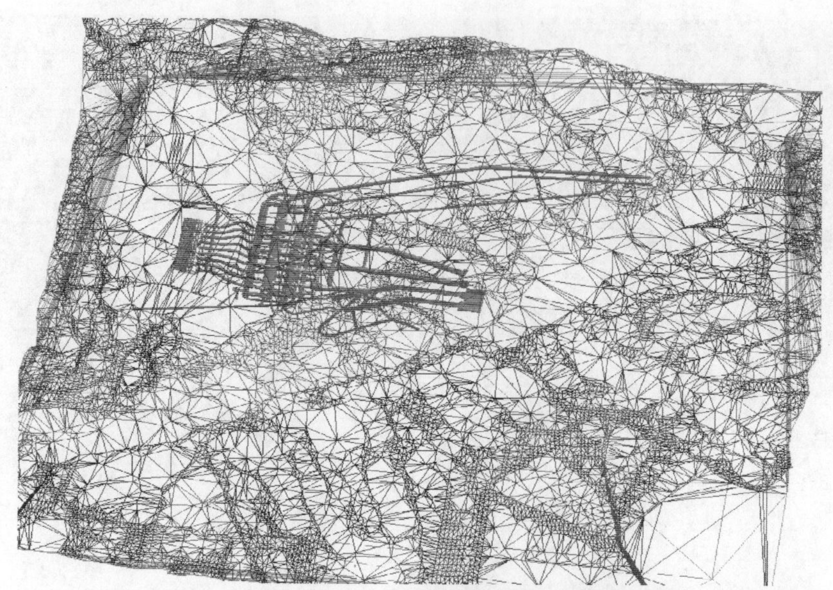

图 6.33　糯扎渡地下厂房在地质体模型中位置分布

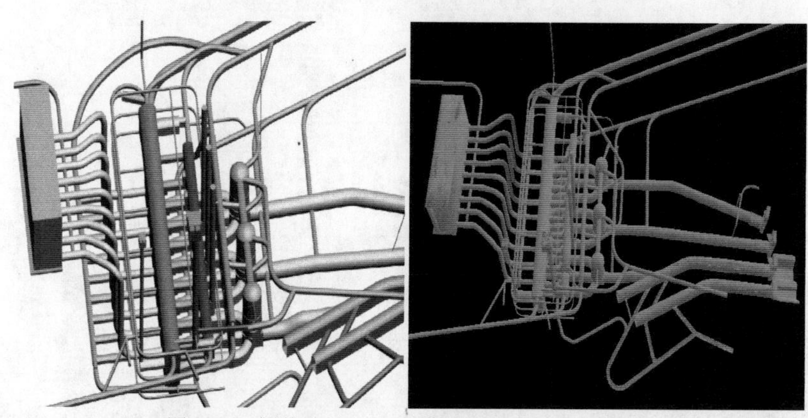

图 6.34　糯扎渡地下厂房模型和设计效果图比较

图 6.35　基于地质体模型和地下厂房模型的剖面分析示意图

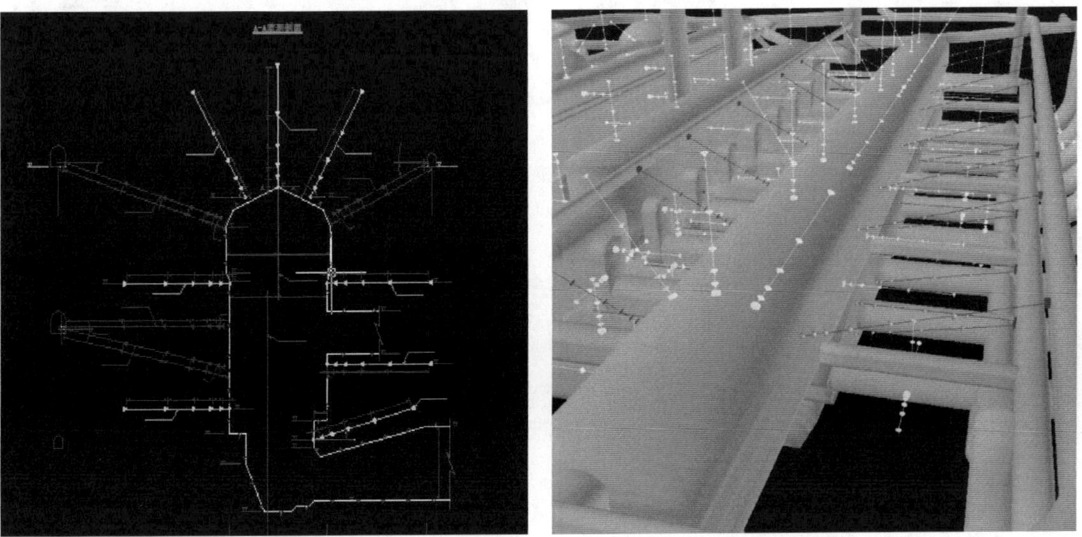

图 6.36　通过监测剖面图建立起来的三维监测模型

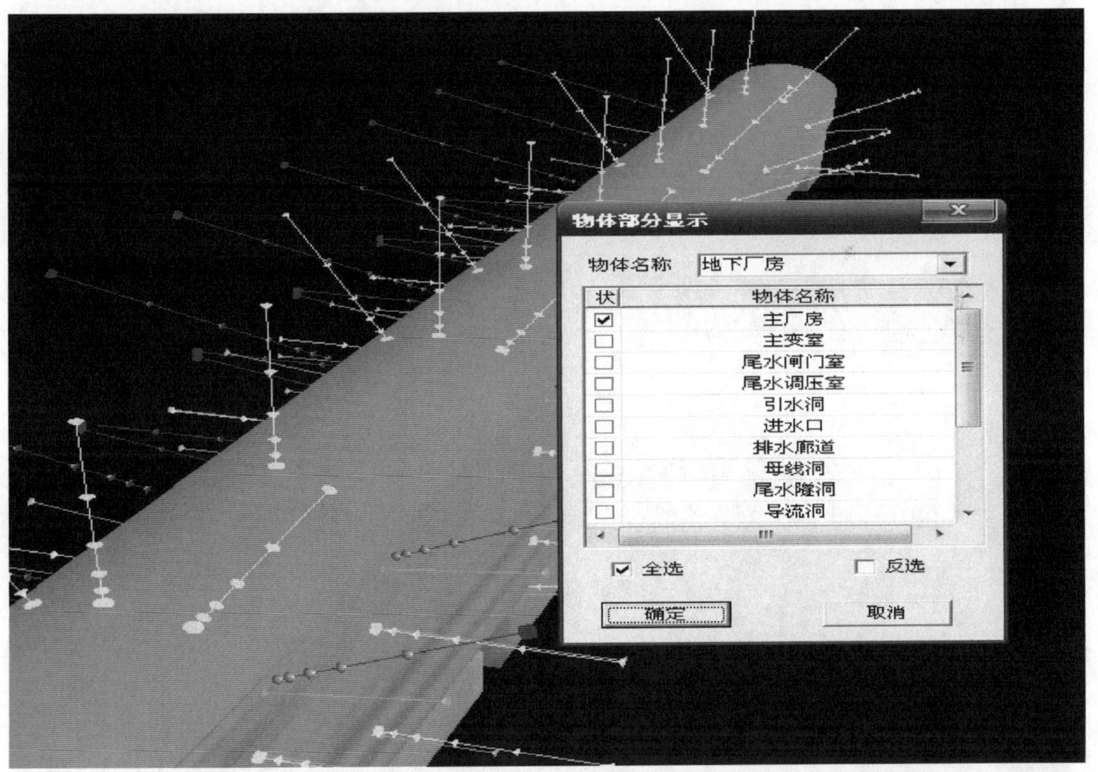

图 6.37　基于三维地下厂房模型分厂房显示

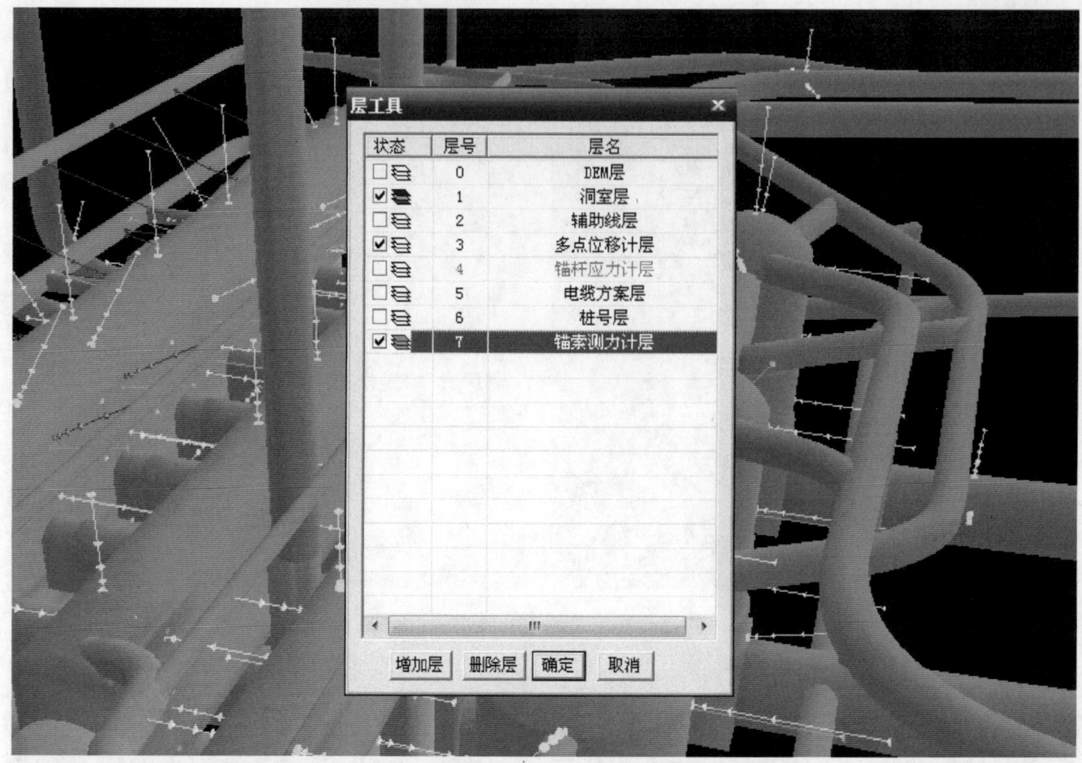

图 6.38　三维地质体基于分层的数据管理框架

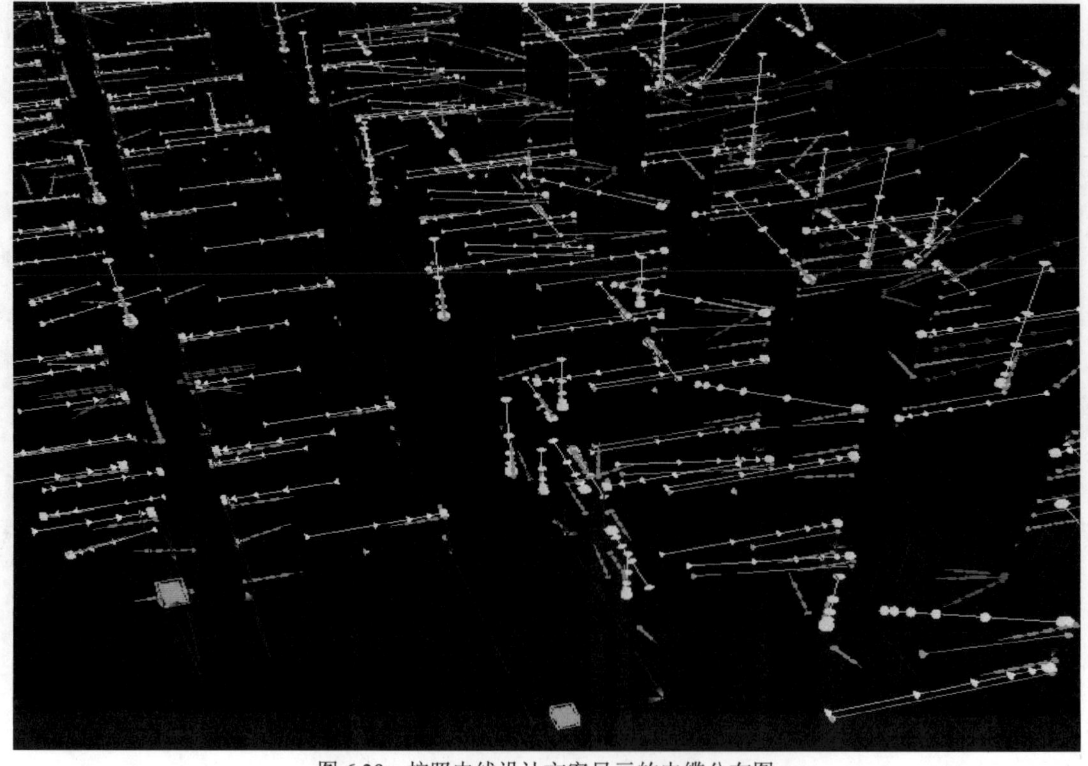

图 6.39　按照电线设计方案显示的电缆分布图

CF-H-M-03

测点	桩号	高程	埋设日期	埋深	变形值	变形增量速率值	读数日期
1	367.000	640.500	2007-07-05:09:31	2.000000	1.590	0.003	2008-07-09:08:00
2	367.000	640.500	2007-07-05:09:31	5.000000	1.720	0.002	2008-07-09:08:00
3	367.000	640.500	2007-07-05:09:31	10.000000	1.940	0.003	2008-07-09:08:00
4	367.000	640.500	2007-07-05:09:31	18.000000	2.630	0.004	2008-07-09:08:00
5	367.000	640.500	2007-07-05:09:31	30.000000	1.960	0.004	2008-07-09:08:00
1	367.000	640.500	2007-07-05:09:31	2.000000	1.350	0.002	2008-04-17:09:00
2	367.000	640.500	2007-07-05:09:31	5.000000	1.580	0.004	2008-04-17:09:00
3	367.000	640.500	2007-07-05:09:31	10.000000	1.680	0.020	2008-04-17:09:00
4	367.000	640.500	2007-07-05:09:31	18.000000	2.330	0.000	2008-04-17:09:00
5	367.000	640.500	2007-07-05:09:31	30.000000	1.600	0.000	2008-04-17:09:00
1	367.000	640.500	2007-07-05:09:31	2.000000	1.340	0.009	2008-04-09:08:30
2	367.000	640.500	2007-07-05:09:31	5.000000	1.550	0.003	2008-04-09:08:30
3	367.000	640.500	2007-07-05:09:31	10.000000	1.520	-0.026	2008-04-09:08:30
4	367.000	640.500	2007-07-05:09:31	18.000000	2.330	0.003	2008-04-09:08:30
5	367.000	640.500	2007-07-05:09:31	30.000000	1.600	-0.019	2008-04-09:08:30
1	367.000	640.500	2007-07-05:09:31	2.000000	1.290	0.002	2008-04-04:09:30

显示所有　　关 闭

图 6.40　在三维地质体模型中通过点击监测仪器浏览监测数据

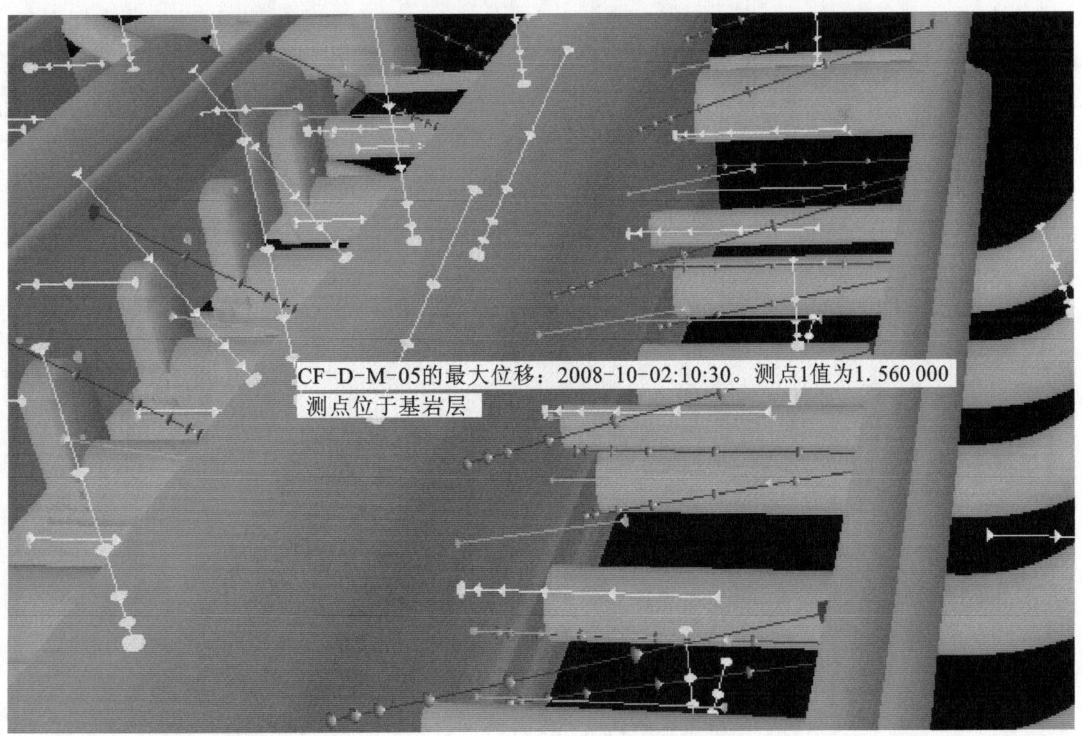

图 6.41　基于监测数据的最大值快速提示

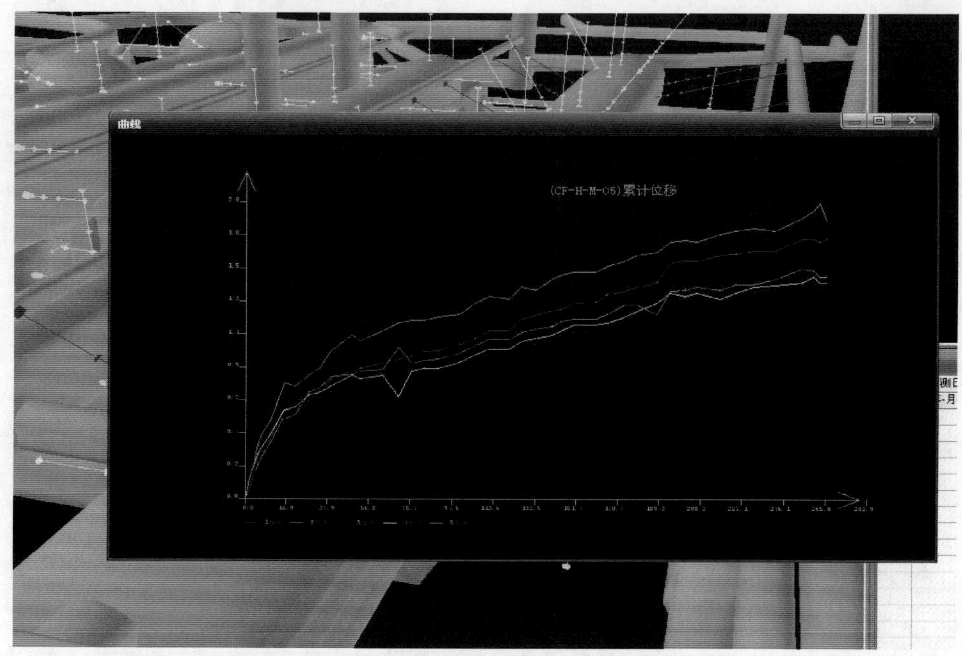

图 6.42　通过点击监测仪器查询累计位移曲线图

6.2.3　工程信息数据库管理分析

为了更好地管理地下厂房中监测仪器的各种属性数据，引入关系数据库，按照面向对象的原则将各种对象的数据保存在表中，各个表通过主键和外键的关联建立关系。分别设计上述各属性对象的数据库表，就能够储存属性数据和描述它们之间的从属关系，为下一步的查询创造条件。

在糯扎渡工程数据库设计中，将一个工程项目对应着一个数据源和数据库，所有的信息都保存于一个数据库文件中，既显得简洁，又可以防止用户对文件的误操作影响系统的运行。按照面向对象原则将监测数据层次分为标段、单元工程、断面、组、测点类型、测点几个对象，并建立对应的属性数据表。

系统中所有属性对象的 ID 都保存在数据库“属性对象表”中，属性对象表包括“对象索引、对象名、对象类型、对象 ID、父索引、测点类型”等字段，所有属性对象之间通过属性对象表中的“对象索引、父索引”表达它们之间的从属关系。“父索引”就是父对象的“对象索引”。属性数据库表及其关联如图 6.43 所示。

在数据库管理方面，要求全面管理上述多类型的工程信息，能适时地导入并编辑现场监测获得的数据，并能动态地修改任意数据库表的结构。对数据库的分析方面，系统提供了对数据记录的导入、编辑，并可以对数据库表结构进行动态的修改，以满足工程数据不断更新和方案变更的需要。

此外，系统在该模块中提供了强大的数据库查询分析功能，通过面向洞室对象的方法，实现对每个洞室内的仪器对应的数据库进行查询，并提供各种条件进行组合的查询，对查询到的结果能够实现图形联动查询等功能，如图 6.44～图 6.46 所示。

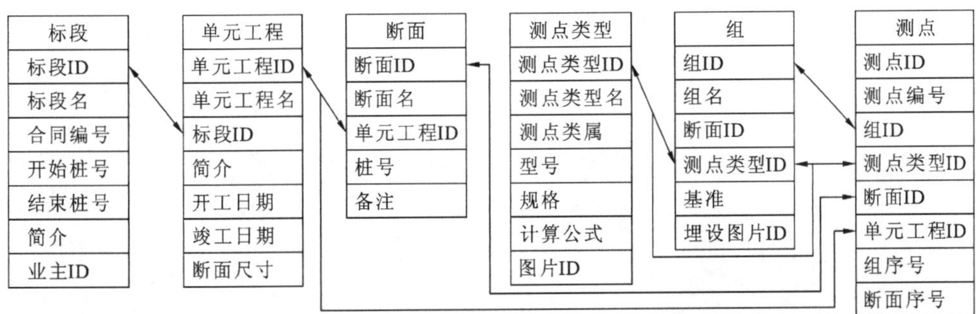

图 6.43　属性数据库表及其关联

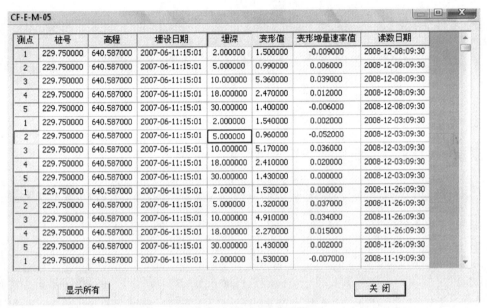

CF-E-M-05

测点	桩号	高程	埋设日期	埋深	变形值	变形增量速率值	读数日期
1	229.750000	640.587000	2007-06-11:15:01	2.000000	1.500000	-0.009000	2008-12-08:09:30
2	229.750000	640.587000	2007-06-11:15:01	5.000000	0.990000	0.006000	2008-12-08:09:30
3	229.750000	640.587000	2007-06-11:15:01	10.000000	5.360000	0.039000	2008-12-08:09:30
4	229.750000	640.587000	2007-06-11:15:01	18.000000	2.470000	0.012000	2008-12-08:09:30
5	229.750000	640.587000	2007-06-11:15:01	30.000000	1.400000	-0.006000	2008-12-08:09:30
1	229.750000	640.587000	2007-06-11:15:01	2.000000	1.540000	0.002000	2008-12-03:09:30
2	229.750000	640.587000	2007-06-11:15:01	5.000000	0.960000	-0.052000	2008-12-03:09:30
3	229.750000	640.587000	2007-06-11:15:01	10.000000	5.170000	0.036000	2008-12-03:09:30
4	229.750000	640.587000	2007-06-11:15:01	18.000000	2.410000	0.020000	2008-12-03:09:30
5	229.750000	640.587000	2007-06-11:15:01	30.000000	1.430000	0.000000	2008-12-03:09:30
1	229.750000	640.587000	2007-06-11:15:01	2.000000	1.530000	0.000000	2008-11-26:09:30
2	229.750000	640.587000	2007-06-11:15:01	5.000000	1.320000	0.037000	2008-11-26:09:30
3	229.750000	640.587000	2007-06-11:15:01	10.000000	4.910000	0.034000	2008-11-26:09:30
4	229.750000	640.587000	2007-06-11:15:01	18.000000	2.270000	0.015000	2008-11-26:09:30
5	229.750000	640.587000	2007-06-11:15:01	30.000000	1.430000	0.002000	2008-11-26:09:30
1	229.750000	640.587000	2007-06-11:15:01	2.000000	1.530000	-0.007000	2008-11-19:09:30

显示所有　　关 闭

图 6.44　数据记录的编辑

地下厂房查询

仪器分类查询

洞室　主厂房

监测项目　变形监测

仪器分类　全部仪器

埋设时间　从 2005-01-01 到 2009-12-28

分类查询

物理量（变形或应力）　无条件　0

查询　　取消

图 6.45　地下厂房条件组合查询

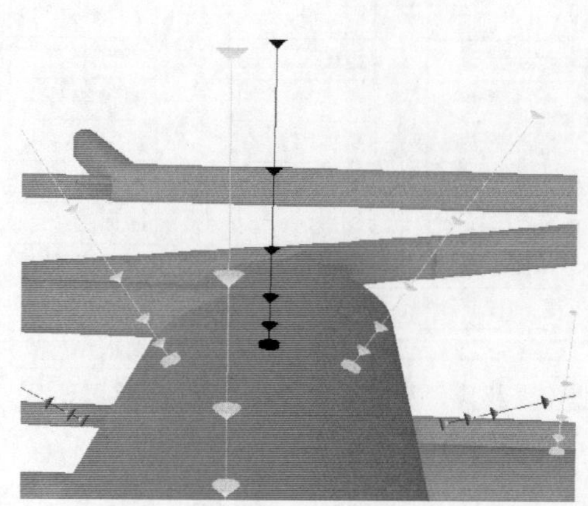

DB

设计编号	仪器编号	桩号	高程	埋设日期
CF-A-M-01	1	39.000000	647.000000	2007-03-17:10:
0+073	12	73.000000	0.000000	2007-04-07:11:
CF-A-M-05	20	39.000000	640.600000	2007-04-27:10:
CF-H-T-01	46	367.000000	640.500000	2007-07-05:13:
CF-A-RA-01	47	39.000000	640.589000	2007-04-27:18:
ZYD-B-M-01	5	1210.000000	642.570000	2007-06-23:08:
CF-A-M-06	82	39.000000	638.010000	2007-07-31:08:
ZYD-B-M-03	6	1210.000000	636.120000	2007-06-23:08:
CF-A-M-07	83	39.000000	638.010000	2007-07-28:08:
ZYD-B-M-02	79	1210.000000	636.150000	2007-06-23:08:
CF-B-M-01	19	81.750000	646.790000	2007-03-17:10:
ZYD-C-M-01	8	1374.000000	645.330000	2007-05-23:09:
ZYD-D-M-01	9	1355.000000	644.730000	2007-06-15:09:
ZYD-D-M-02	10	1355.000000	639.050000	2007-06-15:09:
CF-B-M-05	23	81.750000	640.588000	2007-05-21:09:
ZYD-D-M-03	11	1355.000000	639.150000	2007-06-15:09:
CF-C-M-01	24	141.000000	646.490000	2007-03-23:09:
CF-C-M-05	25	141.000000	646.503000	2007-05-30:09:
ZYD-A-RA-01	18	657.500000	630.260000	2007-06-17:09:
CF-C-M-06	26	141.000000	638.010000	2007-07-13:09:

图 6.46　基于图形联动查询

6.3　其他工程应用

6.3.1　八尺门滑坡三维监测信息分析与动态设计

本小节以福宁高速公路八尺门滑坡为例，介绍三维监测信息分析系统的具体工程应用与动态设计。

1. 工程概况

八尺门滑坡为一大型的滑坡群，是福建省内最大型的公路滑坡之一。该滑坡群位于福宁高速公路 A3 标段，所在地区为福建省福鼎市白琳镇白岩村。由于滑坡规模巨大，根据滑坡的地形地貌特征，该滑坡群又划分为 1#、2#、3#和 4#滑坡。滑坡南北方向长约 700 m，宽约 100～400 m，滑动面埋深 9～27 m，滑体总体积 $2.77\times10^6\ m^3$，滑坡治理工程总造价约 6000 万元[110]。

1）工程地质与水文条件

根据工程地质勘察综合报告，滑坡区的工程地质特征自上而下依次为坡积层－残积层－各不同风化带岩层，总体上可概述如下。

（1）坡积层（Q_4^{dl}）：土质成分以粉质黏土为主，次为粉土、含碎石粉质黏土，普遍含块石，表层大部分为厚约 0.5 m 的人工耕植土。黄褐色、灰褐色、灰黄色、黄色。干-饱和，可塑-软塑，块石最大粒径约 2 m，岩性为弱风化晶屑凝灰熔岩，广泛分布于该土层中。总体上该层土成分较为复杂，土质松软易塌。沿老滑坡方向该层土最厚达 18.90 m，一般厚度达 4～8 m。

（2）残积土（Q_p^{el}）：母岩以凝灰岩为主，土质成分为黏性土或砂质黏性土。红褐色、灰色、灰黄色，颜色因母岩成分不同区别较大，饱和，软塑-可塑，土质细腻，原岩结构虽完全破坏，但其特征仍可辨认，绝大部分矿物已风化为高岭土、蒙脱石等黏土矿物。厚度变化较大，局部缺失，最大厚度 8.90 m，一般厚度 4～6 m。

（3）全风化层：母岩为凝灰岩、凝灰熔岩，浅黄色、黄褐色，湿，硬塑-坚硬，岩芯呈砂土状，原岩结构大部分已破坏，大部分矿物已风化为黏土，矿物之间具一定的黏结力，层厚 2～7 m。

（4）强风化层：岩性以层凝灰岩、英安质凝灰岩为主，局部为熔结凝灰岩或凝灰熔岩。灰黄色、黑褐色、深灰绿色。可见到明显的层理构造，岩芯多破碎呈碎石状或角砾状，上部风化强烈的地段呈砂土状。节理裂隙极为发育，沿节理裂隙面充填有黏土矿物。厚度一般 3～5 m，最厚者达 8 m。

（5）弱风化层（$K_1sh_1^a$、$K_1sh_1^b$）：岩性为层凝灰岩、凝灰熔层、熔结凝灰岩、英安质凝灰岩。灰黑色、紫红色、灰绿色。块状、碎石状构造，节理裂缝较为发育，沿节理裂隙面具有明显的风化迹象。其岩面起伏较大，沿地形等高线总体上呈垅状起伏，沿老滑坡体主滑方向具明显的凹槽。

（6）微风化层：岩性为层凝灰岩、凝灰熔层，根据 2#滑坡抗滑桩开挖时出露的岩样，该岩层基本上无节理裂缝，坚硬，浅灰色，浅灰绿色。

水文地质条件：该滑坡区内 1#、2#、4#滑坡地表水不发育，3#滑坡西南部地表为水稻田积水，地表水较为发育。滑体内地下水含量丰富，主要为滑动带水及基岩裂隙水。滑坡前缘和滑体边缘地表地段发育数处泉点，泉点流量受大气降雨的影响较大。由于滑坡坡度较缓，大气降雨沿坡面排泄路径较长，再加上土体渗透性差，大气降雨垂直入渗作用显著，导致地下水位大幅度上升。

2）滑坡成因分析

直接原因：高速公路施工对滑坡前缘的开挖，形成了较陡的临空面，破坏了山体原有的应力平衡；季节性台风暴雨的影响，进一步加剧了滑坡变形的发展，最终彻底导致了滑坡的触发。

间接因素：在滑坡出现堑坡开裂，山坡产生裂缝后，未及时采取必要的应急措施以恢复山体应力平衡；滑坡内外未建立排水系统，包括后山在内的较大汇水面积的降水全部排向滑坡区，沿植被稀疏的坡面漫流下渗，增大土体的容重，降低了土体的强度；裂缝夯填不及时或夯填不实，表水沿裂缝大量下渗，增大了滑体内的静水压力，浸泡了滑带土。

内在因素：滑坡区大部分强风化凝灰及以上土层岩土体松散，地下水丰富，土体抗剪力强度低，自稳能力差，在强风化凝灰岩的项部普遍地存在黄褐色或深黑绿色的软弱粉质黏土层，而强风化凝灰岩又呈松散饱和角砾状，局部呈砂土状，抗剪强度低。

2. 现场监测

1）主要监测内容

现场监测主要内容包括以下几个方面：地表位移观测、滑体深部位移观测、锚索受力监测、抗滑桩受力和位移监测、地下水位监测、滑体地表裂缝监测，详细的监测工作量统计见表 6.10。

表 6.10　八尺门滑坡完成的工作量统计表

监测项目	数量统计	备注
地表位移监测点	104 个	2#滑坡监测点 48 个，3#滑坡监测点 49 个
深部位移测斜孔	45 个	采用高精度钻孔测斜仪观测
水位观测孔	45 个	采用自制的简易水位计观测
地表裂缝	6 个	采用裂缝计观测
试验锚索	9 根	锚索测力计、自行设计的单孔锚
工程锚索	21 根	
抗滑桩监测	8 根	单根桩上的土压力、桩身位移

2）监测设施的布设情况

在对该滑坡地质勘察资料的分析和现场踏勘的基础上，综合考虑滑坡的变形性质、空间分布范围、破坏方式、地形特点、通视条件等因素，在 2#、3#及 4#滑坡区均采用任意方格网布设，福宁高速公路八尺门滑坡监测设施布置见图 6.47。

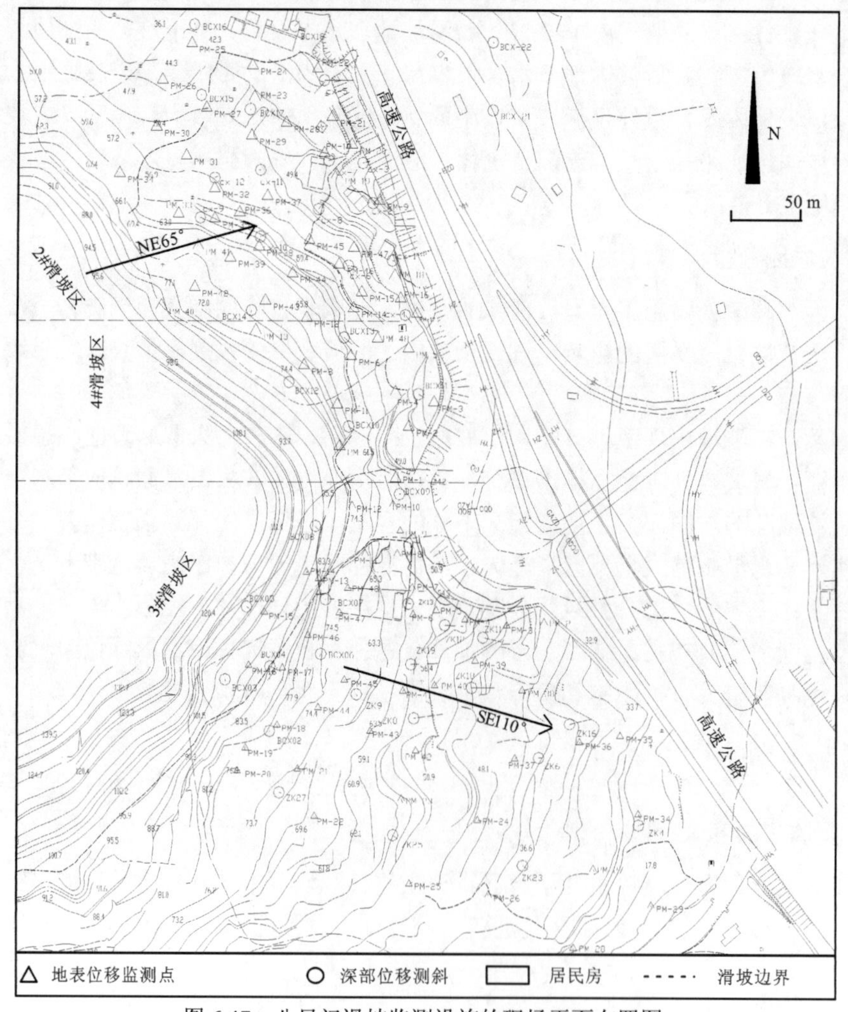

图 6.47　八尺门滑坡监测设施的现场平面布置图

3. 典型监测结果

通过现场监测，获得了下述几方面的监测成果。

（1）地表位移监测点变形矢量图，地表位移随时间、大气降雨和施工进度变化关系；

（2）不同区域滑体的滑动方向和滑坡周界；

（3）确定了滑动面位置，提供了该复杂滑坡沿两个滑面滑动的准确信息；

（4）滑体深部位移随时间、降雨量和施工进度的变化关系；

（5）获取了压力分散型锚索在长期监测条件下预应力损失的变化情况；

（6）滑坡区内地下水位长期受气候和施工影响的活动规律；

（7）实测了抗滑桩前后土压力变化受滑坡变形的影响关系，为抗滑桩支挡及滑坡稳定的安全性评估提供了重要依据。

典型监测结果如图 6.48～图 6.50 所示。

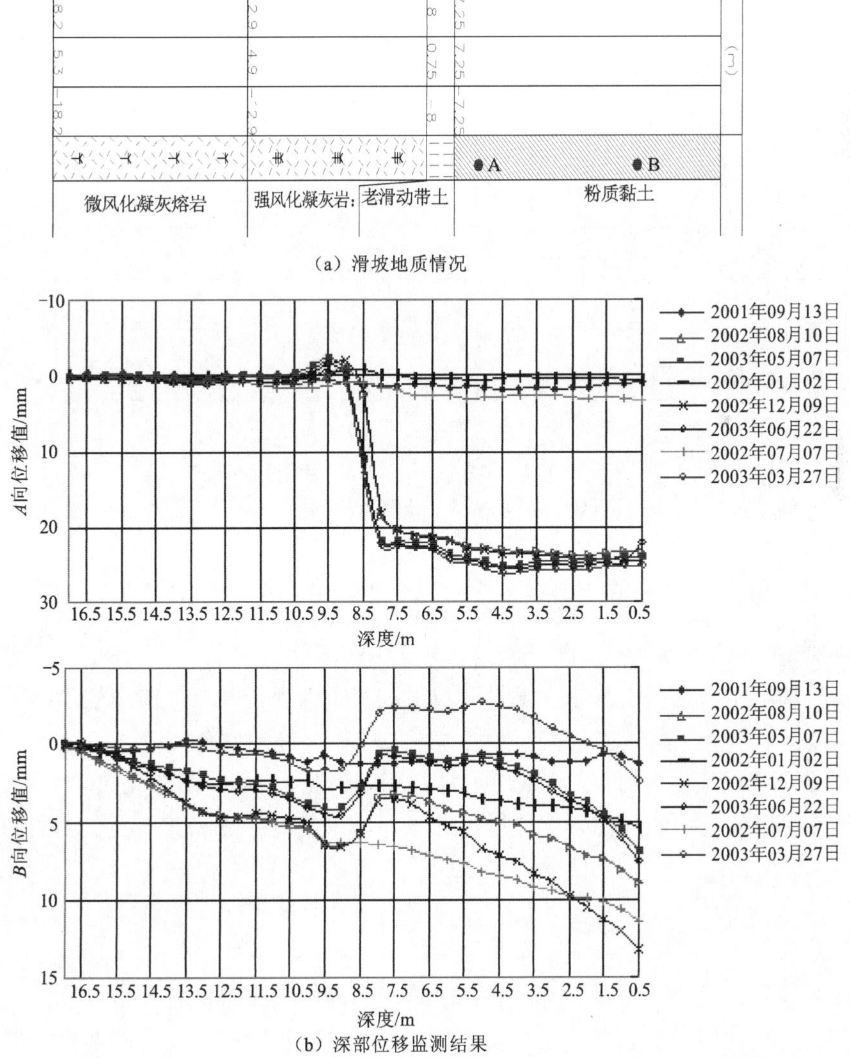

（a）滑坡地质情况

（b）深部位移监测结果

图 6.48　八尺门 1#滑坡 BCX22 监测孔深部位移监测结果与地质情况对比图

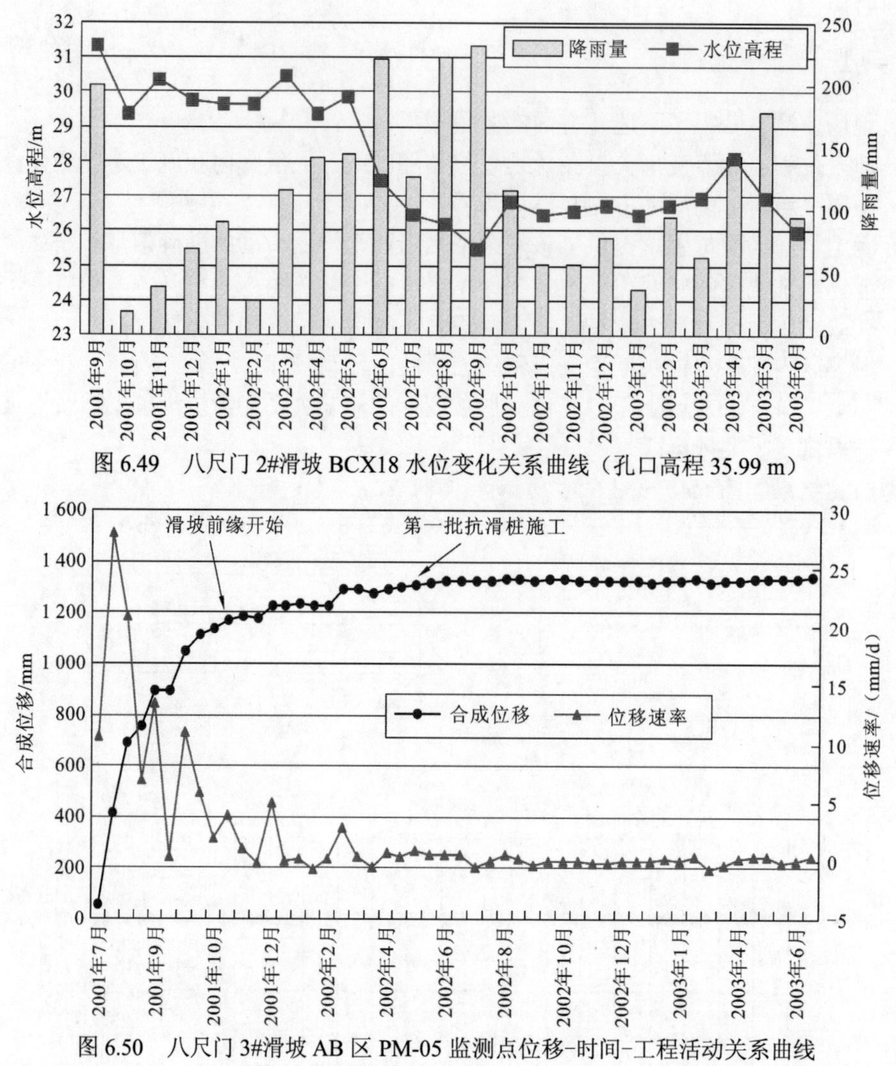

图 6.49　八尺门 2#滑坡 BCX18 水位变化关系曲线（孔口高程 35.99 m）

图 6.50　八尺门 3#滑坡 AB 区 PM-05 监测点位移-时间-工程活动关系曲线

4. 现场信息化监测对施工与动态设计的重要作用

长期监测过程中，滑坡的各项综合监测措施为抗滑桩、锚索、排水、反压等综合整治措施提供了实时的动态信息反馈，为业主设计对滑坡稳定性评价及治理措施的动态调整和综合决策提供了及时、准确、科学的依据。最终确保了工期、施工安全、滑坡稳定。如 3#滑坡 C 区在进行第 2、3 级边坡开挖时，边坡出现了异常变形情况，现场监测对此成功地进行了预报，并建议了停止第 2 级边坡的开挖并实施反压的紧急措施，最终确保了该区滑坡的稳定和施工安全。

5. 三维可视化与辅助分析示例

基于现场地质、设计和监测资料，建立了八尺门滑坡的三维信息分析系统，其主要可视化和 GIS 辅助分析内容如前述龙滩工程实例所示，在这里只给出该工程的两个主要界面以反映工程状况，见图 6.51 和图 6.52。

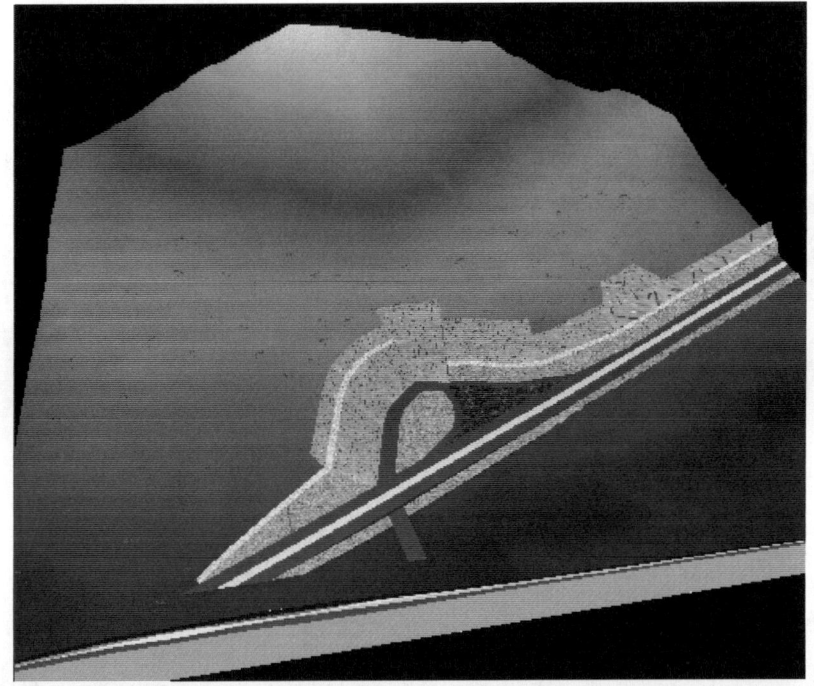

图 6.51　福宁高速公路八尺门滑坡三维信息系统模型

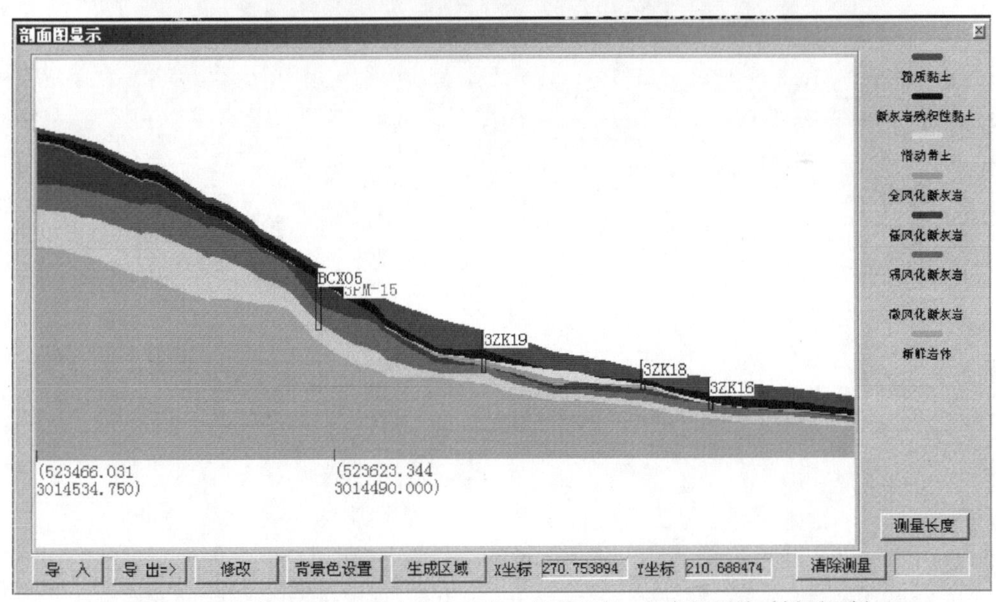

图 6.52　八尺门滑坡工程中任意方向、任意深度、任意位置地质剖面切割

6. 滑坡危险性分区

根据现场监测布置的 45 个测斜孔数据资料，经过数据处理后得到各监测孔的测斜曲线面积变化率（$\Delta A/d$）、地表位移速率（$\Delta P/d$），用测斜孔的孔口位移速率表示，这两种数据是

危险性分区指标的基础数据。

1）基于 $\Delta P/d$ 和 $\Delta A/d$ 分区指标的动态聚类分析

采用 4.2 节中介绍的“K-means”动态聚类分析方法，样本数据见表 6.11 所示。人为地确定分类数 $K=5$，按分级指数 CI 的从小到大的顺序将边坡的危险性分为 5 级，分别是：较低风险（very low hazard，VLH）、低风险（low hazard，LH）、中风险（moderate hazard，MH）、高风险（high hazard，HH）、较高风险 （very high hazard，VHH）。

表 6.11　用于动态聚类分析的样本及分类结果

编号	2001 年 8 月 13 日				2001 年 9 月 1 日			
	$\Delta P/d$	$\Delta A/d$	危险类别	分级	$\Delta P/d$	$\Delta A/d$	危险类别	分级
CX1	−0.19	−0.92	1	VLH	0.43	4.15	1	VLH
CX2	1.72	16.66	2	LH	−0.48	−3.75	1	VLH
CX3	1.58	32.82	3	HH	−0.17	4.70	1	VLH
CX4	0.31	5.33	1	VLH	1.31	25.34	5	MH
CX5	1.35	23.25	5	MH	0.18	3.30	1	VLH
CX6	0.03	−1.23	1	VLH	−0.09	−2.46	1	VLH
CX7	1.64	29.94	3	HH	0.48	12.12	2	LH
CX8	0.85	13.64	2	LH	0.48	3.17	1	VLH
CX9	0.06	1.96	1	VLH	0.06	1.96	1	VLH
CX10	0.46	11.90	2	LH	0.31	8.82	2	LH
CX11	0.10	0.10	1	VLH	0.17	3.28	1	VLH
CX12	0.38	4.22	1	VLH	0.37	9.87	2	LH
ZK4	0.29	3.87	1	VLH	0.19	5.32	1	VLH
ZK6	0.57	9.85	2	LH				
ZK8	0.50	6.47	1	VLH				
ZK9	0.44	4.90	1	VLH				
ZK12	2.26	17.67	2	LH	测斜孔错断	4	VHH	
ZK13	1.50	20.00	5	MH	测斜孔错断	4	VHH	
ZK16	0.22	3.00	1	VLH				
ZK18	2.64	14.32	2	LH	0.92	6.53	1	VLH
ZK19	9.49	87.59	4	VHH	测斜孔错断	4	VHH	
ZK23	0.37	3.17	1	VLH	−0.92	−4.45	1	VLH
ZK25	0.26	6.71	1	VLH				
ZK27	0.19	3.95	1	VLH				

通过动态聚类分析后得到如表 6.12 所示的聚类中心，为获得分级指数 CI，取 $\Delta P/d$ 的权重为 0.3，$\Delta A/d$ 的权重为 0.7，因此根据分级指数计算公式可得到各分类数的 CI，见表 6.12。

表 6.12　用于动态聚类分析的样本及分类结果

参数	聚类数				
	1	2	3	4	5
$\Delta P/d$ 中心	0.23	1.42	1.61	9.49	1.43
$\Delta A/d$ 中心	3.19	14.01	31.38	87.59	21.63
CI	2.3	10.23	22.74	61.46	15.57
分级	VLH	LH	HH	VHH	MH

2）危险性分区的进化支持向量机预测建模

为预测边坡未来某个时间的危险性分区状态，将表 6.12 中的动态聚类结果作为学习样本，采用进化支持向量机建立 $\Delta P/d$、$\Delta A/d$ 与危险类别之间的非线性关系，见式（4. 12）。进化搜索空间为：C=1～1000，核函数为采用多项式核函数形式。获得的 SVM 模型为：多项式核函数 d=130，惩罚因子 C=212，b=1.87326，获得的支持向量及其对应的 α、α^*的值见表 6.13。

表 6.13　获得的支持向量及其对应的 α、α^*的值

样本序号	α	α^*	样本序号	α	α^*
1	0	212	16	0	0
2	0	0	17	0	0
3	212	0	18	0	0
4	212	0	19	0	0
5	212	0	20	0	0
6	0	212	21	212	212
7	212	0	22	0	212
8	212	0	23	212	0
9	0	0	24	0	0
10	212	0	25	0	0
11	0	212	26	0	212
12	212	0	27	0	212
13	0	0	28	0	0
14	0	0	29	0	0
15	0	0	30	0	212

续表

样本序号	α	α^*	样本序号	α	α^*
31	0	0	37	0	0
32	0	0	38	0	0
33	0	212	39	0	0
34	0	0	40	0	0
35	0	0	41	0	212
36	0	0	42	0	0

3）分区结果讨论

通过上述基于动态聚类的SVM危险性分区结果表明，八尺门滑坡在2001年8～10月初期间，滑体处于快速变形阶段，根据现场的设计分区界限，最危险区域出现在3#滑坡和2#滑坡前缘；而到了2001年9月，滑坡出现了有进一步向后缘发展的态势。直到2001年10月底，滑坡变形才逐渐得到了控制，危险性分区中的VLH区域逐渐增大。这一状况也正是现场工程防治措施的准确反映，2001年10月3#滑坡区前缘进行了借方反压，而2#滑坡前缘的第一批抗滑桩已基本完成并开始发挥支挡作用。随着整个滑坡区的抗滑桩和锚索支挡措施的施工进展，2001年11月以后，滑坡变形逐渐得到了控制，但受气候和施工的影响，局部范围（尤其是滑坡前缘和中部）的变形仍时有发生，危险性分区的级数也在进一步降低。而到了2002年4月以后，监测结果表明滑坡基本上处于稳定状态，只有间歇性的局部变形。危险性分区显然准确反映了滑坡所处的变形状态，只有在2#滑坡和4#滑坡交界处的前缘、3#滑坡前缘、3#滑坡南侧局部区域处于中风险状态，其他地方均处于较稳定状态。

6.3.2 沪蓉西高速公路边坡监测信息管理分析

本小节以沪蓉西高速公路沿线三个典型边坡为例，即贺家坪K58+800至K59+100段边坡、YK178＋430至YK178+540段右坡和K148＋390至K148＋585段左坡，介绍边坡监测信息的管理与分析。

1. 工程概况

沪蓉西高速公路湖北宜昌至恩施段所在区域属云贵高原东北部边缘的“鄂西高原”，全线重峦叠嶂，绵延起伏、溪沟纵横，立体地貌突出。高程多在600～1 800 m，最高达2 000 m，地势起伏悬殊，自然横坡陡峭，构成了深切峡谷与峰丛洼地、峰丛槽谷交织的地貌景观。线路穿越的地区位于恩施弧形褶皱带上，不同层次的褶皱、断裂构造众多，岩性变化大，地质条件复杂。

1）路线地质概况

该线段所在区域属云贵高原东北部边缘的鄂西高原，全线重峦叠嶂，绵延起伏、溪沟纵横，立体地貌突出。高程多在600～1 800 m，地势起伏悬殊，自然横坡陡峭。自燕山运动褶皱成山以后，在晚近期构造整体间歇性提升运动和外动力地质作用下，形成了多种地貌形态和多级层状地貌，后又遭受清江及其支流的切割，构成了深切峡谷与峰丛洼地、峰以槽谷交织的地貌景观。根据地貌的成因、形态及组合特征，项目所在区地貌单元可划分为剥蚀构造地貌、溶蚀构造地貌、溶蚀——侵蚀构造地貌三大单元。

该路段所处大地构造属杨子准地台的鄂湘黔褶皱带之东北部。在构造体系上，为新华夏系鄂西隆起带的南段，受基底北西面向构造的牵制及区域性东西向构造带的联合作用等因素的影响，使这一在中生代形成的褶皱在黄陵背斜的西南侧成为向北西突出的弧形构造，这是本线段的主控构造。该弧形褶皱带由一系列低序次的褶皱构成，并伴随有断裂构造。褶皱轴线走向及展布特征差别较大，K16—K96 线路为近东西向的长阳覆背斜，K131—K201 线路主要为近南北走向的宣恩—白杨—清太坪复向斜，K96—K131 线路处于两大构造的转折部位，构造条件复杂、变化大。

路线经过地区出露的地层由老到新有：震旦系、寒武系、奥陶系、志留系、泥盆系、石炭系、二叠系、三叠系、白垩系—古近系、新近系和第四系地层。在这些地层中，主要分为硬岩和软岩两大类，少部分软硬交互层。

硬岩主要为震旦系白云岩，寒武系灰岩、白云岩，奥陶系泥质灰岩，泥盆系长石石英砂岩，石炭系红色厚层状微晶白云岩；二叠系含燧石团块或条带微晶灰岩；三叠系薄中层微晶灰岩、白云质灰岩，白垩系浅灰—砖红色厚层砾岩，古近系、新近系半固结状的石英砂岩。

软岩主要为志留系黄绿色、灰绿色页岩、粉砂质页岩，二叠系栖霞组的下部深灰—灰黑色含炭质页岩夹煤层，三叠系巴东组紫红色砂质泥岩。

第四系地层在本区段零星出露，可分为两大类，一类是分布于山麓斜坡和冲沟部位的残坡积物、崩积物和滑坡堆积体，另一类是分布于山涧河谷地带的冲积物。

由于沪蓉西高速公路湖北宜昌至恩施段路线长，边坡地形地貌及地质条件各异，本小节选择两类典型的边坡，建立相应的三维地层信息系统，下面对贺家坪 K58+800 至 K59+100 段边坡、YK178＋430 至 YK178+540 段右坡和 K148＋390 至 K148＋585 段左坡进行分析。

2）K58+800 至 K59+100 段边坡滑坡概况

贺家坪 K58+800 至 K59+100 段边坡在设计路基段开挖路基一定时间后，于 2005 年 1 月底在公路左侧山坡上发现有裂缝，最上部裂缝距离公路轴线约 100 m，其高程约为 842 m，在 K58+880 和 K59+025 附近裂缝横穿原便道，裂缝出现后扩展速度较快，另外在原设计左幅切坡线外 5～10 m 也可见裂缝。为了查明滑坡性质、滑坡原因并阻止滑坡进一步发展，高速公路指挥部等建议要求已施工的切方路基回填，回填工作在春节前基本完成，其山坡上的裂缝扩展速度也显著下降，于 2005 年 2 月 24 日的再次调查时，滑坡最上部的裂缝稍有扩展，整体基本处于稳定平衡状态。

滑坡区地层主要出露：①第四系残坡积层和崩坡积层；②松动岩石层；③上奥陶统临湘组（O_3l）泥质瘤状灰岩，中奥陶统宝塔组（O_2b）龟纹灰岩。

（1）残坡积、崩积层：上部主要为褐黄色粉质黏土夹灰岩、泥灰岩块石、黏土含量占绝大部分、为可塑状、下部为黏土夹少量碎石过渡到块石夹土，有架空现象，结构松散，残坡积崩积层厚约 2～6 m，局部人工梯地带厚度更大。

（2）松动岩石层在残坡积、崩积层与岩层之间还普遍有一层以原灰岩层为主，但层间由于风化、溶蚀后在雨水的作用下，将黏土沉淀在灰岩层间和裂缝间，该层厚度一般在1～4 mm，岩层的抗滑主要以层间黏土层控制，该黏土沉淀层厚度1～20 mm。

（3）奥陶系灰岩层，以青灰色、灰色灰岩为主，中厚层状，风化程度以弱风化为主，局部强风化，岩层产状倾向北，倾角 27°～31°，完全顺坡向，溶蚀现象以陡倾裂隙面轻微溶蚀为主，层间有1～5 mm泥灰岩，其抗剪强度远高于黏土沉淀层，同时遇水软化现象低于黏土沉淀层，在缓倾角的地层和低切方条件下一般不易产生大规模顺层滑坡。

公路左侧的山坡自然坡度略缓于岩层倾角，在人工开挖简易便道和人工梯田后，导致局部平缓或陡峭，在较厚的残坡积、崩积层条件和雨水作用可能导致边坡失稳。该地水文地质条件简单，其地下水为大气降雨部分下渗地下，部分以地表漫流形式汇入冲沟，因此该地残坡积、崩积层以及松动岩石层在雨水作用下易于软化。

此段边坡左坡的工程地切深度3～6 m，切方岩层主要为层（1）、层（2），局部需对层（3）进地浅层剥离，工程切方将导致斜坡临空并改变地下水渗透路径，导致斜坡残坡积层和岩层松动层滑动。

3）YK178＋430至YK178+540段右坡工程概况

边坡地貌单元属于构造剥蚀中山，路线从山腰通过，自然坡角43°左右，植被较发育。

地质构造比较简单，基岩主要为巴东组第二段薄一中厚层紫红色泥质粉砂岩，地层产状总体向东倾，倾角为18°左右，地层岩性软弱，耐水性差，水化强烈，节理裂隙发育，贯通性强。

坡面切方后，共有8级坡，第8级坡已到自然山坡顶部，切方边部顶部的自然山坡为平缓反向坡，坡面中的岩层产状与坡面构成反向大角度斜交坡，岩层倾角16°～18°。

第8级坡：主要为三叠系巴东组泥灰岩和灰白色泥质粉砂岩，以强风化为主，坡高3～5 m，岩层产状为60°～90° ∠16°与坡面构成反向坡。

第7级坡：上部1～3 m为灰白色泥质粉砂岩、泥岩，下部为紫红色泥质粉砂岩，坡面中部有顺层面的稍破碎的夹层，且有228° ∠63°与288° ∠75°的两组节理和坡面易构成小块体，失稳边坡宜昌段的自然山坡以残坡积层为主，厚度约2～4 m。

第6级坡：为紫红色泥质粉砂岩，228° ∠63°（与坡面走向基本一致）的节理较发育，节理密度约1条/m，节理内大部分充填紫红色，褐黄色黏性土层，少部分无充填，贯通性强，爆破对坡面岩石有明显的松动和振动破损。

第4、5级坡面：紫红色泥质粉砂岩、泥岩、产状为82° ∠18°，①与坡面横断面接近的节理产状为282° ∠80°密度约0.5条/m，贯通性较强，②顺坡向节理产状为220° ∠70°，密度约为2条/m，贯通性强，大部分有泥质充填，③与坡面小角度斜交的节理产状为230° ∠76°，密度 2～3 条/m，贯通性稍差。①节理开挖时易形成同高度即纵向台阶式小缺口，②节理与坡面易构成台阶内小滑动，倾倒甚至有一定深度的倾倒。

第1、2、3级坡面岩石特征，推测与4、5级坡面基本一致，目前暂未开挖。

本切方段无地表水，地下水主要为地表降雨渗流到基岩裂隙中的裂隙水，水文地质条件简单。

此边坡为沪蓉西高速公路最高切方边坡，最大切方高度约 76 m，以 1∶0.5 和 1∶0.75 坡比为主，岩层为反向斜交坡但为软岩，切方高度大，坡比较陡，与坡面平行的纵向节理贯通性强，为该坡的工程特性。

4）K148＋390 至 K148＋585 段左坡工程概况

地貌单元属构造溶蚀低中山地貌类型，山顶海拔高程一般 945 m 左右，路基标高 816 m 左右，与设计路线高差 130 m 左右，自然坡角 32°，植被较发育。

此段未发现大的构造现象，岩层产状基本稳定，产状为 326～336° ∠38° ～40°，发育三组节理裂隙，节理①58° ∠76° 为区域性节理，密度 0.7～2.0 m/条；节理②210° ∠62°，密度 1.5～2.5 m/条，基本无充填，节理①，切割节理②，节理③产状 130° ∠72°，间距 3～5 m。

基岩主要为三叠系嘉陵江组中厚层状灰岩，在 K148+390～K148+4440 段，有泥灰岩出露，该岩层厚度约 20 m，表层以强风化为主，局部有角砾灰岩和炭质灰岩，岩性较软弱，薄层、破碎稳定性较差，其他主要为弱风化中层层灰岩，薄层灰岩，局部薄层灰岩有一定坡度（约 1 m）使其岩层面有小的波浪状，灰岩中有方解石脉较发育，岩层坚硬，地表裂面粗糙，附黄色铁锰质薄膜及白色钙质薄膜。

地表水无汇聚条件，地下水主要地表降水漫流后下渗的雨水，主要赋存于岩溶裂隙中的裂隙水，水文地质条件比较简单。

根据实测，此处边坡最大高度约 60 m，坡比主要为 1∶0.75，坡角大于岩层倾角，层滑动容易导致顺层滑动。

此段坡面现场开挖如图 6.53 所示。

图 6.53　K148+300 至 K148+600 坡面现场开挖照片

2. 三维地层模型与可视化分析

1）边坡三维地层及开挖模型

基于上述边坡地表和地层岩层界面模型的生产算法，基于二维工程地质图、离散点的钻孔信息、地质剖面信息，系统经过数据处理和可视化表达，生成了沪蓉西高速公路 YK178＋430 至 YK178+540 段右坡原始三维地表模型，如图 6.54（a）所示，边坡三维地层模型见图 6.54（b）。

（a）边坡地表模型　　（b）边坡三维地层模型

图 6.54　沪蓉西高速公路 YK178＋430 至 YK178+540 段右坡三维地层模型

根据边坡开挖设计资料，基于 DEM 裁减方法，实现在三维地质模型中进行裁减（开挖建模），然后从现场拍摄的工程场址照片中获取纹理，并设置在开挖面上，最终的开挖模型基本达到与现场一致的效果。在三维地层模型的基础上，生成粘贴纹理后的开挖面三维实体形态如图 6.55（a）所示，基于地层信息开挖后的边坡综合三维形态如图 6.55（b）所示。

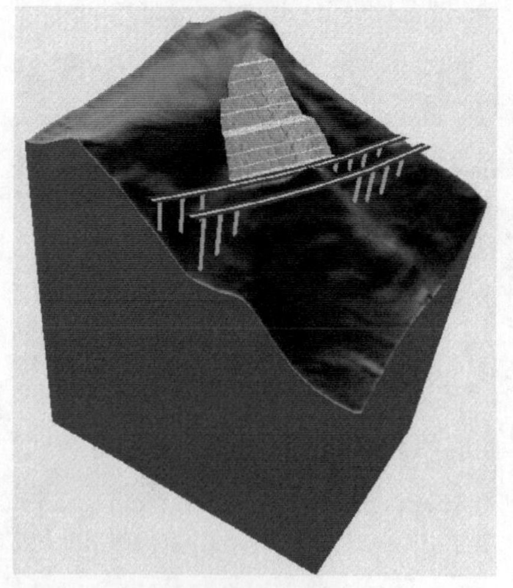

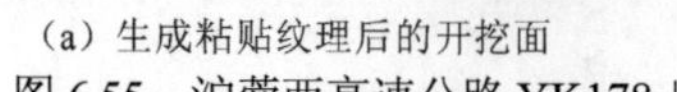

（a）生成粘贴纹理后的开挖面　　（b）基于地层信息开挖后的边坡三维形态

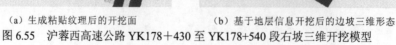

图 6.55　沪蓉西高速公路 YK178＋430 至 YK178+540 段右坡三维开挖模型

同样，在现场地质和设计资料的基础上，生成了 K148＋390 至 K148＋585 段左坡的三维地表、地层及开挖模型如图 6.56 和 6.57 所示。

根据贺家坪 K58+800 至 K59+100 段边坡的地质资料，利用风化裙体模型的建模方法，建立的边坡三维地层模型如图 6.58（a）所示，6.58（b）为地层模型的格网表达。

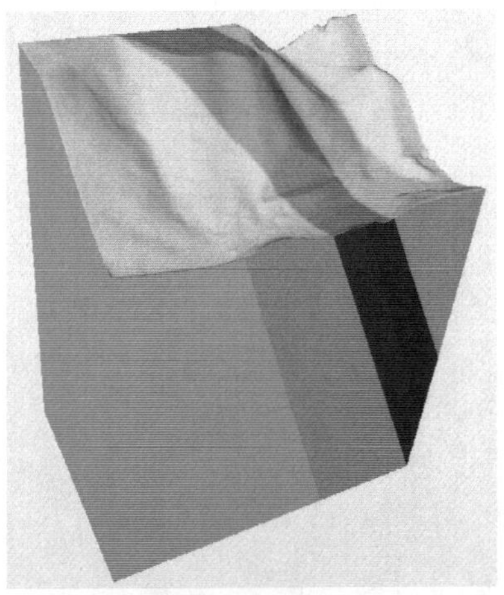

（a）左坡地表模型

（b）左坡三维地层模型

图 6.56　沪蓉西高速公路 K148＋390 至 K148＋585 段左坡三维地层信息模型

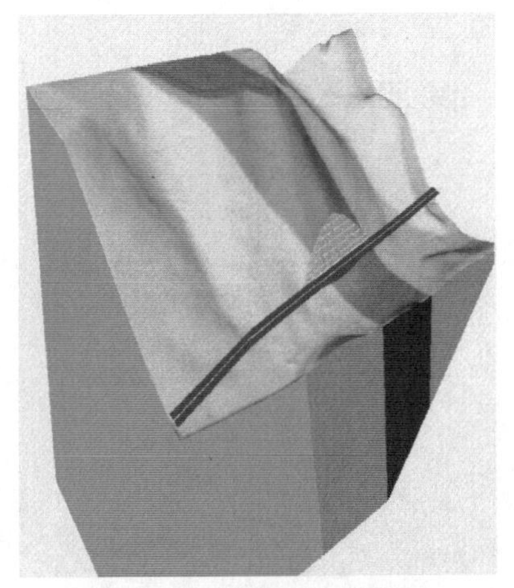

（a）左坡地表开挖模型

（b）左坡三维地层开挖模型

图 6.57　沪蓉西高速公路 K148＋390 至 K148＋585 段左坡三维开挖模型

（a）贺家坪三维地层模型

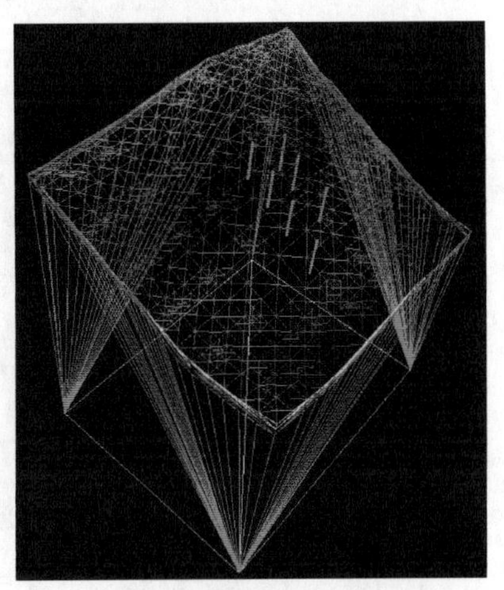

（b）贺家坪地层模型的格网表达

图 6.58　沪蓉西高速公路贺家坪 K58+800 至 K59+100 段边坡三维地层模型

2）地质钻孔可视化

根据三维实体圆柱体的生成算法，设置钻孔参数，将钻孔添加在边坡三维场景中，形成图 6.59 所示可透视的三维实体。

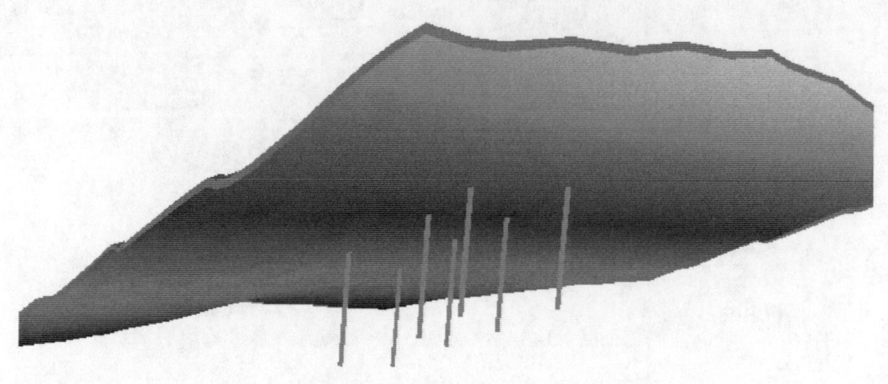

图 6.59　地质钻孔三维实体和地层面的综合展示

3）三维监测设施及工程加固措施

在边坡三维地层模型中动态添加、删除地质钻孔、各类监测设施（地表位移点、岩石多点位移计、测斜孔、地下水位观测孔、锚杆应力计、锚索测力计、自定义设施等）、工程措施（锚索、锚杆、抗滑桩）等，并以不同颜色、不同图形标识进行三维实体表达，如图 6.60 所示。

图 6.60　边坡三维地层模型中的监测设施和工程加固措施

4）基于地层模型的可视化分析

（1）地层剖面可视化分析。

实现任意位置、任意深度、任意方向的地层剖面的切割，生成的地层剖面可适时浏览，并导出成剖面线和剖面区域两种 dxf 格式文件进行编辑和打印，图 6.61 所示为 K148＋390 至 K148＋585 段左坡地质剖面，图 6.62 为贺家坪 K58+800 至 K59+100 段边坡切割剖面。

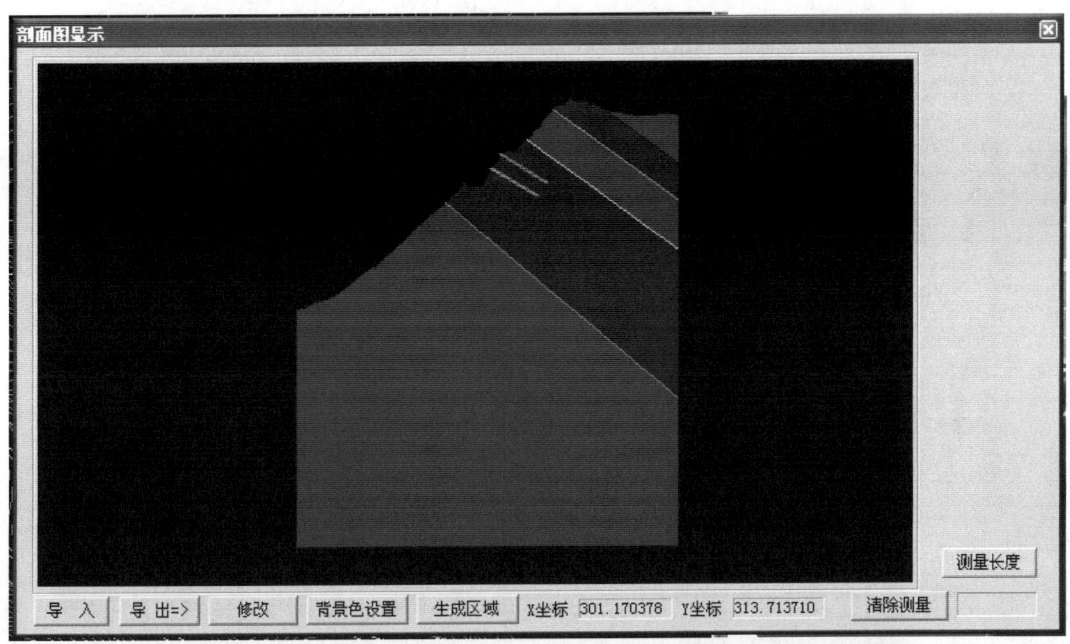

图 6.61 任意方向、任意位置剖面切割（K148＋390 至 K148＋585 段左坡）

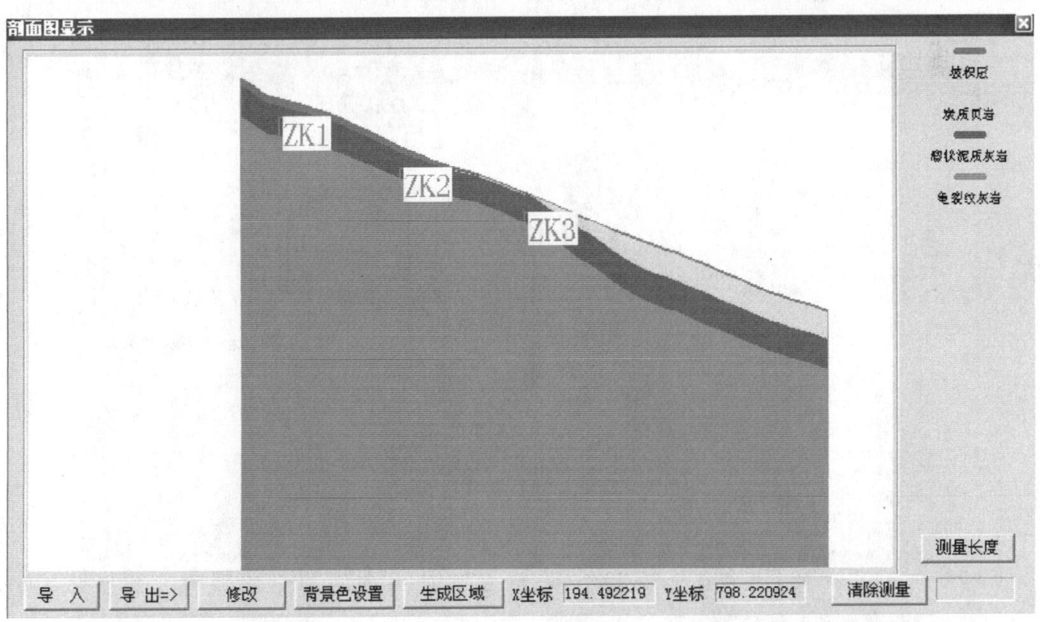

图 6.62　任意方向、任意位置剖面切割（贺家坪 K58+800 至 K59+100 段边坡）

（2）监测变形和开挖信息的可视化分析。

提供鼠标点击查询三维场景中任意点的坐标，以及各类监测设施、工程措施的基本属性、数据库表及监测变形曲线，如图 6.63 所示。

图 6.63　边坡三维场景中的监测信息鼠标点击查询

对三维场景中的所有监测设施、工程措施、地质模型、监测剖面、文字等均进行图层式的分类管理，用户可根据需要打开或关闭任意图层，进而实现显示或隐藏该任意图层中的相关设施，最终达到对三维场景浏览的分类可视化，如图 6.64 所示。

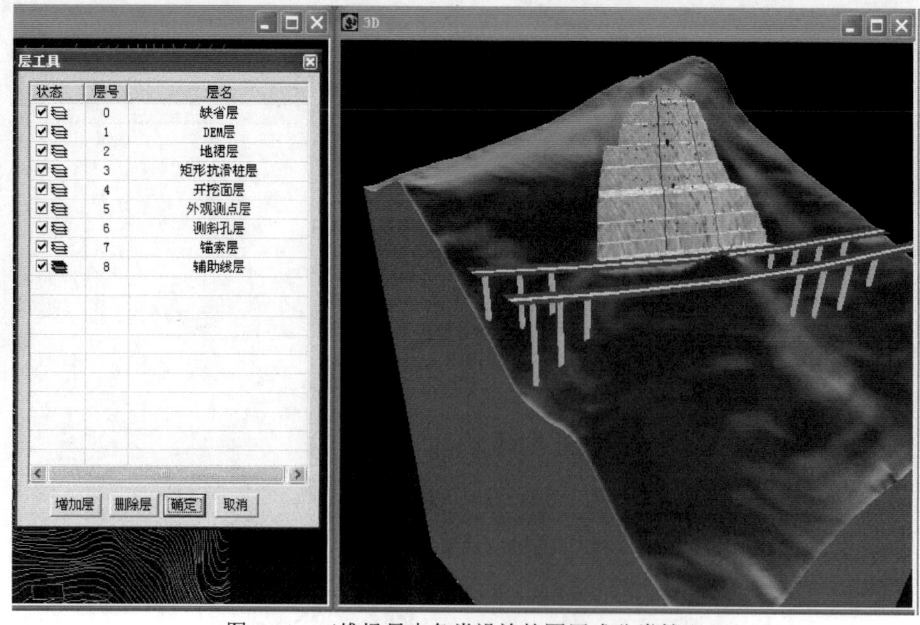

图 6.64　三维场景中各类设施的图层式分类管理

对某一独立坐标中的曲线进行动态的增加、修改、删除等操作，增删的曲线可以是无限多个，如图 6.65 所示；在同一界面中添加多个不同类型的曲线，其曲线数量可以无限多个，如图 6.66 所示。

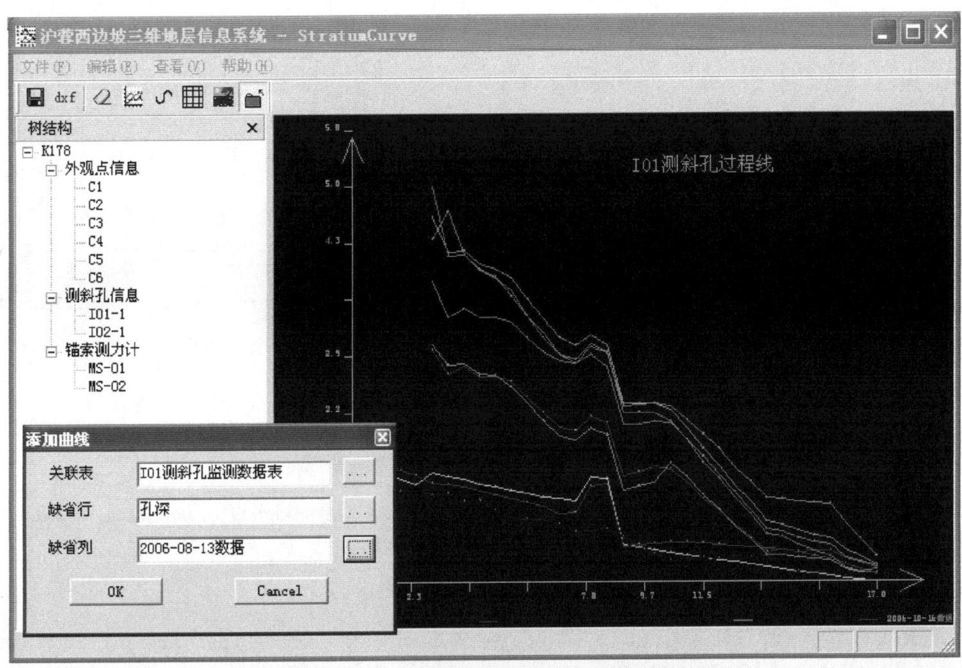

图 6.65　鼠标点击获得的地表位移测点过程线

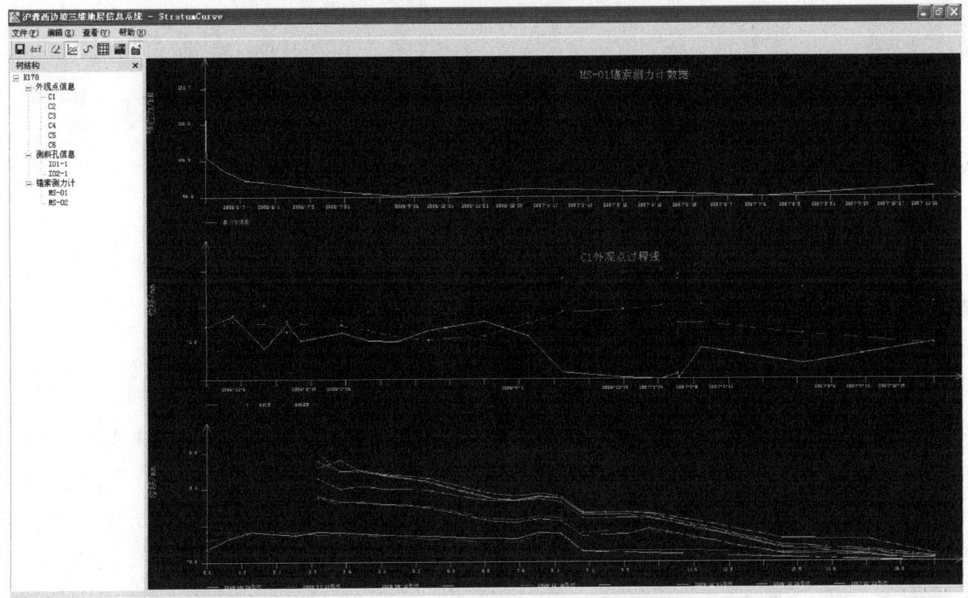

图 6.66　多曲线及环境变量综合一体可视化展示

参 考 文 献

[1] HOULDING S W. 3D Geoscience Modeling: Computer Techniques for Geological Characterization. Berlin: Springer, 1994.

[2] 钟登华, 李明超. 水利水电工程地质三维地质建模与分析理论及实践. 北京：水利水电出版社, 2006.

[3] 朱合华, 武威, 李晓军, 等. 基于 iS3 平台的岩体隧道信息精细化采集、分析与服务. 岩石力学与工程学报, 2017, 36(10): 2350-2365.

[4] MAYORAZ R, MANN C E, PARRIAUX A. Three-dimensional modeling of complex geological structures: new development tools for creating 3-D volumes. AAPG computer applications in geology, 1992, 1: 261-27.

[5] 孙玉科. 21 世纪中国大型工程与工程地质问题. 工程地质学报, 1995, 3(4): 1-11.

[6] 侯恩科, 吴立新. 三维地学模拟几个方面的研究现状与发展趋势. 煤田地质与勘探. 2000, 28(6): 5-7.

[7] 伍法权. 中国 21 世纪若干重大工程地质与环境问题. 工程地质学报, 2001, 9(2): 115-120.

[8] MOORE R R, JOHNSON S E. Three-dimensional reconstruction and modeling of complexly olded surfaces using mathematica. Computers & geosciences, 2001, 27: 401-418.

[9] 田宜平. 盆地三维数字地层格架的建立与研究. 武汉：中国地质大学(武汉), 2001.

[10] CAUMON G, SWORD C H, MALLET J L. Interactive Editing of Sealed Geological 3D Models//International Association for Mathematical Geology, Berlin, 2002.

[11] 李明朝. 复杂工程地质信息三维可视化分析理论与应用研究. 天津: 天津大学, 2003.

[12] 吴江斌. 基于 Delaunay 构网的城市三维地层信息系统核心技术研究与应用. 上海：同济大学, 2003.

[13] CAUMON G, LEPAGE F, SWORD C H. Building and editing a sealed model. Mathematical geology, 2004, 36(4): 405-424.

[14] 程朋根. 地矿三维空间数据模型及相关算法研究. 武汉: 武汉大学, 2005.

[15] 朱良峰. 基于 GIS 的三维地质建模及可视化系统关键技术研究. 武汉: 中国地质大学(武汉), 2005.

[16] 潘炜. 工程地质三维可视化技术及其工程应用研究. 北京: 中国科学院地质与地球物理研究所, 2005.

[17] 僧德文. 地矿工程三维可视化仿真技术及其集成实现. 北京: 北京科技大学, 2005.

[18] 王明华. 三维地质建模研究现状与发展趋势. 土工基础. 2006, 20(4): 68-70.

[19] MALLET J L. Geomodeling. Oxford: Oxford University Press, 2002.

[20] BISTACCHI A, MASSIRONI M, PIAZ G, et al. 3D fold and fault reconstruction with an uncertainty model. Computers & geosciences, 2008, 34(4): 351-372.

[21] SPRAGUE K B, KEMP E. Interpretive tools for 3-D structural geological modelling part II: surface design from sparse spatial data. GeoInformatica, 2005, 9(1): 5-32.

[22] 陈昌彦, 张菊明, 杜永廉, 等. 边坡工程地质信息的三维可视化及其在三峡船闸边坡工程中的应用. 岩土工程学报, 1998(4): 4-9.

[23] 朱小弟, 李青元, 曹代勇. 基于 OpenGL 的切片合成法及其在三维地质模型可视化中的应用. 测绘科学, 2001(1): 30-32.

[24] 武强, 徐华. 三维地质建模与可视化方法研究. 中国科学(D 辑: 地球科学), 2004(1): 54-60.

[25] 陈树铭. 工程勘察行业基于流程再造和真三维设计的全信息化战略及其构架. 中国勘察设计, 2004(5): 48-51.

[26] 魏迎奇, 陈树铭, 蔡红, 等. 复杂地质单元的三维智能建模方法. 水利学报, 2014, 45(S2): 19-25.

[27] 吴冲龙. 地质信息技术基础. 北京：清华大学出版社, 2008.

[28] 翁正平. 复杂地质体三维模型快速构建及更新技术研究. 武汉：中国地质大学(武汉), 2013.

[29] 唐丙寅, 吴冲龙, 李新川. 一种基于 TIN-CPG 混合空间数据模型的精细三维地质模型构建方法. 岩土力学, 2017, 38(4): 1218-1225.

[30] 刘承柞, 张菊明, 孙惠文. 复杂矿体的三维数学模拟及其地质意义//中国地质学会数学地质专业委员会, 中国数学地质: 8 册. 北京: 北京地质出版社, 1997: 230-242.

[31] 方海东, 刘义怀, 施斌, 等. 三维地质建模及其工程应用. 水文地质工程地质, 2002(3): 52-55.

[32] 柳庆武. 基于钻孔资料构造-地层格架三维建模. 武汉: 中国地质大学(武汉), 2004.

[33] 李明超. 大型水利水电工程地质信息三维建模与分析研究. 天津: 天津大学, 2006.

[34] 冉祥金. 区域三维地质建模方法与建模系统研究. 长春: 吉林大学, 2020.

[35] HARUYAMA M, KITAMURA R. An evaluation method by the quantification theory for the risk degree of landslides caused by rainfall//Proceeding 4th Int. Landslides, Toronto, 1984: 35-40.

[36] CARRARA A, CARDINALI M, GUZZETTI F. Uncertainty in assessing landslide hazard and risk. ITC journal, 1992(2): 172-183.

[37] CAUMON G, LEPAGE F, SWORD C H, et al. Building and editing a sealed geological model. Mathematical geology, 2004, 36(4): 405-424.

[38] 沈芳. 山区地质环境评价与地质灾害危险性区划的 GIS 系统. 成都: 成都理工学院, 2000.

[39] 殷坤龙, 张桂荣, 龚日祥, 等. 浙江省突发性地质灾害预警预报. 武汉: 中国地质大学出版社, 2005.

[40] LI S J, FENG X T, ZHAO H B, et al. Forecast analysis of monitoring data for high slopes based on three-dimensional geological information and an intelligent algorithm. International journal of rock mechanics and mining sciences, 2003, 41(3): 519-520.

[41] ZHENG M Z, LI S J, ZHAO H B, et al. Probabilistic analysis of tunnel displacements based on correlative recognition of rock mass parameters. Geoscience frontiers, 2021, 12: 101136.

[42] LI S J, ZHAO H B, RU Z L, et al. Probabilistic back analysis based on Bayesian and multi-output support vector machine for a high cut rock slope. Engineering geology, 2016, 203: 178-190.

[43] 李邵军, 冯夏庭, 王威, 等. 基于地层信息的三维洞室可视化仿真技术研究. 岩土力学, 2008, 29(1): 235-239.

[44] 李邵军, 冯夏庭, 王威, 等. 岩土工程中基于栅格的三维地层建模及空间分析. 岩石力学与工程学报, 2007, 26(3): 104-109.

[45] 李邵军 冯夏庭, 张希巍, 等. 边坡安全性评估的三维智能信息系统开发应用. 岩石力学与工程学报, 2005,24(19):3419-3426.

[46] 李邵军, 冯夏庭, 杨成祥. 基于三维地理信息的滑坡监测及变形预测智能分析. 岩石力学与工程学报, 2004,23(21):3673-3678.

[47] 柴贺军. 大型地质工程岩体结构三维可视化建模及其工程应用. 成都: 四川大学, 2001.

[48] 柴贺军，黄地龙，黄润秋，等. 岩体结构三维可视化及其工程应用研究. 岩土工程学报，2001,23(2): 217-220.
[49] 胡瑞华，王秋明. 水利水电工程三维地质模型的研究和应用人民长江, 2002, 33(6): 57-58.
[50] 钟登华，李明超，杨建敏. 复杂工程岩体结构三维可视化构造及其应用. 岩石力学与工程学报，2005(4): 575-580.
[51] 钟登华，李明超，王刚，等. 复杂地质体 NURBS 辅助建模及可视化分析. 计算机辅助设计与图形学学报, 2005(2): 284-290.
[52] 张煜，谭德宝，孙家柄. 基于竖直钻孔数据的层状地层建模. 长江科学院院报, 2005, 22(6): 71-74.
[53] 邬伦，刘瑜，张晶 等. 地理信息系统：原理、方法和应用. 北京：科学出版社, 2002.
[54] 冯夏庭，李邵军. 三峡库区高切坡工程防护. 北京：中国三峡出版社, 2010.
[55] 冯夏庭，张传庆，李邵军，等. 深埋硬岩隧洞动态设计方法. 北京：科学出版社, 2013.
[56] 戴吾蛟，邹峥嵘，何凭宗. 3D-GIS 在边坡监测中的应用. 江苏测绘, 2001(1): 18-22.
[57] 戴吾蛟，邹峥嵘. 小型集成地理信息系统建设中的若干问题. 测绘工程, 2002(1): 18-21.
[58] 张煜，白世伟. 一种基于三棱柱体体元的三维地层建模方法及应用. 中国图象图形学报，2001，6(3): 285-290.
[59] 韩昌瑞，王玉朋，白世伟. 概化地质模型在复杂地层力学参数反演中的应用. 地下空间与工程学报, 2015(S1): 140-148.
[60] 夏艳华，白世伟. 复杂三维地层模型地层划分研究. 安徽理工大学学报(自然科学版), 2011(3): 35-39.
[61] 朱发华，贺怀建. 复杂地层建模与三维可视化. 岩土力学, 2010(6): 1919-1922.
[62] 朱发华，贺怀建，刘强. 基于 GIS 的工程地质信息管理与三维可视化. 岩土力学, 2009(S2): 404-407.
[63] 朱发华，贺怀建. 基于地质雷达和钻孔数据的三维地层建模. 岩土力学, 2009(S1): 267-270.
[64] 饶杨安，贺怀建. 地层信息系统中的地质实体与数据类型. 岩土力学, 2010(5): 1621-1626.
[65] 刘振平，贺怀建，李强，等. 基于 Python 的三维建模可视化系统的研究. 岩土力学, 2009(10): 3037-3042.
[66] 钟登华，李明超，王刚. 大型水电工程地质信息三维可视化分析理论与应用. 天津大学学报, 2004, 37(12): 1046-1052.
[67] ZHONG D, LI MI, WANG G. Visual analysis of rock mass classification in high arch dam foundation and its application//WIELAND M, REN Q W, TAN J S Y, Proceedings of the International Conference On Dam Engineering-New Developments in Dam Engineering. Netherlands: A. A. Balkema Publishers, 2004: 1131-1137.
[68] ZHONG D, LI M, WANG G, et al. NURBS-based 3D graphical modeling and visualization of geological structures//3rd International Conference on Image and Graphics. Los Alamitos: IEEE Compture Society, 2004: 414-417.
[69] 钟登华，李明超，王刚，等. 水利水电工程三维数字地形建模与分析. 中国工程科学, 2005, 7(7): 65-70.
[70] 胡鹏，黄杏元，华一新. 地理信息系统教程. 武汉：武汉大学出版社, 2002.
[71] KALMAN R E. A new approach to linear filtering and prediction problems. Journal of fluids engineering, 1959(82D): 35-45.
[72] BOLLERSLEV T. Generalized autoregressive conditional heteroskedasticity. Journal of econometrics, 1986(31): 307-327.

[73] 程振源. 时间序列分析：历史回顾和未来展望//知识丛林统计与决策, 2002, 9: 45-46.

[74] CARBONE A, CASTELLI G, STANLEY H E. Analysis of clusters formed by the moving average of a long-range correlated time series. Physical review E statistical nonlinear & soft matter physics, 2004, 69(2): 26105.

[75] 徐国祥. 统计预测和决策. 上海: 上海财经大学出版社, 2005.

[76] 王振龙, 胡永宏. 应用时间序列分析. 北京: 科学出版社, 2007.

[77] 张利. 基于时间序列 ARMA 模型的分析预测算法研究及系统实现. 南京: 江苏大学, 2008.

[78] 刘圆圆. 时间序列分析及其应用. 科技创新导报, 2011, 27: 255.

[79] 沈东明, 何锐, 张骥. 基于时间序列分析方法对安全壳泄漏率测量阶段的气体弛豫过程研究. 核动力工程, 2021, 42(5): 178-181.

[80] 方开泰, 潘恩沛. 聚类分析. 北京：地质出版社, 1982.

[81] 谢全敏, 夏元友. 边坡稳定性评价的自适应模拟退火聚类分析法. 灾害学, 2002, 17(1): 15-19.

[82] 文环明, 肖慈珣, 甄兆聪, 等. 动态聚类分析在储层分级中的应用. 物探化探计算技术, 2002, 24(4): 323-327.

[83] 王晓波, 丁陈建, 灰色聚类分析在煤矿瓦斯分区中的应用. 煤田地质与勘探, 1998, 26(5): 25-28.

[84] 彭铁华, 童光明. 聚类分析在红砂岩边坡工程地质分类中的应用. 公路与汽运, 2003, 95(2): 49-51.

[85] MACQUEEN J. Some methods for classification and analysis of multivariate observation//The 5th Berkley Symposium on Mathematics, Statistics and Probability, Berkeley: University of California Press, 1965: 281-297.

[86] VLADIMIR N V. The Nature of Statistical Learning Theory. Berlin: Springer, 1995.

[87] OSUNA E, ROBERT F, FEDERRICO G. An improved training algorithm for support vector machines// Proceeding of IEEE Neural Networks for Signal Processing, Amelia Island, Fl, 1997.

[88] PLATT J C . Sequential minimal optimization: a fast algorithm for training support vector machines: technical report: MSR-TR-98-14, 1998.

[89] KEERTHI S S, SHEVADE S K, BHATTACHARYYA C, et al. Improvements to platt's smo algorithm for SVM classifier design. Neural computation, 2001, 13(3): 1062-1068.

[90] DILIP D M, RAVI P, SIVAKUMAR B G L. System reliability analysis of flexible pavements. Journal of transportation engineering, 2013, 139(10): 112-120.

[91] ALADEJARE A E, WANG Y. Influence of rock property correlation on reliability analysis of rock slope stability: from property characterization to reliability analysis. Geoscience frontiers, 2018, 9: 1639-1648.

[92] CHERUBINI C, GIASI C I. Characterization of geotechnical variability and evaluation of geotechnical property variability: discussion. Canadian geotechnical journal, 2001, 38(1): 213.

[93] LANGFORD C, DIEDERICHS M S. Reliability based approach to tunnel lining design using a modified point estimate method. International journal of rock mechanics and mining sciences, 2013, 60: 263-276.

[94] VANMARCKE E H. Probabilistic stability analysis of earth slopes. Engineering geology, 1980, 16: 29-50.

[95] LOW B K. Reliability analysis of rock slopes involving correlated nonnormals. International journal of rock mechanics and mining sciences, 2007, 44(6): 922-935.

[96] GODA K. Statistical modeling of joint probability distribution using copula: application to peak and permanent

displacement seismic demands. Structural safety, 2010, 32(2): 112-123.

[97] LI D Q, TANG X S, PHOON K K. Bivariate simulation using copula and its application to probabilistic pile settlement analysis. International journal for numerical and analytical methods in geomechanics, 2013, 37(6), 597-617.

[98] MARCHANT B P, SABY N P A, JOLIVET C C, et al. Spatial prediction of soil properties with copulas. Geoderma, 2011, 162(3-4): 327-334.

[99] MARCO U, PAUL W M. Load-displacement uncertainty of vertically loaded shallow footings on sands and effects on probabilistic settlement estimation. Georisk assessment and management of risk for engineered systems and geohazards, 2012, 6(1): 50-69.

[100] LIU S, ZOU H, CAI G. Multivariate correlation among resilient modulus and cone penetration test parameters of cohesive subgrade soils. Engineering geology, 2016, 209: 128-142.

[101] CHING J, LIN G H, PHOON K K, et al. Correlations among some parameters of coarse-grained soils-the multivariate probability distribution model. Candian geotechnical journal, 2017, 54(9): 1203-1220.

[102] TIPPING M E. Sparse bayesian learning and the relevance vector machine. Journal of machine learning research, 2001, 1: 211-244.

[103] 普悠玛数位科技. VisualC++游戏设计入门. 北京: 机械工业出版社, 2002: 179-180.

[104] 王华, 朱时银, 史兰. VisualC++. Net 开发指南与实例详析. 北京: 机械工业出版社, 2003: 450-470.

[105] 潘罗生. 龙滩工程按正常蓄水位 400m 方案一次建成效益巨大. 水力发电, 2003, 4(10): 12-14.

[106] 夏宏良, 蒋作范, 李学政, 等. 龙滩水电站枢纽区工程地质条件概述. 水力发电, 2003, 4(10): 30-33.

[107] 杨尚文. 向家坝水电站施工导流规划与设计. 水利水电技术, 2006. 37(10): 43-47.

[108] 陈贵斌, 李仕奇, 胡平. 糯扎渡水电站工程施工导流设计概述. 水利发电, 2005, 31(5): 59-60.

[109] 傅萌. 糯扎渡水电站地下引水发电系统施工综述. 人民长江, 2009, 40(9): 52-54.

[110] LI S J, FENG X T, ZHAO H B, et al. Forecast analysis of monitoring data for high slopes based on three-dimensional geological information and an intelligent algorithm. International journal of rock mechanics and mining sciences, 2003, 41(3): 519-520.